ICCITII GOSA DHIIGAA

MIIRA SANYUMMAAN GAMATTI

Barreessaan

Abdiisaa Amaanuu'el Qalbeessaa

Dizaayiniin haguuggii: Mesfin Bahiru

Dizaayinii keessaa: Barok Solomon

ISBN: 978-1-7635107-0-8

Lixa, Awustraaliyaa

Mana Kitaabaa Biyyoolessaa Awustiraaliyaa Keessatti ni Argama

NATIONAL LIBRARY OF AUSTRALIA

A catalogue record for this work is available from the National Library of Australia

Yaadannoo

Abbaakoo, obbo Amaanu'el Qalbeessaa Ayyaanaa, osoo guyyaa kitaabni kun itti maxxanfamu eeguu, boqonnaa bara baraaf waamichi isa geenyaan na biraa deemeef yaadannoo naaf haata'u.

Gabatee Baafataa

Gabatee Baafataa

Gabatee Baafataa

Yaada Dubbistootaafi Ogeessota Fayyaa

Dhiiga arjoomtee beektaa? Dhiigni ati arjoomte sun eenyuuf akka kennamehoo beektaa?

Dhiigni ati arjoomte sun Daa'ima, Dubartii ulfaa, Dargageessa ykn Jaarsa Gosa/sanyiin ati keessaa dhalattee waliin tokko hin taane, Afaan kankee hin dubbanne ykn hidda firummaa waliin hin qabne tahuu mala. Kun kan nu agarsiisu uumama uumaa Addunyaa kanarra jiru waliin kan walitti nu hidhu dhiiga keenya keessa kan jiru gartuu dhiiga keenyaa tahuu isaati.

Kitaaba kana keessatti iccitii dhiigaa dhuka lafee keenya keessatti oomishamuun, dhikkisa onnee keenyaan furguggifamanii, hiddoota dhiigaa keessa deemuun Tishuuwwan qaama keenya garaagaraaf Soorata, Loltuu jabaa fi Geejibduu tahuun tajaajilanii ilaalla.

Addumaan kitaabni kun waa'ee gartuu dhiiga keenyaa gama hawaasummaan, Amantaan, aadaan, quubsuma Jiyoogiraafiinifi saayinsii fayyaan wal bira qabamee haala nama hawwatuun dhiyaatera!

Dr. Naafyaad Geetuu; Ogeessa Fayyaafi Barreessaa

Finfinnee, Oromiyaa

Abdiisaan kan wal barre bara 2023, Australia lixaatti Magaalaa Perth jedhamtutti wayiitan barnootaaf gara sanattii imale yoo ta'u, Abdiisaan qaroo Oromoo, dacheen Oromiyaa lixaa biqilchite, yeroo ammaa kana Australia jiraatu, jabaa Oromooti.

Kitaaba kana dubbisee yoon xumuru, Abdiisaa galateeffachuun olitti, akka itti uumaan uumama tolche irra deebi'een ajaa'ibsiifadhe. Fedhii fi tattaafi Abdiisaan ilaalchoota dogongoraa sirreessuu fi tokkummaaf qabu guddaadha. Kanaafis natti fakkaata, mallattoo tokkummaa fi jiraachuuf bu'uura kan ta'e waa'ee Iccitii Gosa Dhiigaa fi Miira Sanyummaa barreessu kan filateef.

Dhimmoonni dhiigaa fi gosa dhiigaan wal-qabatan Saayiinsii fayyaa namaa keessatti ga'ee guddaa waan qabaniif; qorannoo hedduun irratti adeemsifameera. Haa ta'u malee, kitaabni kun dhimma faayidaa dhiigaa fi gosa dhiigaan olitti; bifa saayinsawwa ta'een iccitii gosa dhiigaa fi miira sanyummaa sirnaan kan qoratedha. Kitaabni kun akka itti dhiigaa fi gosti dhiigaa itti seeneeffame kan gadi-fageenyaan xiinxale yoo ta'u, ilaalcha dogongoraa sirreessuuf bu'uura kan kaa'u ta'ee natti mul'ata.

Dhimmoonni kitaaba kana keessatti caqasaman muraasni wal-falmisiisoo fi akka dubbistootni karaa adda ta'een xiinxalan kan qajeelchudha. Hundaan olitti, dhiigni mallattoo tokkummaa fi walitti dhuffeenya keenya yoo ta'e malee, garaagarummaa keenyaaf sababa akka hin taanee barruun kun ni xiinxala.

Dr Nagaash Waaqgaarii Amantee

Kaadhimamaa PhD

Curtin University, Western Australia.

Fuulota kitaaba "Iccitii Gosa Dhiigaa" kana keessatti imala qorannoo gadi fagoo walitti dhufeenya dhala namaa karaa saayinsii dhiigaa calaqqisiisu ni jalqabdu. Hojiin ajaa'ibsiisaan kun danqaawwan sanyii fi gosa bira darbee, toora hariiroo walxaxaa hunda keenya walitti fidu keessa seena. Barreessaan kun ogummaa saayinsii fi soogidda og-barruudhaan seeneffama mallattoo dhiigaa akka bakka bu'iinsa namummaa waliin qabnu tokkootti calaqqisiisera.

Kitaabni "Iccitii Gosa Dhiigaa" Jedhu kun seera hawaasummaa, kan loogiin keessa guute, asiin dura hundeeffame saaxiluun addunyaa hunda haammatuu fi haqa qabeessa taate, kan walitti dhufeenyi namoota gidduu jiru garaagarummaa sadarkaa gogaa namaa isa irra keessaan mul'atu osoo hin taane, hubannoo dhugaa, dhiiga ujummoo dhiigaa keenya keessa yaa'uu irratti kan hundaa'e akka ta'u xiinxala.

Galaana kitaaba kanaa keessa yeroo daaktan, dhiigni qaama keenya keessa yaa'u, hidda dhala namaa walitti firoomsu ta'uu hubattu, akkasumas barbaachisummaa adda addummaa dhala namaa fi gahee tokkoon tokkoon keenyaa, addunyaa hunda haammatte ijaaruu keessatti qabnu irraa hubattu. Hojiin ogbarruu fi oogummaa saayiinsiidhaan badhaadhe kun; miiraafi yaada namaa kakaasaa, waamicha kan taasisudha. Ammoo, keyyatootni kitaaba kanaa, dubbistoota hundumaaf onnachiistuu tokkummaati.

Ija qorannoodhaan yoo ilaalle, Abdiisaan; hubannoodhaan walitti dhufeenya dhala namaa, karaa saayinsii dhiigaa godheen, kitaabni kun hubannoo qoqqoodinsa hawaasaa mo'uu keessatti ragaa ta'ee tajaajila. Adda addummaa keenya waliif kabajaa, addunyaa walitti dhufeenyi dhala namaa waan hunda caalaa itti kunuunfamu ijaaruuf of kennuun dirqama. Egaa, fuulota

"Iccitii Gosa Dhiigaa" keessatti of ilaalaa, imala jijjiiramaa gara addunyaa tokkummaa dhala namaa qabduutti akka taasistanin anis gama kootiin isin affeera. (Afaan English irraa kan hiikame)

Dr. Sadik Abdella

The University of South Australia

Kitaabni Abdiisaa, roga haaraa ittiin addunyaa fi namummaan itti ilaalamu as baase. Abdiisaan aartii fi ogummaa fayyaa walitti cuunfee dhangaa miidhagaa kana waan nuu dhiyeesseef, akka dubbisaa tokkootti, galatoomi jechuun barbaada. Kitaabni, Jiraachuu keenya nu galateeffachiisuu fi qofummaa nurraa fageessu akkasii kun lakkoofsaan xiqqoodha. Tarree kitaabota dhalootni itti aanuu dubbisurra an kaa'adheen jira, isinis akka keewwattanin isin affeera. Dubbisa gaarii.

Abbomaa Margaa; Barreessaa, ogeessa fokirooriifi waloo.

Finfinnee, Oromiyaa

Hubachiisa Barbaachisaa

Kitaabni kun qorannoo saayinsiifi yaadota walitti dhufeenya gosa dhiigaa, gama fayyaafi eenyummaa namaa gidduu jiru irratti hundaa'uun odeeffannoofi hubannoo kennuuf kan yaadamee barreeffamedha. Haata'u malee, qabiyyeen kitaaba kana keessatti dhiyaate akka gorsa yaalaa ykn gorsa jeneetikiitti ilaalamuu akka hinqabne hubachuun barbaachisaadha. Gosoonni dhiigaa garaagarummaa sanyii namaa wajjin wal bira qabamee yoo ilaalamu, safartuu sirrii ta'e kan kennan ta'us, yaadni duraa ykn gocha loogii kanaan dura ture akka deebi'ee hindhufneef, yeroo itti fayyadamnu of eeggannoo gochuun murteessaadha. Gosoota dhiigaa akka bu'uuraatti fayyadamuun, qoodinsaafi wal'aansa walqixa hintaane ykn maqaa ittiin walballeessuun fudhatama hinqabu.

Taatotni, taatewwaniifi maqaan kitaaba kana keessatti fayyadaman tokko tokko fakkeessaadha. Namoota lubbuun jiranis ta'e du'anii wajjin walfakkeenyi maqaa kamiyyuu yoo mudate akka tasaa kan ta'eefi barreessaan kan yaadame miti. Odeeffannoon kitaaba kana keessatti kenname barnootaaf qofa waan ta'eef; akka gorsa fayyaa, qorannoo ykn yaalaatti bakka buufnee itti fayyadamuu hinqabnu. Dubbistoonni haala fayyaa addaa ykn yaaddoo isaanii ilaalchisee gorsaafi qajeelfama dhuunfaa isaaniif ogeessota eegumsa fayyaa ykn ogeeyyii jeneetikii waliin akka mari'atan jajjabeeffamu.

Barreessaafi maxxansaan kitaaba kanaa odeeffannoon dhiyaate sirrii ta'uufi amanamummaasaa mirkaneessuuf carraaqqii madaalawaa godheen jira. Haata'u malee, sababaa ogummaan fayyaa yeroodhaa gara yerootti jijjiiramaa deemuuf, qabiyyeen isaa guutuu ta'uu, ykn yeroo isaa kan eeggate ta'uusaa wabii kennuu hindanda'u. Kanaafuu, barreessaafi maxxansaan odeeffannoo kitaaba kana keessatti argamuun kasaaraa ykn miidhaan yoo irra ga'eef itti gaafatamummaa hinfudhatu. Kitaaba kana dubbisuudhaan dubbistoonni ibsa itti gaafatamummaa armaan olitti ibsameetti walii galuufi odeeffannoon kenname gorsa ykn wal'aansa fayyaa ogeessaa bakka bu'uuf kan yaadame akka hintaane hubachuu qabun jedha.

Barreessicha

Galata

Duraan dursee Waaqayyoon isa nagargaare galateeffachuun barbaada. Itti aansuun nama ajaa'ibaa jireenya koorratti dhiibbaa ulfaataas haata'u salphaa, halluun kam haquu kan hindandeenye goote adaadaakoo, Feben Dhufeeraa Ayyaanaadhaaf dinqisiifannaa onneerraa madde yeroon dhiiheessu miira galataa guddaatu natti dhaga'ama. Imala jireenyakoo keessatti waan isheen naaf oolte ibsee xumuruuf jechatu nahanqata. Sababiinsaas, yaada-rimee "Blood Ties: Beyond Race," jedhu ani jalqaba afaan 'English'n addunyaaf qoode har'a ammo Afaan Oromoon ummatakoo bal'aaf maxxanse kana gabbisuu keessatti gahee olaanaa taphatteetti.

Jechoota ani fayyadamee gadi fageenya galatakoo ittin isheef ibsu hinqabu; inumaayyuu, osoo isheen jiraattee ana hingargaarre tahee, kitaaba kana barreessuuf yaaduu mitiitii, abju'achuu hindanda'u ta'a. Keessumaa, yeroon Finfinneetti kolleejii Narsii keessa barachaa turetti kennaa qaalii Feben irraa naaf dhufetu ture. Innis, kitaaba biyya Jarman irraa fiddee naaf kennite. Kitaabni sun mata dureensaa, "Eat Right 4 Your Type" jedha. Kana jechuun 'Gosa Dhiiga Keessanii Irratti Hundaa'uun Nyaata Filadhaa Sooradhaa' yaada jedhu of keessaa qaba.

Fuulonni kitaabicha keessaa ogummaa gadi fagoofi qajeelfama hubannoo cimsuun badhaadhoodha. Filannoo nyaataa gosa dhiigaa dhuunfaa wajjin haala walsimuun akeekame; kaayyoonsaas ulfaatina qaamaa dabaluu ykn hir'isuuf haala mijeessuun barreeffame. Kitaabni kun, egaa imala ogummaa barumsakoofi jireenyakoo keessatti tuqaa ka'umsa jijjiiramaa (formative turning point) naaf ta'e. Ani garuu yeroo sanatti, kennaan qaalii kun akka na oonnachiisu akkasumas keessakootti wal-dhabdee gadi fagoo akka kakaasu hinbarren ture.

Akkasumas, akaakayyuukoo obbo Dhufeeraa Ayyaanaa, boolla isaa daadhiin haagutuutii, amala kitaaba dubbisuurra darbee araada akka natti ta'uf gahee inni jireenyakoo keessatti taphate laayyoo hinturre. Yeroon Finfinnee mana isaa taa'ee barachaa ture sana kitaaba tokko, kan fuula 200 qabu, yoon dubbisee xumuree, ibsa gahaa irratti kenneef, innimmoo qarshii100 naaf kenna. Kana jechuunis fuula tokkotti saantima 0.50 naaf 'kaffala'. Gochaa kanaanis, amala ykn araada kitaaba dubbisuu kan yoomuu na keessaa haqamuufi qiinqaniin nyaachuu hindandeenye na keessatti biqilche. Kanaaf, amman jirutti yoomiyyuu onneekoo keessatti isa yaadachaan jiraadha.

Itti aansuun, waaqeffattoota, Waldaa Ifa Wangeelaa Oromoo, magaalaa Perth, Lixa Awustraaliyaa, keessa jiraatan galateeffachuun barbaada. Waldaan kun lafan badee jiruu na barbaaddee, mana Waaqayyoo keessa tajaajiluuf carraa lammaaffaa ani argadheef sababa guddaa taatee jirti. Kana duwwaa miti; itti gaafatamummaa garaagaraa natti laachuun, dandeettiifi ofitti amanamummaakoo akkan guddifadhuuf sababa guddaa naaf taatee jirti. Waaqeeffatoonni waldaa kanaa tokko tokko, naaf kadhachuun waan na bira dhaabbachaa turaniif galannikoo dachaadha.

Obbolootakoo kitaaba kana naaf gulaalan: Dr. Sadik Abdella, Dr Naafyad Geetuu, Dr Nuredin Luke, Dr Nagaash Waaqgaarii, Fedhasaa Taaddasaa, Lalisaa Indiris Adam, Abboomaa Margaa, Alamuu Dhugoo utuun hingalateeffatiin darbuu hindanda'u. Akkuma kana, Mesfin Bahiruu, qola kitaaba kanaa isa naaf hojjate, Barok Solomon, Keessa kitaabichaa kan naaf miidhegse, ulfaadhaa jedheeraan; Waaqayyo ogummaa keessanitti ogummaa addaa isiniif haadabalu!

Dhuma irratti, namni ani osoon hingalateeffatiin darbuu hindandeenye, jireenyakoo guutuufi hiika qabu kan taassisite, haadha warraakoo, hiriyyaakoo, waan hundaakoo, kan taate, Boontuu Tolasaa oggaayyuu onneekoo gubba jiraatti. Yerooshee jalaa fudhadhee, yeroo hundaa komiputerakoo irra yeroon taa'u, yaadaan, buna naaf danfisuun, hundumaarra immo yeroo ishee wajjiin dabarsuu qabu bareessuufi qayyabannaatti yeroon dabarsu qalbiin utuu natti hinqabamiin, na jajjabeessuun nabira waan dhaabatteef, jechatu na hanqata oolmaashee ibsuudhaaf. Utuu isheen haadha manaa hubattuu, dandeessuu naaf hintaanee, kitaaba kana barreessuun abjuu ta'ee hafa ture. Sin jaalladha Booniikoo!

Seensa

Kittaa ykn hidda jireenya namaa walitti hidhan keessaa, hiddi sanyii seenaa dhala namaa irratti ashaaraa mataasaa qabaachaa har'a ga'ee jira. Garuu hiddoota dhala namaa walitti hidhan gidduudhaa inni murteessaafi adda duree ta'e 'Eenyummaan Namummaa' nijira. Kunis Gosa Dhiigaa; sanyii, gosa, halluu gogaafi dhaala maatii irraa dhaallu kami-inuu ol kan ta'edha. Kun hundee waamichaa "Iccitii Gosa Dhiigaa: Miira Sanyummaan Gamatti" jedhamee, bu'uuraalee sadarkaa hawaasummaa keenya irratti ijaarranne, irra dee-bi'anii qorachuuf waamicha kan taasisudha.

Mee jireenyakee keessatti, wanta dhuka lafeekee keessatti oomishamee, qaamakee keessa oliifi gadi yaa'uun akkati lubbuudhaan turtuuf si gargaaru ilaaltee beektaa? Ogummaa uumamaa ajaa'ibaa kan bulbula baayoloojiifi seelotaa akka-sumas pilaazmaa irraa dhangi'ametu qindoomanii akka jiraannu nu taasisa. Kunneen egaa dalagaa isaanii dalagaa jireenya itti fufsiisu malee sanyummaa, olaantummaafi gad-aantummaa namummaa kamuu irraa bilisa. Onneen nidhahatti, dhiigni qaama keenya keessa naanna'ee tamsa'a. Falaasamootaafi amantiiwwan hawaasni ijaarrate jiraatus, jiraachuu baatus, dhugaan tokko yeroo hundaa haqaan kan maskamedha; innis, jireenyi itti fufuu isaatirraa hubatama.

Qorannoo olitti kaasne gadi fageenyaan ilaaluuf, dirqama xiyyaara yeroodhaan duubatti deebi'uu nu feesisa. Seenaan, walqoqqoodinsa halluu gogaafi sanyummaarra dhimma caalu kan nuuf lallabdu qabdi. Qaroominni hedduun badhaadhanii jiru; akkasumas, kufanii jiru. Wal-waraansi hedduun taa-sifamanii isaan keessattis lubbuun hangana hinjedhamne dhumeera. Kun hundi sababa hacuuccaa, olaantummaa sanyiidhaan dhufe ta'uunsaa ifa.

Ta'us, fedhiifi ilaalchi kun hunduu jalqabuma hundeerraa, dogoggora yoo ta'ehoo? Tokkoominni dhala namaa halluu gogaa namaafi sanyiidhaan osoo hintaane, gosa dhiigaa waliin qabnuun utuu ta'eera ta'eehoo? Fakkeenyaaf, gosa dhiigaa 'O-' mitihee yoolaalle, gosa dhiigaa hundaaf kenna. Gosi dhiigaa kun, akka mallattoo jireenyaafi abdiitti jireenya dhala namaa keessatti ilaalama. Gosni dhiigaa kun hinloogu; kan gosa dhiigaa kana qabu kallattiidhaan akka barbaachisummaasaatti, akkuma nama Afriikaa keessatti argamuuf tajaajilu, nama Amazon keessa jiru tajaajiluu danda'a. Kanaafuu, as keessatti, sanyummaan, ykn gosummaan jireenyaafi tokkummaa dhala namaatiif bu'aa maalii qabaachuu mala?

Dhimmuma wal fakkaataatiin, gosa dhiigaa 'AB+' eyyentaa yoolaalle, fudhataa uumamaa kan ta'eefi gosa dhiigaa hundaa kan ofitti fudhatu ta'uu danda'uunsaa mallattoo addaa addummaa dhala namaaf kan dhugaa nuuf ba'udha. Gosti dhiigaa kun, addunyaa keenya keessatti bakka hundatti kan argamu ta'uunsaammo, addaa addummaa; gosaafi sanyummaa dhala namaa gidduutti ijaarame, kan bal'eessuufi haquudha jechuudha.

Haqni kun hundi, waa'ee adda addummaa keenyaa nuti lallabnu, maal nutti hima laata? Tarii adda addummaan nuti lallabnu kan nuti akka dhala namaatti bocne malee kan uumamni nu badhaaste mitii laata? Gaaffii yeroon deebisuudha!

Seenaafi adeemsaa tirannaa dhala namaa keessatti, waa'een baayoloojii gosa dhiigaa isa murteessaafi ajaa'ibaati. Yeroo galaana argama gosa dhiigaa 'ABO'fi caasaa murteessituu 'Rh' ilaallu, godaansi dhala namaafi dhaalli maatii keenyarraa dhaalle ifaan nutti mul'achaa deema. Mallattooleen kun, kan qoricha hojjechuufi ashaaraa namummaa keessatti shoora olaanaa taphatan yoo ta'an, hundaa ol garuu seenaa waloo keenya kan nutti mul'isan, akkasumas seenaa qoqqoodinsa sanyii addunyaarra jiru kan morman ta'anii nutti mul'atu.

Kittaan hawwaasummaa keenyaas, jette jetteewwan gosa dhiigaatiin kan fo'ame ta'uun beekamaadha. Gosa dhiigaa tokko akka fakkeenyaatti fudhachuudhaan hir'inootaafi hanqinoota namni gosa dhiigaa sana qabu addaan irratti looguun waan baratame tokkodha. Inumaa aadaa tokko tokko keessatti ammoo gosti dhiigaa, ulaagaa jaalalaa, qacarrii hojiifi walitti dhiyeenya hawaasummaa ta'ee yeroo dhiyaatu argina. Garuu, dhugaamatti, ulgaa armaan olii akka kanaaf qorannoo qabatamaan jiraa? Moo akkanumaan murteewwan ittiin walii keenya wal miidhaa har'a geenye tolchannee laata?

Barbaachisummaan gosa dhiigaa waan akka salphaatti ilaalamu miti. Kana jechuun akka qabxii dhala namaa adda adda qoodutti osoo hintaane, akka dibaabee tokkummaatti akka eenyummaa waloo walitti nu qabuutti jedhamee hubatamuu qaba. Kunis, kan inni nutti mul'isu falaasamni 'Sanyii' akka kalaqa dhala namaa ta'ee, irratti dabalataan, loogiifi dhabamni walqixxummaa addunyaa irratti sababa sanaan akka dhufedha. Erga akkas ta'ee maaliif 'Sanyii' ykn 'Gosa" keenya akka hiikkoo eenyummaatti himannaree? Tarii, eenyummaa keenyaaf sanyiidhaan hiikkoo kennuun aadaa keessa keenyatti dagaage waan ta'eefii laata kan iji keenya haqa gosa dhiigaa kan nu tokkoomsu arguu dadhabe? Kun gaaffii murteessaa, qulqullummaafi qalbiidhaan deebii barbaadudha.

Kitaabni "Iccitii Gosa Dhiigaa: Miira Sanyummaan Gamatti" jedhu, adeemsa barnoota akkaadaamii qofa osoo hintaane, adeemsa itti hiika namummaa gadi fageenyaan itti hubannudha. Karaa biraa, daangaawwan adda addummaa ilma namaa gidduutti ijaaraman diiguudhaan, akka sanyii adda addaatti osoo hintaane, akka warra dhiigaan walitti hidhamanii, karaa jireenyaa waliin abuuraniitti barroo calaqqisiisudha.

Kitaaba kana keessatti, addunyaa gosoota dhiigaa bal'inaan abuuraa, dhiibbaawwan isaan jireenya keenya keessatti qaban ilaalla. Harki caalaafi xiyyeeffannoon shoorri sanyii dhala namaa keessatti taphate ol aanaa haata'u malee kitaabni kun, ilaalchota addaddaafi haaraa kan gosoota dhiigaa, kanaan dura irratti hinxiyyeeffatamiin gadi fageenyaan kan xiinxaluudha.

Kitaabni kun, qorannoowwan bilchaatoofi saayinsaawoo garaagaraa irratti hundaa'udhaan walitti dhufeenya gosoota dhiigaafi dhiibbaa isaan fayyaa, amala nama dhuunfaa, hariiroofi soorata qaama keenyaaf barbaachisu irratti fidan kan ifoomsudha. Dabalataan kitaaba kana keessatti, gosoota dhiigaa baratamoo ta'an, jechuunis ABO irra darbee qabxiiwwan murteessoofi ibsamuu qaban kan sirna caasaa 'Rh' wajjin wal qabatan akkamiin akka isaan jireenya keenya irratti dhiibbaa hineegamne nurraan gahan kan ilaallu ta'a.

Kunis, seenaa garaa garaa qalbii namaa hawwataniifi ibsa quubsaa ta'e kennuudhaan kan katabame yoo ta'u, kitaabni kun amaloota gosoota dhiigaa hundaa wajjin wal qabatan tokko tokkoon kan ibsuudha. Uumama addaafi tokkummaa warra qaban warra gosa dhiigaa 'A' irraa hanga namoota kalaqaafi haalotatti madaquu danda'an warra gosa dhiigaa

'B'tti dubbistootni kitaaba kanaa waa'eesaanii irra darbee waa'ee namoota naannoo isaanii irratti hubannoo gadi fagoo akka isaan qabaataniif gargaara.

Hunda caalaa, kitaabi kun hariiroowwan, filannoowwan nyaataafi guddina jireenya dhuunfaa keenya keessatti barbaachisummaa gosoota dhiigaa kan balbalIoomsudha. Gosa dhiigaa keenya caalmaatti hubachuudhaan, qorumsa jireenya keessatti nu mudatan injifachuudhaan namootaafi naannoo keessa jiraannuu wajjin jaalalaafi ogummaadhaan akkamiin akka jiraannu kan nu gargaarudha.

Kitaabni "Iccitii Gosa Dhiigaa: Miira Sanyummaan Gamatti" jedhu kun, gosa dhiigaa isa kamtu dhukkubootaaf salphaatti irra saaxilama akkasumas gosa dhigaa isa kamtu dhukuba irraa salphaatti dandamachuu danda'a kan jedhu gadi fageenyaan nixiinxala. Kanaafis, argannoowwan saayinsii yeroo dhiyoo kan sirna ittisa qaamaa, bullaa'insa nyaataafi fayyaa waliigalaa irratti xiyyeeffatan dhugoomsuudhaan, dubbistootni kitaaba kanaa, odeeffannoowwan murteessoo kunneen of harkaa qabaachuudhaan murteewwan nyaataa, sochii qaamaafi eegumsa fayyaa ofiif akka taasisan godha.

Barroo kana keessatti, barbaachisummaa garaagarummaa keenya waliin simannee waliin jiraachuu malee olaantummaa ykn gad-aantummaa sababa gosa dhiigaatiin dhufu kam balaaleffachuuf kan tattaafannu ta'a.

Addunyaa keenya har'aa kana keessatti, bakka itti wal hubachuufi wal danda'uun murtessaa ta'e keessatti, kitaabni kun ija namummaatiin jireenya daandii haaraa ta'e akka hubannuufi dhamdhamnu nu taasisa. Waa'ee gosoota dhiigaa irratti tiriika beekumsaa ibsuudhaan, dubbistootni akka jireenya dhuunfaafi waloo akkasumas ijaarsa hawaasummaa keessatti shakkii tokko malee akka qooda fudhatan taasisa.

Kitaabni kun walitti qabama dhugaa jireenya dhala namaa keessa jiru qofa osoo hintaane, sanyii keenya caalaa, gaaddisa 'gosa dhiigaa' keenya jalatti qabbaneeffannudha. Dhugaa saayinsiidhaan masakamee mirkanaa'e kana fudhannee, amantaawwan nun fayyadne kan barootaaf nu qoodan kan ittiin irra aannudha.

Akka dhuunfaatti tarii garaankee waan kana shakkaa jiraachuu mala ta'a. Yaadni waa'ee gosa dhiigaa, waa'ee sanyii caalaa salphaa ta'ee sitti mul'achuu malas ta'a. Ani akka qorataa ogeessa saayinsii fayyaatti, dhaabbii namaa irra darbee, keessaafi amala namaa haalaan ilaaluu waanan bareef shakkiinkee naaf gala.

Hawaasummaan waggoota hedduuf amantawwan wal xaxoo waan walitti fo'eef, dhimma kana salphaatti fudhachuufi hubachuun ulfaataa ta'uu mala. Sababa beekumsa dhabuufi sodaatiin argannoowwan saayinsiifi seenaa hedduu ajaa'ibsiisoon haguugamanii turan. Garuu ragaa qabatamaatti yoo amanne, dhugaan haalamuu hindandeenye ifatti mul'achuun kan hinoolle ta'uun beekamaadha.

Amma ati, akka dubbisaatti qofa osoo hintaane akka nama daandii haaraa abuuruu eegale tokkootti ofilaali. Sababnisaa, addunyaa seenaa, aadaafi safuu haaraa kan dhugeeffannaa haaraa qabu arguudhaaf deemta. Gosti dhiigaa waloo akka namaatti waliin qabnu, sanyiifi halluu gogaa nama si bira jiruu osoo hinilaaliin yeroo sikeessaa dhikkifatu dhaggeeffadhu. Ollaakee, hiriyaakee, nama haaraa karaarratti argitu yeroo qalbeeffattu, amantaan dogoggoraa waa'eesaanii qabaachaa turte hundi badee, si waliin namoonni kun walitti dhufeenya dhiigaa isaanni qaban mee yaadi.

Daandiin ani irra si fuudhee deemaa jiru kun; daandii itti akkasumaan waan agarte itti ilaaltee irra darbitu miti. Garaa qulqulluudhaan, sammuu banaadhaan yoo wal hubachaa deemne beekumsa, walitti dhufeenya dhala namaa, olaanaatti ceeta. Kitaaba kana gaafa xumurtu, waa'ee gosa dhiigaa hubachuudhaan ofiikee qofa osoo hintaane, dhala namaa addunyaa kanarra jiru maraa wajjiin hariiroon uumamaa ati qabdu sitti dhaga'amuu jalqaba. Waadaan ani akka barreessaafi qorataa saayinsii fayyaatti siif seenu kana; beekumsa qabatamaa seenaawwan ajaa'ibaa waliin dhaangi'aman dhiyeessuudhaan, ilaalchi waa'ee sanyiifi gosaa irratti qabdu, akka irra deebitee xiinxaltu taasisuudha.

Waadaa tokkoon haa'eegallu; yeroo xumura fuula kitaaba kanaa dhaqqabdu, beekumsa qofaa argatta osoo hintaane, ogummaa addaa argatta. Ogummaan kunis akka ati uumama fageessitee hubattuu kan si taasisu yoo ta'u, kabajaan akka na waliin daandii ogummaa haaraa kana abuurrun si afeera. Walii wajjin, dhimmoota nu tokkoonsaniifi hawaasummaadhaan haguugamanii darban ilaalla.

Dhimma sanyiin dhala namaa; teessumni lafaafi seenaan hiikuu hindandeenye baruufi hubachuuf qophooftee? Hubadhu, dhikkifannaan onnee keenyaa, jiraachuu keenya qofa osoo hintaane, tokkummaafi carraa waloo keenya ibsiti. Hundi keenyayyuu, waa'ee amantaa 'sanyummaa' caalaa, dhimma waloo dhangala'aa ujummoo dhiigaa keenya keessatti argamu tokko qabna. Daandiin nuti irra deemnus kana; daandii itti nama ta'uu jechuun maal akka ta'e barrudha.

Tokkoon tokkoon fuulota kitaaba kanaa yeroo galagalchinu, garaa qulqulluufi sammuu banaa kan ittiin namummaan keenya, sanyummaadhaan ol akka ta'e itti hubannu haata'u. Sababnisaa, xumurarratti, wanti murteessaan halluu gogaa keenya osoo hintaane, amala dhuunfaa keenyaafi dhiiga ujummoo keenya keessa tamsa'ee nu jiraachisu ta'uusaa hubannoo horanna.

BOQONNAA

1

Dhiiga Jechuun Maal Jechuudha?

Dhangala'aan leemmoo, dhuka lafee keenya keessatti oomishamuun, ujummoo dhiigaa keenya keessa oliifi gadi socha'un, wantoota qaama keenyaaf barbaachisoo ta'an kanneen akka soorataafi oksijiinii gara seeliitti geessuu, akkasumas balfa seelii keenya keessaa baasu, dhiiga jedhamee waamama. Haala fayyaa namaa qorachuuf, yeroo baay'ee saamuda dhangala'aa leemmoo kana fayyadamuu barbaachisa. Damee ogummaa faayyaa keessatti, adeemsi dhiiga nama tokkorraa fuudhanii, nama biraaf laachuun iddoo guddaa qaba. Yeroo baay'ee ogeeyyiin fayyaa hundee dhibee dhukkubsataa tokkoo argachuuf jecha gosa tishuu kana tishuuwwan biroo caalaa irra deddeebiin qoratu.

Bakka bu'iinsi jireenyaa, yeroo baay'ee karaa argama dhiigaatiin agarsiifama. Uumaa beekaafi ogeessi, ogummaa harka namaa caalu jiraachuun isaa amala dhiigaa irraa hubachuun nidanda'ama. Qorannoon dhiigaa hiika jiraachuu keenya duuba jiru qorachuuf nu dandeessisa. Jireenyi qaama namaa wantoota hedduu irratti kan hundaa'u yoo ta'u, isaan keessaa dhiigni qaama murteessaadha.

Dhiigni, onnee dabalatee qaamolee sirna onneefi ujummoolee dhiigaa biroo wajjin walqabatee, jiraachuu lubbu qabeeyyiif wantoota murteessoo ta'an keessaa tokko ta'ee ilaalama. Sirni marsaa dhiigaa qilleensa ykn oksijiiniifi soorata gara seelii qaama namaa hundaatti geessu keessatti gahee murteessaa qaba. Dabalataanis, kaarboon daayi'oksaayidii (Carbondioxide) dabalatee balfa seelii keessaa baasuuf haala mijeessa.

Saayintistootni beekamoo lama, Wiiliyaam Haarveeyiifi Antoon Vaan Liiwenhooyeek kan jedhaman, hubannoo waa'ee tajaajila Onneefi Marsaa Dhiigaa irratti fooyya'insa addaa dabaluudhaan namoota gadi fageenyaan Heemaatooloojii (Saayinsii damee fayyaa, waa'ee dhiigaafi dhukkuboota dhiigaan wal qabatanii dhufan qoratu) kan qo'atanidha. Hundeen argannoowwan sanaa, yeroo namootni kunneen lameen jiraachaa turan jedhamuu danda'a. Dhiigni, umurii dhala namaa irratti dhiibbaa addaa qabaachuu isaatiin akka murteessaa hundee jireenyaatti ilaalama. Akka Haarviin jedhutti, "Dhiigni, copha jireenya jalqabsiisuufi jireenya xumurudha" jedhee kaa'a.

Dhiiga; Galaana Jireenyaa

Addunyaa qaama namaa keessatti, dhiigni, lammii tattaafataafi goota waa'eensaa hinweeddifamiiniif yoo ta'u, akka taliila yaatuu lafa keessa saggaartuutti ujummoolee gara onneetti isa geessaniifi onneerraa fudhatanii waliin qindoomee kallattii hundaan jireenya sooraa, utubee jiraachisa. Dhiigni, cophnisaa hundinuu, yaa'insa shishifii kan seelota, pirootiiniifi pilaatileetoota waliin ta'uudhaan, dhangaa jireenyaa dhala namaa addaa uuma.

Mee galaana jireenyaa keessa dhidhimnee, burqituuwwan dhufanii galaanicha guutan haalaallu. Dhiigaan 'dhangala'aa diimaa' qofa jennee wanta dhiisnu osoo hintaane, wantoota geeddarsaafi saxaxa adda addaa qaban kanneen akka pilaazmaa, seelota dhiiga adiifi seelota dhiiga diimaa, akkasumas pilaatileetota irraa qabiyyee kalaqamudha. Dhangala'aan halluu dibaa warqee qabu, pilaazmaan, qabiyyee dhiigaa keessaa parsantii 55% kan uwwisu yoo ta'u, seelota dabalatee wantootni biroonis ujummoo keessa adeemuudhaan kan tajaajiludha. Kunis of keessatti, wantoota sadii kan qabu yoo ta'u, inni jalqabaa baattota oksiijiinii (oxygen) kan ta'aniifi halluu addaa inni qabu kan gonfaniif, seelota dhiiga diimaadha. lammaffaarratti ammo waardiyyoota guyyuu sirna ittisa qaamaa kan ta'an, seelota dhiiga adiidha. Inni sadaffaan humnoota fayyaa keenya eeganii, yaa'insa dhiigaa faayan, Pilaatleetoota kan of keessaa qabudha.

Dhiigni, hundee jireenyaa ta'uunsaa kan baratame ta'us, qoodni inni bahatu gadi fageenyaan yoo ilaalle, waan ajaa'ibaati. Geejjibaa, to'ataa waliigalaa, humna ittisaafi madda fayyaa ta'uudhaan tajaajila. Dhiigni, soorata barbaachisoofi oksiijinii (oxygen) bakkeewwan qaama keenya keessatti murteessoo ta'anitti geejjiba. Ho'aafi madaallii (PH Balance) qaamaa to'achaa, keessoon qaama keenyaa haala madaalawwaa keessa akka turu taasisa. Seelotni adiin, waardiyyoota guyyuu dammaqoo ta'uudhaan Paatojeenoota (orgaanizimoota dhukuba namatti ta'an) qaama keenya weeraran faccisu. Akkasumas yeroo gogaan qaama keenyaa haleelamuufi miidhamu, kan hatattamaan owwaatee, waliin gamtoomee furmaata ta'u, Dhiigadha.

Waan armaan olii kana ibsuuf, mee ilma Oromoo keenya, Athleet Qananiisaa, goota maraatoonii addunyaa, fakkeenya haafudhannu. Qananiisaan fiigee, fiigee yeroo sarara xumuraatti dhi'aachaa adeemu, maashaan isaa oksijiinii ofkeessaa fixee iyyuu jalqaba. Yeroo kana egaa dhiigni gahee tajaajila geejibaa kennuu isaa mirkaneessa. Si'aa'inaan dhiyeessii oksijiiniifi bobaa'aa humnaa kennuudhaan, balfa dadhabbii karaa dafqaa qaama keessaa baasuun, gahee hangaafaa ba'ata. Yookaan yeroo daa'imni tokko, jilbaan daa'imu, jilbi isaa cicciramu humni fayyisuu dhiigaa si'aa'inaan yeroo hojii isaa jalqabu taajjabdee beektaa? Fakkeenyonni lameen kunniin egaa firii dalagaa dhiigaati.

Ija Antiroopooloojiitiin yoo ilaalle, dhiigni durumaan, sodaatamaafi kabajamaa yoo ta'u, mallattoo jireenyaaf du'aa, qulqullinaafi faalamaa ta'ee ilaalama. Aadaa hedduu keessatti, mi'oo jireenyaafi jabinaa bakka bu'ee kan ilaalamu yoo ta'u, ammoo dhiiga waliin qooddachuun, akka walii galtee jabaa barreeffama kamiyyuu caalaa gatii jabeessa ta'eetti amanama. Damee fayyaa keessatti, dhiiga laachuufi fudhachuun walitti hidhamiinsa keenyaaf ragaadha. Adeemsi kun, adeemsa namni dhuunfaan tokko nama biraaf deebisee jireenya kennuu danda'uu isaa kan mul'issudha.

Garuu ragaan lakkoofsaafi istaatiksiidhaan kaa'amee jiru hoo mee maal fakkaata? Guyyaa guyyaan onneen namaa tilmaamaan dhiiga gaalonii 2,000 tamsaasuudhaan guutummaa qaama keenyaaf, naannoo dachaa 1,440 naanna'uun tajaajila dhiyeessi taasisa. Istaatiksiin kun, odeeffannoo laayyoo osoo hintaane, hojii dhiigni akka nuti lubbuudhaan turru nuuf hojjetu kan addeessudha.

Itti aansuudhaan, hiikkoowwan barbaachisoo Heemaatooloojii keessatti argaman haalaallu. Heemoogiloobiiniin, pirootiinii seelota dhiiga diimaa keessatti argamuufi oksiijiinii ofirratti qabatu yoo ta'u, jechama baayoloojii qofa osoo hintaane, wanta jireenya keenyaaf hedduu murteessaa ta'e tokkodha.

Liyuukoosaayitoonni (leukocytes)/ Seelotni Dhiigaa Adii (SDA), loltoota jaboo ergamtoota alaa kan qaama keenya miidhan kan akka; baakteeriyaa, Vaayiresiifi kkf nurraa faccisanidha. Jechoota kanneen hubachuun, barbaachisummaan isaanii dhimma barnootaaf qofa osoo hintaane, qaxxisa nuti qaama keenya hubachuudhaaf taasisnudha.

Qorannoo keenya kana gara xumuraatti fiduudhaaf, barbaachisummaa argannoo keenyaa haacuunfinu. Dhiigni, laga jireenyaa kan maalummaa waloo keenyaa of keessaa qabudha. Dabalataan, ujummoo jireenyaa qofa osoo hintaane, kitaaba seenaa, dhaalaafi namummaan irratti katabamudha.

Tokkoon tokkoon seeloota qaama keenya keessaa, bocaan hanga sana shishifii ta'anii; ammoo dadhabbii tokko malee hojii salphaa fakkaatu garuu dinqii ta'e hojjetan kana yaaddee ajaa'ibamtee beektaa? Qaama keenya guuboo taateewwan dinqii ta'e kana keessatti, raajii callisaan bakka fudhatu kana qalbeeffattee beektaa?

Gaaffiiwwan kana yeroo deebisuuf kaanu, wanti dagatamuu hinqabne tokko, dhiigni, qabiyyee walxaxaa hedduufi salphaatti hubataman qabaachuunsaa qubeefi afaan jireenyaatiin barreeffame waan ta'eefidha. Mataduree keenya kana xumuruudhaan dura, waan tokko yaadachuun nu barbaachisa. Dhiiga jechuun wanta qalama ykn kobbee keenyaan katabamee ibsamu qofa osoo hintaane, wanta waloo nuti waliin qabnuufi jireenya nu jiraachisu akka ta'e qalbeeffachuu qabna. Dabalataan, Bu'aabayii, adeemsaafi seenaa keenya akka hapheetti kan walitti nuuf qabudha.

Barbaachisummaa Dhiigaa; Amantii Keessatti

Dhiigni, qaroo jireenyi keenya abdii jiraachuu ittiin agartudha. Ammoo, mallattoo ruudaa, kan hiikkoo oboo cooraa hedduu of keessaa qabudha. Garuu qabxiin dhangala'aan ajaa'ibaa kun kan adda isa taasisee hanga sadarkaa 'Hafuuraa'tti hubatamuutti isa geessise maal laata?

Sadarkaa hundeetti, dhiigni dhadhaabbata jireenyaa kan hidda lubbu qabeeyyii keessa socho'uufi of keessatti ammoo seelota, soorata adda addaafi pirootiinii kan of keessaa qabudha. Garuu hiikkoon ogummaa kun qofti maalummaafi mallattoo dhiigaa sadarkaa quubsaa ta'etti nuuf hinibsu.

Barbaachisummaan dhiigaa, hiika nuti ija barnoota baayoloojiitiin ilaalluun oli. Dabalataan hundee jireenyaafi maadhee ayyaana jiruu keenyaa akka ta'eetti ilaalama. Akka seenaan nuuf lallabduttis, dhiigni, amantaafi sirnoota amantaa hedduu keessatti, bakka olaanaa kan qabaachaa ture yoo ta'u, aadaa hedduu keessatti qabxiiwwan akka firummaa, wareegaafi wayyoommiidhaaf adda ta'ee tajaajila.

Afaanoota adunyaa kanaa hedduu keessa yoo gadi fageenyaan sakattaanes, hundeefi jechi 'dhiiga' jedhu hiikkoo wal fakkaataa nuuf calaqqisiisa. Afaan Ingliizii durii kan 'blōd' jedhuufi Afaan Jarmanii kan 'Blut' jedhu yoo ilaalle; firummaafi sanyii ofii hundee godhachuudhaan walitti dhufeenya ayyaanaa nutti agarsiisa.

Dhiiga foddaa afuuraatiin ilaaluun, barbaachisummaa inni amantiiwwaniifi aadaawwan raagamtaa amantii qaban keessatti ibsuudhaaf nu fayyada. Amantaa Kiristaanaa keessatti, Dhiigni Kiristoos, wareegama addaafi hirbuu fayyina barabaraa ta'ee ilaalama. Wayiniin irbaata galatoofi xumura irratti dhiyaates, fakkoommii dhiiga wareegaa kanaa ta'ee kan ilaalamu yoo ta'u, amantiiwwan biroo keessattis fakkoommiiwwan akkasii haaluma wal fakkaatuun muldhatu.

Amantiiwwan Ganamaa Afriikaa keessaa fakkeenyaaf, ummata Oromoo, gaanfa Afrikaa keessatti argamuuf, dhiigni, wareega ayyaanaaf dhiyaatu kan itti ayyaana addunyaa argaa-dhageettii olitti argamuu wajjin itti wal quunnaman ta'ee amanama. Haata'u malee, kun nama 'Oromoo' ta'e hunda biratti kan amanamu akka hintaane hubatamuu qaba. Akka fakkeenya dabalataatti ammoo, namoota Maayaa duriitiif, Dhiiga conqolaasuun 'Waaqota' isaanii kunuunfachuufi jiruu duuniyaa itti fufsiifachuu godhanii amanaa turan.

Dhiigni, addunyaa hafuuraa keessatti fakkoommiin inni qabu, hanguma addaa addummaa qabu; qabxii irratti wal-fakkaatus niqaba. Amantaa Vuuduu keessatti, qabiyyee murteesssaa itti 'Loa', kan ayyaana amantii Hayiitii wajjin itti wal quunnaman ta'ee fudhatama. Amantaa Hinduuyiiziimii keessatti, yeroo dhiyoo as xiqqaachaa haadhufullee malee, Dhiiga wareeguun, daandii 'Waaqota' isaanii ulfeessaniifi kadhaasaanii itti milkeeffatan godhanii amanu. Kunneen armaan olitti eeraman irra dhaabadhee, mallattoon kun, Dhiigni, hiika hundee sirriitti hinhubatamne qabaachuu mala ta'a jedheen yaada. Sababa kanaanis hiika dhiigaa sadarkaa hiika fakkoommiifi hiika beekumsaatti adda adda baasnee hubachuun barbaachisaadha. Sababnisaas, hiikni 'dhiigni' addunyaa afuuraa keessatti qabu marti, gocha yookiin wareega dhiigaa kan dirqisiisan miti.

Faayidaan fakkoommiifi dhimma bahannaa dhiigaa, wantoota biyya lafaa kanarra kan darbuufi dhugeeffannaa xaxama hedduu qabudha. Addunyaa keenya har'aa keessattis, qooqni dhiigaa, afaan wal qunnamtiifi eenyummaa keenyaaf hiika addaa kennu ta'ee akka itti fufetti argama. Jechamootni akka "Dhiigni Bishaanirra Furdata" jedhan barbaachisummaa walitti dhufeenya maatii murteessuu irratti humna inni qabu agarsiisu. Dhiigni kan hidda nama dhuunfaa qofa keessa lola'u utuu hintaane, kan hidda hawaasaa keessaa lola'uudha. Jechuunis, dhiigni haqaaf lola'u, kan bilisummaa keenya nu biraan ga'uuf dhangala'u, kunneen egaa ragaa dhiigni mallattoo addaa ta'uu isaa agarsiisanidha.

Dhiiga, akka mallattoo waloo namummaatti yoo fudhanne, wal quunnamtii uumamaafi miira waloo, kan sanyiifi amantii keenya kamiyyuu caalaa dhugaadhumaan 'firummaan' inni sirrii maal akka ta'e nutti inagarsiisuu? Addunyaa ilaalcha ykn yaada nam-tolcheetiin qoqqoodamte kana keessatti, dhiigni, daawwitii tokkummaa itti hundi keenya keessatti ittiin wal-arginu ta'ee wanta uumamedha. dhiigni, firummaa hafuuraa keenyaati. Kana jechuunis, Addunyaa qabatamaa sanyii, gosaafi daangaa kamiyyuu cabsee kan nu tokkoomsudha.

Kanaafuu, dhiigni, addunyaa 'hafuuraa' keessatti, mallattoo qofa osoo hintaane, waamichadhas. Waamichi kunis, walooma uumamaa kan jiruu keenya kessatti akka dhala namaatti jiraannu; ammoo akka gadi fageenyaan hubannu kan nu taasisudha.

Barroowwan Ulfoofi Qulqullummaa Dhiigaa

Dhiigni, barbaachisummaa isaatiin qalbii dhala namaa keessa buluurra darbee addunyaa amantiifi jireenyaa keessatti wanta hidda gadi fageeffatedha. Dhangala'aan ulfoo (sacred) kun qaama keenya keessa qofa osoo hintaane, ashaaraansaa barroowwan ulfoo keessattis fakkoommii addaa addaa qabatee aragama.

Jalqaba irratti macaafoonni qulqulluun dhiigni, fooniif duwwaaf akka hin'uumameetti agarsiisu. Akka waan afuurri jireenya ta'ee lubbuu keessa jiraatuutti fakkeeffama. Kakuu Yihudootaa dhaqna qabaadhaan mallatteeffame irraa kaasee hanga sirna aarsaa Islaamaa yeroo Lid al-Adhaatti dhiigni akka ragaa amantiifi mallattoo waaqeffannaa ta'ee ilaalama.

Kitaaba kana keessatti mee walii wajjin, barroowwan ganamaa saaqnee, dhiigni akkamiin akka sodaatamaa, qulqulleeffamaa ture haalaallu. Wangeelli, Tooraaniin, Quraanniifi Bahgavaad Gitaan'faa barroowwan beekumsaa kan barbaachisummaa dhiigaa addunyaa amantii keessatti qabu nutti agarsiisanidha.

Fakkeenyaaf, seeneffama Faasikaa amantii Yihudootaa keessatti, dhiigni hoolaa utubaawwan balbalaa irratti dibamee akka mallattoo araaraafi eegumsa Waaqayyootti ilaalama. As keessatti; dhiigni akka gaachanaatti tajaajila, waardiyyaa qooqa baraaramuufi lubbuun jiraachuu dubbatudha. Haaluma walfakkaatuun, amantii Kiristaanummaa keessatti fannifamuun Yesus Kiristoosiifi dhangala'uun dhiiga isaa furamuu ilmaan namaatiif hundee isa guddaadha. Gochi kun, hubannoo nuti dhiigaaf qabnu madda jireenyaa ta'uu isaa irraa gara sharafa itti jireenya barabaraa bitannuutti jijjiira.

Fakkoommiin Dhiigaa, Kiristaanummaa keessatti, barbaachisummaa guddaa qaba. Sababnisaas qabxiiwwan amantaa, kan akka aarsaa, furamuu waan agarsiisuuf akkasumas, kakuu Waaqayyoofi dhala namaa gidduu jiru waan addeessuufidha. Seenaan Wangeelaa/Macaafa qulqulluu, hubannoofi yaada 'dhiigaa' wajjin walitti dhufeenya gadi fagoo qaba. Kunis gama hiika hafuuraa, sirna adda addaa, barsiisaafi hiika ti'ooloojiitiin bal'inaan qoratama.

Argamni Dhiigaa, gocha aarsaa wajjin haala saxaxa adda addaa qabuun wal qabata. Fakkoommiin haala kana keessatti ibsamu, hundeen isaa kakuu moofaa keessatti kan argamu yoo ta'u, kunis yeroo gochi aarsaa beel'adootaa dhiyeessuu akka daandii itti dhiifama cubbuu irratti argatan ta'ee yeroo ilaalamaa ture kan ibsudha. Gochi dhiiga bineensotaa kan akka hoolaa dhiyeessuu, yakka irraa qulqullaa'uufi dhiifama argachuuf akka sirna barbaachisaa ta'etti ilaalama ture.

Mata duree aarsaa jedhu kana, kan sirriitti nuuf ibsu ammoo mallattoo Yesuus Kiristoos, kan "Hoolaa Waaqayyoo" jedhamuudhaan amantaa kiristaanaa keessatti kaa'amee jiru yeroo ilaalludha. Yesuus fedhiifi garaa guutuudhaan akka aarsaatti kan inni of dhiyeesse, cubbuu ilmaan namaa qulqulleessuuf ture. Fannoo irratti dhiignisaa dhangala'es, yeroo baay'ee akka gocha araaraa isa guddaatti ilaalama. Dabalataanis, kan fayyina nuuf fiduurra darbee, Waaqayyoofi sanyii ilmaan namaa gidduutti nagaa burqisiisuuf kan tajaajiledha.

Irbaatni xumuraa, yeroo tokko tokko Irbaata Qulqulluu ykn Irbaata Gooftaa jedhamee kan waamamu, hiika fakkoommii dhiigaa taateewwan sirriitti nuuf ibsan keessaa isa tokko. Sirna amantii kana irratti, hordoftoonni amantii Kiristaanaa daabboofi wayinii kan fayyadaman yoo ta'u, kunis kaninni fakkeefamu, fooniifi dhiiga Kiristoositti. As keesstti, Wayiniin dhiiga Kiristoos kan agarsiisu yoo ta'u, akka asxaa murteessaa Kakuu Haaraa; Waaqayyoofi dhala namaa gidduutti hundeeffameetti ilaalama. Gocha Yesuus xoofoo wayinii duuka buutota isaa waliin qooddatuu wajjin kan wal fakkaatu, kiristaanonni irbaata xumuraa, waan aarsaafi oolmaa yesuus dhala namaaf godhe ittiin yaadachuudhaaf nikabaju.

Amantii Kiristaanaa keessatti dhangala'uu dhiigaa, furamuu ilmoo namaafi dhiifama gidduu walitti dhufeenyi jiru gadi fagoodha. Yaadni ijoon garuu, aarsaa Yesuusiifi dhangala'uu dhiigasaatiin, dhalli namaa cubbuu irraa furamuu isaatiifi Waaqayyoo wajjin hariiroo qulqullummaa deebi'ee akka uumamu gochuusaati. Akka seenaa macaafa qulqulluutti, kakuu moofaa keessatti Waaqayyo Israa'eloonni dhiiga soorachuu irraa akka of qusatan qajeelfama kenneera; sababiinsaas, dhiigni akka hundee jireenyaa ta'etti waan ilaalamuuf foon waliin nyaatamuu waan hinqabneefidha.

Akka Seera Keessa Deebii 12:23–24 irratti ibsameetti, ajajni dhiiga nyaachuu dhorku nijira. Dabalataan ammo dhiiga soorachuurra akka bishaaniitti lafarratti akka dhangala'uu qabu kaa'a. Akka kutaa macaafa qulqulluu Lewwoota 17:10–12 irratti argamutti, Israa'elootas ta'e, warri ormi isaan gidduu jiraatan, warri dhiiga nyaatan, hawaasa irraa adda baafamanii adabbiin Waaqaa kan isaan mudatu ta'a. Kutaan kun dabalataanis, waan dhiiga nyaaataniif akkamiin akka gatii baasan nikaa'a.

Fakkeenyonni armaan olii, kan miira namatti fidan haata'aniyyuu malee, fageenya qorannoon keenya deemuu barbaadu irraa fagoodha. Barreeffamoota qulqullaa'oo ta'an hedduu keessatti waa'een dhiigaa mul'achuunsaa yeroo baay'ee sirnootaafi kabaja sirna hafuuraatiif bu'uura ta'an waliin wal-fakkaata. Fakkeenyaaf, duudhaan Hinduu waa'ee Waaqa Kaalii jedhamtuu, kan yeroo baay'ee faaya sammuu dhala namaa citeefi harka namaa akka kofootti uffattee, arrabnishee dhiigaan cuuphamee jirtu tokkoo dubbata. Seenaa kana keessatti dhiigni, badiisa of tuulummaafi wallaalummaa kan agarsiisu yoo ta'u, kunis fakkoommiinsaa humna jijjiiramaa kan Waaqaan dhufu kan agarsiisudha.

Kan ta'e ta'ee, qulqullummaan dhiiga ofii wajjin dhugaa tokko kan qabu yoo ta'u, innis xaxama addaa qabaachuu isaati. Barreeffamoonni tokko tokko hiika hafuuraa isaa ol kan kaasan yoo ta'u, kaan immoo mallattoo humna guddaa qabu kana dogoggoraan akka hinfayyadamne of eeggannoo akka goonu akeekkachiisu. Fakkeenyaaf, Qur'aanni qulqulluummaa jireenya dhala namaatiif dhiigni aarsaan dhangala'e akka bakka bu'u cimsee kan ajaju yoo ta'u, hordoftoonni amantichaa kan gochaa osoo hintaane akeeka hafuuraa akka qabaatan dhaama.

Ilaalchotni garaa garaa kunniin addunyaa amantii keessatti, dhiigni roga hedduu akka qabuufi sanas akka gadi fagenyaan xiinxallu nu afeeru. Maalummaa wareegaafi gatii jireenyaa irratti gaaffii kaasu. Namni tokko kabaja ulfoo dhiigaaf qabuufi ajaja dhiigaa akka hindhangalaane jedhu akkamiin walitti araarsa? Fakkoommii ulfoo ta'uu dhiigaafi hiika dhiigaa kan beekumsa irratti hundaa'e gidduu garaagarummaan jiru, eessaa jalqabee kan eessatti dhaabbatuudha?

Gaaffiiwwan kanaaf deebii yeroo barbaadnutti, ragaalee qorannoodhaan mirkaneeffaman kan jaarraa hedduuf mul'atanis ilaaluu qabna. Seenaafi argannoowwan arkiyooloojii, duudhaan hafuuraa akkamitti akka guddateefi hubannoon dhiigaaf qaban dabaluu isaatiin ammoo dhiibbaan akkamii akka irraan gahe ifa taasisu. Jechoota akka 'Aarsaa' fi 'Kakuu' xiinxaluun, faana qorannoo muummee afaaniitiin gara duubaatti waggaa miiliyoonotaaf nu deebisa. Jechi warra Hibruu, 'Korban' jedhamu kan hiikni kallattiisaa 'Aarsaa/Wareega' ta'e, hiika dooyaadhaan bal'aa kan hanga uumaatti nu geessutti nu fudhata. Kunis kan nutti mul'isu gaheen dhiigaa sharafa ittiin Waaqota gowwomsinu osoo hintaane gahee hundee tokkummaa afuuraa ta'usaati.

Qorannoo kana gara xumuraatti fiduudhaaf, hubannoowwan ijoo imala keenya barroowwan ulfoo keessa sakattaanee arganne haaxiinxallu. Dhiigni, sadarkaa fakkoommiitti walfaana jireenyaa kan agarsiisu yoo ta'u, du'aafi jireenya, jiruu fooniifi afuura bakka bu'uudhaan ilaalamuu danda'a. Akka dhala namaatti muuxannoofi eenyummaa waloo waliin qabnu akka sakattaanus kan hamilee nuu kennudha.

Xumurarrattis, barroowwan ulfoo keessati qulqullummaan dhiigaa, akka daawwitiitti kan nu gargaaru yoo ta'u, kan inni nutti mul'isus adeemsa hiikkoo mataa keenyaa barbaaduuf taasisnuufi hidhata nuti waliin qabnudha. Dabalataan, daandiin akka dhuunfaatti irra deemnee as geenye add-adda ta'ullee, gaaddisa uumamaa tokko jalatti akka walitti qabamnu nutti agarsiisa.

Waaqessuuf Dhiiga Buusuu: Qorannoo Seenaa

Seenaa keessatti imalli dhiigaa inni baroota fagoo keessa ture hedduu sukkanneessaadha. Burqaa halluu diimaan kun holqa dhidhima kaleessa namaa keessatti fakkeenya jireenyaafi du'aa, kan amantiifi hawaasummaa ta'uun hundee qaroominaa keessa lixuu danda'eera. Gochi kun ammoo waan dhahata onneetiin dhufuufi kan gocha dhala namaatiin kallattiin walqabatuudha. Seenaa bara fagoo dhala namaa keessatti dhiiga buusuun dhimma amantii qofa osoo hintaane, daandii ittiin uumaa isaaniitti dhihatan godhamee fudhatama.

Abboonni keenya warri durii sun dhangala'aa leemmoo kana qaama namaa keessaa waan qara qabu fayyadamanii dhangalaasuu maalumatu isaan barsiise laata? Mee taatee isa jalqabaa sana yaadaan ilaalaa: Samii bal'aa urjiin faayame jalatti, shaamolaa birriii qara isaa gubbaatti carallaan ifa addeessaa balaqqisu yaadaa. Achitti uummanni yaa'ee, eeggannaa waan itti aanee dhufuutin, afuuramanii, ifa ibidda fuula isaanii duraa, iji isaanii deebisee yemmuu calaqqisiisu mul'ata.

Haalli kun turtii yeroo keessa waan deebii dhabeef haguugamee hafe. Haata'u malee bocni fakkiiwwan holqa keessa jiraniifi hafteewwwan waa'ee barmaatilee kanaa asaasuu hindhiifne. Naannoolee daneessaa akka Mesooppotaamiyaa, Ameerikaafi biyyoota Afrikaa Bahaa jiran keessatti barmaatileen dhiigaa kun duudhaa walfakkaataa akka qabu qorannoonni argisiisa. Qaroominni warra Maaayaa kan qorannoo sirna urjiitiin beekamu dhiiga jigsuudhaan uumaafi ekeraa warra isaaniitiin akka walquunnaman nihimama.

Mootiifi giiftileen qaama isaanii kan akka arrabaa, fiixee gurraafi qaama missii isaanii muruun dhiiga buusaa waan amanan saniif dhiyeessaa turan. Kun ammoo dhukkubbii saniin waaqa isaaniitti naasuudhaan dhiyaachuuf waan yaadanii godhaniidha. Aarsaa qaamaa gochuudhaanis Waaqa isaaniitti dhiyaachuuf niyaalu turan. Osuma jennuu, mee akkamiin gochoonni kun galaanaafi garba ce'ee walfakkachuu danda'e laata? Fak-barruuleen heroogiliifiiksii warra Misrii dhiiga jigsuudhaan waaqeessuu sun warra Maayaa birattis hirmaannaa maleeyktotaa kan shubbisa qabuun ibsama. Shubbisichi ammoo hanga dhiiga jiguu sana haguuguuf kan itti yaadamee godhamu ture. Bifuma walfakkaatuun, gochi dhiiga jigsuu qaroomina Giriikiifi Roomaa keessati ariitiin hojiirra oolee ture.

Gochi kun, birkiiwwan fayyaa hedduu wajjin wal simsiifamuudhaan dhukkuboota hedduudhaaf qoricha ta'ee tajaajilee jira. 'Abbaa Dawaa' maqaa jedhamuun kan beekamu Hippooqiraatas, akkasumas ammoo ogeessa fayyaa warra Griikoota kan ture, namichi maqaan isaa Galen jedhamu, fayyaan keenya roga hundaan akka guutuu ta'uuf dhiiga jigsuun/conqolaasuun fayyaa guutuu qaamaa argachuuf barbaachisaa ta'uu lallabu.

Mee ogeessi fayyaa hidda dhiiga qaama nama dhukkubsate tokko yeroo wal'aanuudhaaf, qara marfeedhaan waraanu haayaadnu. Gochi kun, barmaata durirraa kaasee dhala namaa wajjin dhufe akka ta'e nibeeksisa. Garuu gochicha kan durii irraa kan adda taasisu, dhiigni cophu ykn fudhatamu 'Waaqotaa'f osoo hintaane; fayyaa nama dhuunfaatiif ta'uusaati. Kunis ta'ee garuu, adeemsiifi gochi kun abdii fayyummaa dhala namaatiif kennuunsaa, daawwitii itti keessatti akkuma warra duriitti ulfoo ta'uu Waaqaa keessatti arginu akka ta'e ifa.

Bara Haaromsaa (Renaissance Age) jedhamu keessa dhiiga jigsuun ogeessotaafi argannoowwan adda addaa wabeeffachuudhaan mormamus irra deebiidhaan mul'ina agarsiisee ture. Addunyaa 'Afuuraa' fi 'Ayyaanaa' irra darbee mandhee qorannoo ijoo Saayinsii ta'ees mul'achuu eegale. Kan nama ajaa'ibu ammoo hanguma hubannoon nuti qaama dhala namaa irratti qabnu dabalaa deemeen, xaxamniifi uumamni 'dhiigaa' hanguma sanaan gad fagoo ta'ee mul'achaa deemuusaati.

Meeshaaleen ittiin dhiigni, dhimma fayyummaadhaaf ittiin conqolaafame hangamuu suukkanneessoofi kan nama sururan haata'aniyyuu malee, jaarraa 18ffaafi 19fffaa keessa aduun jijjiiramaa dhimma kanarratti ba'uu jalqabdee turte. Barri Ifoomaa ammoo bara itti dhiiga jigsuurratti jijjiirama addaa fideefi jijjiiramichi addunyaa daawwaa ammayyaatiif kan karaa saaqedha.

Addunyaa keenya har'aa keessatti hoo dhimmi dhiiga dhangalaasuun wal qabatee jiru maal irratti argama jennee yoo ilaalle, birkiifi mandhee qo'annoo adda addaa jijjiirratee silummaasaa qabatee akkuma jirutti jira. Kana jechuunis, fakkeenyaaf, birkiin fayyaa 'Therapeutic phlebotomy' jedhamu kan adeemsa itti wal'aansaaf dhiigni qaama namaa keessaa fuudhamu, dhukkuboota akka 'hemochromatosis' wal'aanuudhaaf tajaajila. Kun kan nutti agarsiisu egaa, dhiiga qaama namaa keessaa fuudhuunidha. As biratti, wanti kun dhimma sirna amantiif osoo hintaane wal'aansa fayyaa kan ragaadhaan mirkanaa'e tokkoof dhangala'uu, jiguu, ykn fudhatamuusaa agarsiisa.

Ammoo, dhiiga dhimma afuuraafi amantiidhaaf jigsuun har'as hawaasaafi gosa aadaa duraa qabatanii jiran keessatti ifaan nimul'ata. Kun ammoo waa lama ibsa: tokkoffaa, aadaa ofiitti cichuufi lammata ammoo addunyaa har'aatti ogummaa ittiin madaqanii jiraatan qabaachuudha.

Seenaa keessatti, dhiiga jigsuun, akka dhimma keenyaatti ammoo 'fudhachuun' dhimma wal falmisiisaa kan mormiifi deeggarsa of duubaa qabu ta'ee, akkuma itti fufetti argama. Keessumaa ammoo, adeemsa 'dhiiga' hubachuuf taasisnu irratti addababayiin itti hubannoo aadaa keenyaafi qulqullummaa qaama keenyaa adda bahan mul'achuu dhabuunsaa xaxama dhimmichaa kan calaqqisiisudha.

Gadi fageenyaan qorannoo keenya kana yeroo soqnu egaa, gaaffii tokkotti nu baasa. Innis, durii hanga har'aatti matadureen 'dhiigaa' hanga kana manaabaafi qalbii keenya maaliif akka moo'atee har'a ga'edha. Dhangala'aan leemmoo halluu diimaafi murteessaa ta'e kun, egaa, mallatto waloo guddina amantii, sirnaafi beekumsa keenyaati.

Egaa waa'ee dhiiga jigsuu ykn conqolaasuu yeroo qorannu, addunyaa hafuuraafi saayinsii gidduutti dhalli namaa muuxannoo hedduu akka argate arguu nu dandeessisa. Sababnisaas, cophni dhiigaa of keessaa seenaa namummaa waloo afaan seenaatiin nuuf lallabu qaba.

Sirnoota Amantii; Dhiiga Wajjin Walitti Dhufeenya Qaban

Seenaa dhala namaa keessatti, Dhiigni, funyoo aadaa keenya walitti hidhee roga hundaan walitti nu sassaabu ta'ee kan tajaajiledha. Gaarreen ol fagoo Andees irraa hanga bosona yabbuu Afriikaa Lixaatti, Dhiigni, sirnoota amantiidhaan bu'uura ta'uurra darbee hundee gadi fageenyaan qoratamuu feesisu ta'ee argama; har'as akkasi. Kaayyoon qorannoo kanaa, hubannoo jiru kamuu qeequuf yookiin mormuuf osoo hintaane, daandii itti wantoota nu tokkoomsaniifi adda nu baasan akka mil'annuufidha.

Kanaafis madaalliin keenya wal-kipha himamsaa ykn jette jetteewwaniifi sirnoota amantaati. Duudhaawwan addunyaarra jiran, dhiiga, bifa kamiin akka sirnootasaanii ulfoo ta'an keessatti fayyadamaniifi sun ammoo walitti dhufeenya isaan Waaqa isaanii wajjin qaban maal fakkaata gaaffii jedhu xiinxaluudhaan qorannoo keenya eegalla.

Gaarreen Neeppaal keessatti, sirna amantaa Daashaayiin jedhamu irratti, korma wareegaa qalanii, eebba 'Waaqolii Durbaa' Durgaa jedhamtuu kadhatu. As biratti, Dhiigni akka mallattoo hormaataafi galatoo akkasumas wareega ittiin milkii jireenyaa kadhatan ta'ee tajaajila. Sirna biraatiin Azteekootni, dhala namaa kan wareegan yoo ta'u, kunis aarsaa ittiin 'Waaqa Aduu' itti kadhatanidha. Barbaachisummaan aarsichaa, ba'a aduufi jireenya irraa badhaafamuudha.

Sirnoota akka kanaa yeroo ilaallu, wal fakkeenyi isaan qaban ifatti mul'ata. Duudhaawwan kunneen lamaan keessatti kaayyoon itti dhiiga jigsan wal haafakkaatuyyuu malee, wareegni isaan aarsaa taasisan adda adda. Kun ammoo gaaffii tokko kaasa, innis, tarii wareegni ofiisaatiinuu, aadaan tokko maal akka fakkaatu mallattoo ta'ee calaqqisiisaa laata?

Akaakuun aarsaa aadaan tokko ilaalcha inni lubbuuf qabu calaqqisiisa. Afanni manneen amantii Kaatmaanduu kuulan, fakkiiwwan aarsaa gafarsaa agarsiisan, ykn ammoo fakkiiwwan dhagaarraa kan seera ba'uu Kaatmanduu mul'isan birqaba waan kana akka irratti xiyyeefatamu godha. Tokkoon tokkoon fakkiilee kanaa walirraa hiixummaa qaama du'eefi ayyaana isaa gedduu jiru kan mul'isan yoo ta'u, dhiigichi leemmoon sun ammoo yaada waan kana lamaan walitti fiduuf godhamu ture.

Sirni waaqeessuu sunneen dhokatoo ta'anii achumaan haadimismisaa'an iyyuu malee, waan duubatti hafaafi haftee bara durii miti. Waan kun hiika Sanaa olii kan qabu yoo ta'u, dhiigni asxaa tahuun hiika guddaa qabaachuu isaaf, hiika namaaf laata. Dhiigni namaa maleeyktota sooree, madaala gooftummaa uumaa eeguun akkuma amanamu, dhiigni gafarsaa ammoo biyyoo soora. Sirni waaqeessaa akkasii sun bara keenya kanatti faayidaa akkamii akka qabuufi dhiibbaa akkamii akka fidu yemmuu yaadnu hiikni isaa guddaadha.

Fakkeenyaaf, ummatni Oromoo gaafa waldhabdee hiikuu, nagaya buusuu, gochaafi amantaa raawwatu adda ta'e qaba. Akka duudhaatti, waldhabdee namoota lamaa ykn gosaa, kan karaa biraa hiikuun nama dhibu, karaa nagayaa hiikuu keessatti dhiiga korbeessaatu bu'uu qaba. Namoonni wal-dhabdee kana hiikuuf irratti hirmaatan waloon walitti qabamanii itti yaaduun, inni balleesse, korbeessa qaluun dhiiga buusee araarama. Egaa warri wal dhaban, Dhiiga bineeldaa buusuun haaloo hiikanii balleessuun nagaya deebisanii fiduuf heyyamamaa ta'uu isaanii, dhiigni argisiistu asxaa jabaa tahuu isaa mul'isa.

Dhiigni nageenya deebisuu danda'uu isaa irratti sabni Oromoo aadaa dhidhima tahe akka qabu mul'isa. Waldhabdee hikuun walii galuu, dhiifama waliif gochuufi barbaachisummaa nagaya buusuu irratti waan kun jabaatee ka'a. Haata'u malee, Aarsaan araaramaa, dhiiga bineeldotaan ta'u, kanaan walqabatee dubbiin mirga bineeldotaa wajjiin wal qabtee kahu Neeppaal keessatti waldhabdee jabaa uumera. Biyya Meeksikoo keessatti Hambaan warra Azatiiksi aadaa isaanii keessatti waan akkaan itti boonaniifi ayyana wagga guyyaa namoota du'anii isa Diyaa Da Loos Muyeertoos (Dia de los Muertos) irratti dhimmi du'uufi lamuu dhalachuu jedhu yeroo dheeraaf qalbii namootaa too'atee ture. Haata'uutii, amma xiyyeeffannoon keenya sirna dhiigaa biyya Paappuwwaa Niiw Giinii (Papua New Guinea) gosa laga Seeppiik irra jiraatan irratti.

Bakka kanatti sirna dargaggeeyyiin cimina ittiin mul'isuuf ciisa gogaa Naachaa haxaawuu jedhuufi waan akkaan hamaa tokkotu gaggeeffama. Asirratti dhiigni kan dhangala'uuf, sirna amantiitif osoo hintaane yaaxina nama jabummaa goonfachuufi geeddarumsa yaadqalbiifi qaamaa fiduufidha. Gochi kun yaada warra Maayaa kan dhiiga jigsuun maleeykota waliin yaada waljijjiiruu, haboofi mul'ata amantii arguuf godhamu faana akkamiin birqabaan ilaalama? Lamaanuu qaama isaanii akka huccuu irratti fakkii kaasaniitti ilaalu; garuu yaadni isaa gargari. Tokko jijjiirrama barbaada; kan biraa ammoo mul'ata. Mee waan itti aanu kana xiinxalaa. Kaayyoo irra jabaadhaaf dhiigasaa dhangalaasee, qaama isarra jabaa ta'e tokkoon walitti dhufuufi beekamtii addunyaalessaa tokko argachuuf waan godhamu hinargisiisuu?

Seenaawwan kana ofitti fudhattee yoo ilaalte, galaanaafi baroota qaxxaamuree, gara lafa dhiigni akeeka qulqulluudhaaf dhangala'utti yaadaan imaluuf hayyamamaa ta'i. Itti aansuun yeroo tasgabbaa'aa ta'etti gaaffii kana of gaafadhu—jireenya kee keessatti akkamitti dha'annaan onnee warra durii akkamiin onneekee keessatti calaqqisiisa? Imalli dhiigaa kun egaa xumura irraa fagoo waan ta'eef, tokkoon tokkoon copha dhiigaa maqaa duudhaafi amantiitiin dhangala'e namummaa waloo keenyaaf ragaa ta'uusaa dagachuu hinqabnu.

Dhiigaafi Maalummaa Jiraachuu

Falaasamaafi amantaa achii dhufa dhala namaa keessatti, Dhiigni akka ujummoo lubbuu kan qaamaan jiraannu irra darbee, addunyaa falaasamaa keessa itti dambaliinuutti ilaalama. Waan hundaa ol, Dhiigni, baattoo lubbuu keenyaafi eenyummaa keenya asilii haguugee qabatu ta'uunsaa, akka calaltuu dhugaa, aadaa irraa dhimbiibduu, akka calaltuu saayinsii, shakkiirraa dhimbiibduutti ilaalama.

Dhiigni, hiika isaa isa jalqabaatiin, jireenya itti fufsiisa, fiixee rifeensa mataa keenyaarraa kaasee hamma qeensa miilla qaama keenyaa keessa kan yaa'u yeroo ta'u, dhangala'aa diimaa itti gaafatamummaa soorataafi da'annaa lubbuu ta'u isaatu himama. Garuu tajaajila qaama keenyaaf kennu kana bira darbee, hiikni gadi fagoo, dhokataa ta'e tokko qabaachus mala. Aadaafi baroota hunda keessatti dhiigni akka dahoo lubbuu, wanta hundee eenyummaa keenyaa baatutti kabajamaa tureera.

Wiirtuu qorannaa kanaa keessatti dhiigni barbaachisummaa baayoloojii qofaaf utuu hintaane waan sanaan olii ta'uusaa kan ibsudha; innis karaa namummaan keenya ittiin ibsamuufi hubatamudha. Ragaan qorannoo kanaa adda adda haata'u iyyuu malee, gosoota barnootaa hafuuraa irraa kaasee hanga muuxannootti kan haalaan hammatedha.

Kanaafis ragaan jiru muummeewwan yaada amantii irraa kaasee hanga gochaatti jiran kan dirqisiisudha. Jecha nama gaddisiisan kan falaasamaafi waloo namicha Ruumii jedhamu jaarraa 13ffaa keessa: "Lubbuun gammachuu mataa isheetiif as dhufte." jedhu sana haalaallu. Ibsi akkanaa kun jireenya keenya keessaa lubbuun gulantaa isa olaanaa qabatte yaada jedhu sana dhaadheessa waan tahef. Egaa dhiigni kana keessatti gumaacha isaa akkamiin qabaata? Quuyyewwan (scholarly works) hedduu keessatti lubbuun akka waan dhiiga keessa jiraattuutti amanama. Yaadni kun ammoo jaarraawwan hedduuf sirni amantiifi aadaa waaqeeffannaa garaa garaa akka akkasiin deemaa ture quba qabna.

Fakkeenyaaf, Giriikonni, duri dhiigni teessuma lubbuufi olkaaya xiinsammuu ta'uutti amanu. Aristootilis yaada kana deggaruun, "Onneen dhiigan guutamte wiirtuu miiraafi teessuma lubbuuti!" jedha. Yaadni kun, dhiiga bineensotaa dhangalaasuun, maleeyktotaaf aarsaa anniisaa lubbuu akka ta'etti kan fudhatamu yoo ta'u, barmoota aarsaa dhiigaa waliin ilaalcha walgitu qabu. Mee ragaa kana hiikasaa gadi fageenyaan haalaallu. Barruuwwan Veediik kan biyya Hindii dhiigni, "hundee jireenyaati" jechuun dubbatu. Humni kun humna uumama maraa jiraataa taasisuun wal hinsimu.

Caaffata qulqullaa'oo durii kana keessatti dhiigni kallattiidhanis ta'ee cinagalaan yoo himamu, mallattoo anniisaa jireenyaa xixiqoo kan nama dhuunfaa (microcosm) tokko qama addunyaa guutuu (macrocosm) uumama hundaa wajjin wallitti fidu. Namni tokko walitti qabama xaxaa dhiigaa pilaazmaafi seelotaarraa ijaarame kan saayinsiin jedhu kana amanee fudhachuutu irra jira. Lubbuun rakkina xaxaa barnoota amantii ykn beekumsa falaasamaa waliin qabdu hinjirtu.

Shakkii akkanaa kana wayita morman, maalummaan jiraachuu nama tokko maaykirooskoppii jalatti kan ilaalamu miti ykn siriinjiin waan safaramuu danda'uu miti jedhee mormuu danda'a. Lubbuun amala sobamuu hindandeenye, gaaffii akaakuu biraa gaafata. Gaaffiin akkanaa kun qorannoo dabalataa gochuun hanqinoota jiran sana as baasa. Muuxannoo dhiigaa waliin walqabateen namoota walitti dhufeenya guddaa qaban ykn ammoo warra geeddarumsi wayii isaan muudate, seenaa kaasnu keessatti ragaa ni'arganna. Yeroo baay'ee waa'ee dhiiga nama tokkorraa nama biraatti dabarsuu, ykn ammo balaa tasaa du'a biraan nama gee'ee nama deebisu irratti himimsi ykn oduun seenessu hubannoo jireenyaa nuuf laata.

Sarara kana eegnee yoo deemne, yaadni bilchaate kam akka ta'e nihubanna. Dhiigni bara beelii belellii keessatti qabxii lubbuun jiraachuu waanqabatamaan agarsiisu ta'uun itti fufa. Dhiigni riqicha waan qabatamaafi qabatamaa hintaane, waan beekamuufi kan hinbeekamne akkasumas ofii isaafi lubbuu gidduutti argamuudha. Hiika isaa guutuu baruuf qorannoon nuti goonu, akkuma isa kan lubbuu sana daangaa maleessa ta'uu danda'a. Haata'u malee, adeemsichi adeemsa waa'ee jireenya keenyaafi bifa isaa gadi fageenyaan akka hubannu waadaa kan seenedha. Dhiigni akkuma ujummoo hidda keenyaa keessa yaa'u, waan itti fufinsa qabuufi akkaan barbaachisaa tahe ta'uusaa hubachuuf ifaajjee godhamudha.

Yaada itti aanu keessatti, walitti dhufeenya dhiigni aadaa hawaasaa waliin qabu gadi fagenyaan ilaalla. Aadaafi dhiiga gidduutti walitti hidhamiinsa akkamiitu jira? Sanyiin ilma namaa gama aadaamoo dhiigaatiin hidhata jabaa qaba? Sana keessatti, aadaan akkamiin dhiigaaf bakka kenna. Akki itti aadaa keessatti dhiigatti fayyadaman addaddummaa qabaatus, humni dhiiga duukaa jiru ilaalcha walitti hiiqu qaba. Sunis, aadaa ilmoon namaa uummatee ittiin jiruu ofii qajeelfatu keessatti hidhanni dhiigaa falaasama ittiin hedamu qabaachuu isaatiin ga'een dhiigaa tokkummaa namoomaaf lafee dugdaa ta'uu nutti agarsiisa.

BOQONNAA

2

Dhiiga: Dambalii Aadaa Keessatti

Seenaa dhala namaa keessatti dhiigni dhimma sanyii qofa osoo hintaane, waan hedduu of keessaa qaba. Waa'ee sanyii dhala namaa kan barru ammo hidhata warreen nu dura turanii qorachuudhan ta'a. Kanaaf, mee qarooomina warreen durii sana keessa lixnee haalaallu. Qaroomina warren durii keessatti, dhiigni akka asxaa eenyummaatti ilaalama. Ammas gara duubaatti yemmuu seenaadhaan imallu, hiddi dhiiga keetii, bakka akeeka fedhii jireenya keetii murteessudha jedhama.

Bakkeewwan haalli kun akka malee itti hoo'e keessaa tokko, warra mootii Misrii, Fari'oonota turan. Achitti dhiigni waan ayyaanni Waaqa isaanii keessa darbuun mootota isaanii sugu akka ta'etti fudhatama. Warra Waraanaan beekaman, Ispaartaa biratti dhiigni akka gatii horii ittiin argatanii, waan waraana keessatti bu'aa ittiin argatanii godhamee fudhatama. Galaanaan gama ce'uunis, luboonni Maayaa dhiiga ofii isaanii aarsaa gochuun waaqa isaanitiif kan dhiyeessan yoo ta'u, wanti sun ammoo aarsaa hunda caalaa leemma'aa akka ta'etti ilaalama ture.

Yaadni, seenaa keessatti, gama amantiitinis ta'ee gama fakkeenyummaa lubbuutin dhiigarra jiru, bara ammaa kanarratti dhiibbaa jabaa uumeera. Hiddi dhiigaa, baroota giddugaleessa moototа Awurooppaa keessa tureefi sarara mootummaa isaanii boce, seerri baay'ina dhiigaa kan booddeerra ummata Awustiraaliyaa, warra abbaa lafaa, iddoo adda addaatti ramade, hundi isaanii ilaalcha durii kan dhiigarra turerraa dhaalaman. Barmaatileen akkanaa kun, bara duriitii ka'ee hanga ammaatti, sanyiiifi hambaalee irratti fudhatama qaba. Akka nama sanyii qoratuutti, sanyii keenya gamasii kaasnee hanga ammaatti sararuun, haala walfakkaatuun warra mootii ta'uu keenya mirkaneessuu nidandeenyaa?

Haawasa aad-daneessafi bara hammayyaa qorannoon jiinii namootaa itti qoratamu kanatti seenaan maaf waan akkanaa kanaaf cinqama laata? Deebiin isaa biyyoo dirree lolaa kan dhiigaan bukaa'e, bakkee abbootiin itti waraananii, walii galteen kaartaa qalama diimaan sararaniifi dhiiga waloomaa kan uummanni golee addunyaa hundi qooddatan keessa jira. Iccitii dhiigaa keenya hubachuun hidhata namoomaa waliin qabnu hubachuu yoo ta'u, kun ammoo garaagarummaan keenya jireenya keenyaan walqabatuu keessa jira.

Gara seenessa keenya kan ammeetti yoo deebinu, qorannoon DNA abbootiin keenya kan kaleessaatiin hidhata keenya akka salphaatti akka hubannu godha. Ifoominni akkanaa kun walitti nu fidamoo garaagarummaa durii sana irra deebiin nu gidduutti uuma? Dhimmi dhiigaa kan yeroo tokko waa'ee impaayeraa murteessaa ture, ammaan kana seenaa mataa nama tokkoo qofa akka himimsaa jiru sana gadifageenyaan ibsuu danda'utti eeggataa jira. Kanaan, hasaasa abbootii keetii warra durii sana nidhageessaa? Ulfaatinni danaa (Legacies) isaanii lafeetti gadi silixee sitti nidhaga'amaa? Yookiin ammo, qilleenssi, seenessa isaanii kana, gurrakee bira dabrse si dagachiisse?

Mee waa'ee dirree waraanaa yaadaan ilaali. Goototni achitti kufan sun gootummaadhan sitti haasa'umoo waa'ee dhiiga jigee kan seenaan maqaa tolchee kaasu sanaa gaddaa dub-batu? Warri seenaa irraa waa hinbarre, hanga maayyituu waanuma walfakkaatu sanarra deddeebi'u jedhama. Warri seenaa kaayyatan, kan afaan baraa keessaa ogummaa qica-chuuf barbaadan hoo? Dhiigni yeroo tokko adda nu qoode sun amma immo humna nu tokkoomsuu, waa nu barsiisuufi namummaa nu hidhachiisuu qaba jedheen amana.

Mee yaadi, Addunyaa sanyiin keessatti lakkaa'amu, bakka jireenyi kamiyyuu dhibbeentaafi chaartiin safaramu kees-satti, miirri maalummaa ofii akkam ta'a? Nuti sagaleefi filannoo dura keenya jirurra; bu'aa ida'ama kaleessa keenyaa mitii? Callissa dhahata onnee keenya gidduu jiru dhaggeef-fadhu, achi gidduu rukuttaa labata darbee, hurrisa seensa hindubbataminii, rukuttaan tokkittiin jecha, himimsa dhi-igaafi sanyii himti. Achi keessa gufachiisaa baay'eetu jira. Diimma dhiigatiin gamatti, sararaafi jecha darbii ykn kooddii Jeneetikii (Genetics) gidduu yoo sirriin hubanne, waan waloo kan irraa hinmaqamne, namummaa keenya argina. Kanaaf, dubbistoota qaalii, imala kanatti waloon haayaanu!

Imala dubbisa kitaaba kanaa keessatti tapha xaxaa DNA'fi gahumsa keenya ifoomsaa, gara fooyaa waloo keenyaatti deemna. Tokkoon tokkoon boqonnaa kitaaba kanaa keessatti, dhugaa qabatamaa dhiigni walooma keenyaaf qabu, uumama xaxaa qabu keessatti sanyiifi yeroodhaan gamatti akkamiin akka walitti nu hidhu ifoomsina. Namummaa keenya kana kan afaan seenaatiin barsiisu dhiiga isa waloon onnee keenya keessa, jiraataa ta'ee, jirudha.

Dhiigiifii hiddi dhalootaa keenyaa warra bakka turre duwwaa nutti agarsiisan osoo hintaane, warra bakka itti deemnu nutti mul'isanidha. Karaa imala kanaammoo, waloon kaanee garaa qulqulluufi sammuu bilisaan haatolchinu. Sababiinsaas, kaleessa keenya sirriin yoo hubanne, egeree keenyas akkaan qajeelchina waan ta'eef.

<u>Iccitii Dhiigaa: Raagamtaa Keessatti (In Mythology)</u>

Samii halluun buburrate jalatti, hawaasni walgahee jira. Ijji isaanii carallaa ibiddaa arrabni isaa waan citee bu'u fakkaatu sana ilaalaa, iccitii durdurii isaanii asaasaa jiru. Isaan gidduu dubartii moofaa uffattee dhaabbattu, kan ilaalchi ishii ogummaa umurii quufeessa bara ishiin jiraatte caalu ibsu tokkotu jira.

Maqaan ishii Maakiddaadha. Biyyichatti eegduu seenaa, riqicha yeroo ammaafi baroota ittaananii jedhamuudhan beekamti. Guddummaan sagaleen ishii; ibidda dhaadatuufi waca sagalee namoota achi jiruu sanii ol bahee dhagahame; onneen isaaniis waan ishiin seeneessitutti luucca'e. Seenaan ishii kan gaafa sanaa waa'ee Ayidoo-Hiweedoot ture. Ayidoon nama alagaa aarsaan dhiigashee lageen uume, kan qaamnishee tulluuwwan dhaabe jedhamee amanama.

Seenessi ishii kun sammuu hordoftoota ishii keessa seenuun raagama addaafi sodaachisaa uumee ture. Seenessi ishii kun Addunyaa fooyyaa'aa, lubbuu aarsaa dhiiga Ayidootin uumame kana addunyaa keessa nanaannesse. Hawwaasichis humna dubartittii, gahumsa lubbuu lafarra jiruutti miiraan qabaman. Seenesi Maakiddaa sun himimsa osoo hintaane, waan akka kadhannaa ayyaanaa, isa waan uumame mara walitti qabu ture.

Seenessichi akka ibsutti, iji Maakiddaa waan sun waan beekumsa guddaa barbaadu, waan raagamtaadhaa olii qaba ture jedhanii amanu. Wantichi yaadachiisa dhiigni ruqaalee lubbuu qabaachuufi dhangala'aa leemmoo kan saayinsiin akka gaariitti irra gahee hinibsne kan akeeku ture. Waa'ee loltoota dhiiga jawwee biillatanii, waa'ee miidiyaanota ayyaana warra isaanii karaa dhiigaafi kadhannaatiin argatanii haasofte.

Imalli isaan hineegin kan eegale garuu yemmuu ishiin waa'ee saaxilamuu abbaa seenaa sanaa dubbattu ture. Sunis, namni sun waan goote jedhamtu sana raawwachuuf bakka takka, iddoo qulqulluu jedhamtuufi boqata ishee taate haasoftu ture. Saaxilamni akkanaa kun waanuma nama jedhame hunda waan mudatudha. Namiyyuu bakka qubannaa, bakka ittiin ayyaanatti dhiyaatu, bakka hidhata gaarii itti godhatuufi fedha fooniin gamatti of qoqqobu qaba.

Yommuu seenessi sun xumuramu, namoonni dhaggeeffataa turan sun haqa waloo ofuma gidduudhaa argatan.

Dhiigni lubbuu hireetti osoo hintaane, walitti dhahata waloo jireenyaatti akka nuhidhu hubatan. Maakiddaan ogummaa waadessiteef; jabina dhiiga isaanii keessa jiru ibsiteef, humna hidhataa agarsiifte, hubannaan isaanii, wanti qaama isaanii keessa dhangala'u walfakkaataafi kan laggeen baqaqsee gaarreen utube akka ta'e ibsiteef.

Dubbistoonni kitaaba koo kanaa waan hubachuu qabdan, seenessi Maakiddaa dhugaa guddaa dhiigni dhimma baayoo-lojiitii olitti, asxaa namummaa keenya walitti fiduufi daangaa namoonni uuman hunda ce'u ta'uu agarsiisuu of keessaa qaba. Raagamtaan durii waan kana sirriitti beeka waan ta'eef, dhiiga akka daandii jireenyaafi qabeenya lubbuutti lakkaa'a.

Fuulota kanatti aananii dhufan keessatti seenaawwan ogum-maa kanarratti waa qaban ilaalla. Amanannaanifi jaataniin amantii Norsee Saagaa waa'ee aarsaafi firummaa maal nu barsiisa? Hafteen odeessa biyyoota baha Awurooppaa kan waa'ee namoota nama nyaatanii dubbatu qabiyyee lubbuu keessatti sodaafi fedha barsiisaa?

Dubbistootaa, seenaa warreen bebbeekamoo keessaa waan dhugaadhaan walitti fooyame, waan garaa keessanii feetan hinargitanii? Raagamtaan seenessa qofa akka isinitti hinfak-kaane. Raagamtaan eenyummaa keenya, nuduraa, dhiigaa, kan walitti dhufeenya keenyaaf hiika laatudha. Hanguma gadi fageenyaan qorannu, raagamtaa Giriikootaa kan Maleeykaa dhiiga dhangala'e saniin dhalate jedhutti baana. Kanatti dabaluunis, amantii warra Misrii kan qulqullummaa dhiiga Fari'oonotaatti amanutti baana. Mee gaaffii waloo tokko haagaafannu: seenessa dhiiga dhangalaasuu, dhiiga qood-dachuufi dhiiga aarsaa gochuu gidduu humna akkamiitu jira?

Tokkoon tokkoon raagamtaan, amantiifi cobni dhiigaa, maqaa humnaafi gaddaatin dhangala'u hundi hiibboo jireenya keenyaati. Himamsa kana keessaa wanti hubattan, hidhanni dhiigaa waan dursee hiree keenyaan taa'een kan walitti nuhidhu osoo hintaane, waan xaxaa uumamaa keessaan, hunda keenya walitti fidu, kan hanga lubbuun lafarra jirtutti yeroon kan daangessuu hindandeenyedha. Hanguma fuula kitaaba kanaa galagalchaa deemtu, barbaachisumma dhiigni lubbuukee keessatti qabu hubachaa deemta. Seenessi darboon warra keetii of hubannaa keetti boca gochuuf akkamiin fayyada? Ati qaama seenessa kaleessaa mitii? Seenessa kaleessaa kan warri si duraa dhiigaan barreessan?

Raagamtaa saba Oromoo, gaanfa Afrikaatti argamu keessaas seenaa gootonni isaanii lammii isaaniif jecha dhiiga ofii dhangalaasuu irraa duubatti akka hindeebine agarsiisu tokko isiniif qooduun barbaada. Seenaan kun kan 'Gooticha Diggaa Saaqoo' nama jedhamuuti. Seenaa kana kitaaba Fedhasaa Taaddasaa kan "Bu'uraalee Ogbarruu Oromoo" jedhamu keessatti waa'ee raagamtaa goototaa kaasee barreesse keessaan fudhadhe.

Gootichi Diggaa Saaqoo mootii Noolee ture jedhama. Goonni kun naannoo Tulluu Jorgoo jedhamutti dhalate. Bara inni mootii ta'e keessa, mootiin ollaa sanaa hora Nooleen loonsaa obaafatu duraa fudhachuuf lola itti kaase. Yeroo baay'eef erga irratti wallolanii booda, mootichi lolaan fudhachuu akka hindandeenye hubatee, jaarsummaatti akka deebi'u gaafate. Diggaa Saaqoos tole jedhee jaarsummaan akka ilaalamu heyyame.

Mootiin ollaa sun jaarsoliif matta'aa kennee akka isaaf murteessan gaafate. Jaarsoliinis horri kan Diggaa Saaqoo akka ta'e waan beekaniif, mala mootichaaf ittiin murteessan soqachuu jalqaban. Shaneen jaarsolii walitti ya'anii dubbii sobaa akka hinmurteessine kakatanii isa waadaa fuudhan dagatanii, mootichaaf faluu jalqaban. "Namni dursee hora kanaaf dhiiga cophse, haafudhatu jennee murtee murraa, ati korma geessii bosona keessa dhoksi. Diggaa Saaqoo dubbii kan quba hiqabu waan ta'eef situ dursee itti qala. Achumaan horri kun kee ta'a" jedhanii waadaa galaniif. Gatii warqee fudhatanis dhugaa gananii sobaaf loogan. Qabeenya hawaasa Noolee fuudhanii mootii ormaaf kennuu murteessan.

Guyyaa murtee dubbii horaa, namoonni ya'anii odaa jala guutanii murtii jaarsolii biyyaa dhaggeefachuu jalqaban. Jaarsoliinis, akkuma kaleessa waadaa galaniif mootii ormaaf murtee lallabuu eegalan. "Abbaan dursee dhiiga buusee waa itti qale, hora kana haadhuunfatu. Dubbiin kunis, asumarratti haadhaabbatu," jedhanii afaan tokkoon murtoo dabarsan. Yeroo kana mootiin ormaa sun, "Horri kunoo duruu kootii; madda dheebuu saawwa kootii. Diggaa Saaqoo maaf na dida? Ijoolle mee dhaqaatii korma sana naa fidaa," jedhee mo'uusaa dhaadate.

Yeroo kana Diggaa Saaqootti dubbiin dalga gale. Innis, "Bada Diggaa nan gowwomee! Hora abbaa koo dur na saamee!" jedhee iyyuuf ka'ee, waa yaadatee oftasgabbeesse. Gara sabaattis galagalee, "Silaa dansaa utuun korma fidee qalee, garuu dhugaa waaqaa dhugaa lafaa gurraa hinqabu hindhageenye. Waa'ee kormaa natti hinhimne warri jaarsaa, korma qalmaa asii hinqabu dhoksaan fidee bosona hinkeenye," jedhee erga dubbatee booda, mootii ormaa sanatti galagalee, aarii garaa milifatee, "Ishoo gurbaa! Baga moote! Baga balas si qanaate... Tarii horri keeti; akka jaarsi siif muretti. Kunoo fudhu ulee ceekaa, har'aa kaasee anuu beeka. Kan koo hameessi akka gu'e; kan koo abdiin akka du'e; kan koo niitiin kal'ee hinqabdu; kan koo maatiin cooma hinwaaddu...," jedhee itti dubbate. Kormi qalmaaf bosona keessa dhokfamee ture fidame.

> *Diggaa Saaqoo gara jaarsoliitti galagalee, "Jiruun keessan baga oofkale. Garuu korma hinqabuu itti hinqalu. Morma hindhabuu, hora dhabee ba'ee hingalu. Dhiiga cobsuun erga horri dhuunfaa ta'e, haalola'u kan koo lolaa ta'ee, xuurii haa haru dhangala'ee, gaafa xiiqii gaafa qalmaa anuu korma!" jedhee roorroo baay'ee haasa'ee, goraadeesaa man'ee fudhatee ofgorra'e. Korma qalamuuf dhufe dursee ofqale; dhiigasaa lolaasee hora sana hawaasasaatiif hambisee ofii du'e jedhama. Har'allee horri kun kan Noolee ta'ee qabatamaan beekama (Fedhasaa, T. 2021, fuula 60).*

Seenaa kana keessatti gatiin dhiigaa hundaa ol akka ta'e argina. Sanaaf abbootiin keenya dacheefi qabeenya isaanii ormaaf kennuurra dhiiga ofii lolaasuu filatu. Namni Diggaa Saaqoo jedhamu kun qabeenya isaa ormi akka hinfudhanneef waggoota hedduuf qabsoo taasise. Humna jabaa waan inni qabuufis lolaan irraa fudhachuu dadhaban. Booda keessa korma qaluun mallatttoo dhiigaa taasisanii qabeenyicha gonfachuuf jaarsolii dubbii ilaalaniif mattaa'aa kennan. Osoo Diggaa Saaqoo hinbeekinis korma qalmaa garasitti geessan. Jaarsoliinis dhiiga buusuuf murtoo korma qaluu dabarsuu isaanii argina. Yeroo kanadha egaa dubbiin kan Diggaa isa abbaa horaatti dalga galte. Kakuun dhiigaan utubame galagala waan hinqabneefis, Horri sun irraa fudhatamuuf akka sobaan shirri xaxame argate. Inni dhugaa waan qabuuf, jaarsoliin ammoo dhugaa muru jedhee waan amaneef, sana homaa hinshakkine.

Booda keessa kormi qalamuuf fidamuu gaafa hubatu, 'korma hinqabuu; morma hindhabu!" jedhee dhaadate Diggaa Saaqoo. Osoo kormi fidame hinqalaminis saradamaan goraadeesaa man'ee baasee ofgorra'e. Morma isaa keessaa dhiigni dhangala'es kakuu horri sun kan hawaasasaa ta'uu mirkaneesse.

Ofii lubbuu dhabee dhiiga ofiisaa lolaasaa hiyyuma lammiisaa baraare. Kun egaa, uummata keenya birattillee dhiigni dhiigaaf cobe human cimaa akka qabu agarsiisa. Goonni kun uummatasaaf jedhee dhiiga ofii lolaasuunis ta'e lubbuu tokkittii qabu dabarsee kennuudhaan fakkeenyummaa Yesuus ummata lafarraa fayyisuuf lubbuusaa kenneen gita dhiiga ofiif dhiigasaa gumaachuusaa argina. Dhiigni akkuma lubbuu namaa baraaruuf oolu, lafaafi biyya ofii baraaruufis akka lola'u agarsiisas. Gatiin dhiigaa hammam akka guddaa ta'e kanarraa xiinxaluun beekumsa jabaa hinfeesisu. Silumayyuu aadaa Oromoo keessatti dhiigaaf gatii olaanaatu kennama. Warra waldhabee harki xuraawe dhiiga dhangalaasanii qulleessu; walittis araarsu; haqa jal'ates ittiin qajeelchu. Kanaaf, humni dhiigaa hanga nuti tilmaamnuu olitti jiruu hafuuraafi hawaasummaa qajeelchuu keessatti ga'ee guddaa taphata jechuudha.

Mee imala kanatti karaa yaadannoo raagamtaa, goha sagalee ogummaa durii kan dhiiga keenya keessa deddeebi'utti haaseennu. Sababnisaa ammoo dhiigni humna safaramuu ol qabaachuu, funyoo walitti nuhidhu, kan sanyiin gama jiru qofa osoo hintaane, jiraachunuu mataasaatiin maal akka ta'e kan agarsiisu waan ta'eef.

Oolmaa Dhiigaa: Bifa Keenyaan Olitti

Imala waan qabatamaan gamatti hiika qabu, irra deebiin hubachuuf waadaa seente sana eegali. Kana yommuu gootu, waan kun jabduu qofa miti; waan sirriitti gadi fageenyaan eenyummaakee akka hubattu si dandeessisuufi waan sirriitti bifa keenya caalaa walitti nu hidhudha. Oolmaa dhiigaa: qaamaan ykn bifa keenyaan olitti isa jedhu kana keessatti imala ce'umsaatiin na duukaa akka buutu si affeeraa, waan kun dhugaa walitti hidhannaa hubannoo miira namaatiin ol dhugaa kaa'ame caalaa, hidhata qabatamaa dhiigaan qabaannu kan mul'isudha. Akka qorataa saayinsii ogummaa fayyaatti, ani yaalii irrattin xiyyeeffadha. Haata'u malee, barbaachisummaan dhiigaa akkaan kan bahu, walsimannaa afuuraatiifi kan saayinsii keessaatti. Garaagarummaa kanneen gidduudhaa, riqicha mala waan maayikirooskoppiin mul'atuufi waan lubbuutti dhagahamu walitti fidu ifoomsitu.

Fooyaa ilaalcha aadaa, hubannaa seenaa, himimsa dhuunfaatti dhimma bahuun, sirna amantoota durii kan dhiigni afuuraf hundeedha jedhuufi hiika hammayyaa kan hubannoo baranneetin waan kana walitti firoomsinee hubachuuf soqna.

Namoonni sirrummaa gaaffii kanaa qoruu malu. Namni tokko lubbuun dhiiga keessa jiraachuu maaliin mirkaneessa? Yookiin ammoo saayiinsiin akka biraa yommuu jedhu akkamiin waan uumamni jedhee mormuu danda'aa? Kanarraa addatti, animmoo hanqina saayinsiin waan akkanaa argachuurratti qabu akka hubattaniif waan isiniin jedha. Saayinsiin beekumsa gaarii qabuun yeroo hedduu waan qabatamaa hintaaneefi nama dhuunfaan ykn gareen namatti dhagahamu maddiitti dhiisuun namummaa keenya hiika. Saanduuqa yaadaa akkanaa keessattidha, kan yaadni 'Dhiigan Gamatti" jedhu kun hojjetuufi kan iccitii waan argamuufi waan namatti dhagahamu waliin haammatu.

Qarmammee ifoominaa gubbaa akka jirtutti of yaadiitii, danaa dhiigaa isa duriifi kan amma jiru irraa waa'ee jiraachuu keetii bal'inaan yaadi, barbaadis. Firummaa gara gosaa, sabummaa akkasumas sanyummaatti-waan waloon akka dhiiga hiddakee keessa jiruutti walitti sifidu yaadi. Tokkoon

tokkoon boqonnaa kanaa keessatti wantoota ibsa hinbarbaachifne, garuummoo miira kaaniin walitti si hidhu, kan ida'ama wantoota jenetiiksii caalan akka jiran sitti dhagahama. Seeneessi as keessa jiran, qaamaan olitti, waan jiraniin olitti, akka ilaaltu si dirqisiisuun gamatti, eenyummaafi firummaa akka gaaffii keessa galchitu si taasisu.

Adeemsa kanaan kitaaba qofa dubbisaa jirta miti; kanaan of argannoofi humna ilaalcha lubbuu mataasaa akka geeddartu godhu, kan lubbuun wanti jedhan kun jecha qofa akka hintaane, ka'umsa hubannoo haarawwaa, warreen dhiigni hidhata akkamii akka qabu guutummatti hubachuu barbaadaniif ibsa gaha laata. Ammas, yommuu gadi fageenyan, sammuu banaadhaafi onnee qulqulluudhan, kanaan gamatti, maaltu jiraatinnaa jechaa gara hubannoo gadi fagoo kanaatti adeemtu, kutannoon imala fuula kanaa irratti qabdu, dammaqinsa isa olaanaa, kan fooniif lafeen walitti nu hidhu qofa osoo hintaane isa ayyaanaafi lubbuu ta'a.

Seenessa amantiilee warra durii kan hanga lubbuutti qabatamaa ta'e sana keessatti, yaadni kee humna dhiigaa kan waa'ee lubbuu haasa'uutiin qabama. Gaaffilee kallattii jijjiirama maalummaa kana keessaan marii jechoota barruutii ol ta'anitti hirmaatta. Waan iccitii umuriin hiikuu hindandeenye kana keessatti dammaqinaan hirmaatta. Tokkoon tokkoon hima kanaa keessatti yaadota nama onnachiisantu dhahata onneekee keessa dhufa. Yaadni ogeessonniifi saayintistoonni kaasan hundi ilaalcha adda addaa kan dubbii kana akkaan jabeessan of keessaa qabu. Kanaanis, ragaa mataasaafi dhuga baatii nama dhuunfaa ibsa dhorkaniifi walitti dhufeenya dhugaa hubannaa foonitiin gama eeran kana ragaa baata. Kanaaf, mata duree 'Oolmaa Dhiigaa: Bifa Keenyaan Olitti' jedhu jalatti abdii kanatu nu'eega. Mul'ata dhala namaa kan dhiiga hunda keenyaa walitti hidhu, kan akka lubbuu bara baraan jiraatuu daanga maleessa ta'e sana fudhachuuf qophaa'woo ta'aa.

Dubbistoota koo, walitti dhufeenya dhugaa, isa qaamaan walitti dhufuudhaa ol ta'eefi maalummaa isaa kan gara onneetti geessu kanatti baga nagaan dhuftan. Imala sanyiifi gosaan ol ta'e kanatti, anaa dhufu!

Ilaalcha Loogii Dhiigaa

Addunyaa kanarratti namni tokko dagaagina saayinsiifi beekumsa aadaatiin, amantii duubatti hafaafi afoola abbootii keenyaa keessaa bahe jedhee amanuu mala. Haata'u malee, hawaasa ammayyaatii gadi ta'uun, booddensaa sanyiifi amantii osoo hintaane, waan waloo kan akka dhiiga baayoo-lojii keenyaa kana ta'uun fudhatama. Kun ammoo rakkoo guddaa bara ammayyaa keessa jirra jedhanii yaadan kanaati. Rakkoon kun rakkoo jaarraa digdamii tokkoffaa keessa irra deebiin hagaafi kutaa hirriibaa keessatti asaasamaa jirudha.

Yaadinni dhiigaa, kan akkanaa kun, yeroo hedduu haaraafi kan yeroo hedduu callisanii irra darban ta'e. Taateen dhan-gala'aa leemmoo kanaa, kan namooma, walta'insaafi hiree keenya murteessu kun, taatee malaafi ragaa bal'aa irraa argatan haalli itti ta'u nijira.

Akaakuun dhiiga nama tokkoo "A" "B" "AB" fi "O" ta'uu isaatin qofa fedhiinsaa maal akka ta'e, hireensaa akkam akka ta'u irratti dhiibbaa mataasaa niqaba yaadni jedhu kun xiqqoo adda ta'a. Yaadni akkanaa kun nama raajeeffachiisuu hinqabu;

waan kun akkaataa itti jiraatan, hawwasummaa namaa, carraa hojiifi dhimma jaalalaallee nimurteessa waan ta'ef.

Dirree taphaa mana barumsaa sadarkaa tokkoffaa magaalaa Baha Eeshiyaa keessa jiru tokko ija qalbiitin laali. Ijoolleen umuriin isaanii wagga kudhan hincaalle, gosa dhiiga isaanii irratti hundaa'uun kamtu jabaa, kamtu mata-jabeessa akka ta'e yeroo asaasan dhageessa. Kana keessaa raagaa gosti dhiigaa tokko akka filamu ykn ol-aantummaa agarsiisu yaadi. Kun ammoo kaadhimamtoota keessaa amala isaanii ibsa jechuudha. Galmee jaalala isaanii, amaleeffannaa isaan qabaniifi raagaa zodaayikii isaanii waliin walitti qabiitii hiibboo jiru akka itti hiiktu yaadi.

Adeemsa namummaa keessatti, akkamitti yaada akkanaatti dhufne? Yaada kana keessa seenaa saayinsii sobaa kan dhiigni ujummoo keenya keessa dhangala'u kun waan hiika hin-qabneefi waan kanaan hidhata homaa hinqabneetti ka'utu jira. Dhiibbaan sirna amantii kanaa guddaadha. Hubannoo namoonni ofiin akka of hubataniifi jireenya hawaasummaa isaanii akkaan karaarraa maqsa.

Seenaa nama sababa gosti dhiigasaa "B" ta'uudhan qofa akka wayittuu hinguddanne, sadarkaa guddinaa dhorkame, kan nama maqaansaa Yuumii jedhamu sanaa dhageessani-ittu ta'a. Namni kun sababa gosa dhiigasaa kanaatiin, akka malee nama bilisaafi kan gaggeessummaaf hintaane jechuun qoqqobbiin irra kaa'ame. Nama biyya Tookiyoo kan 'Keen' jedhamu irrattis dhiibbaan walfakkaataan raawwatamee jira. Namni kun gosti dhiigasaa "A" ta'uun qofa, nama of eeggannoo akka malee guddisuufi kan balaa baay'ee sodaatu jedhamuun piroojektii kalaqaa irraa dhorkame. Kun egaa, seenaa qoqqobamuu namoota kanaa qofa osoo hintaane, murtii nuti namummaa, nama dhuunfaafi dandeettii isaanii irratti qabnu argisiisa.

Dhiibbaan isaa baay'ee guddaadha. Yaadota akkanaa kana herrega tokko malee akka bakka qabatan yoo goone, loogiin akkanaa kun ittuma fufuun akka baballatan goona jechuudha. Adeemsa afoola akkanaatiin waa'ee dhiigaa yemmuu qorannu hidhata haqaa hawaasummaa namoota dhuunfaa caasaa jireenyaa keessatti balaarra buusna. Haata'u malee, abdiin nijira.

Kitaabni kun loogii achii dhuftee birqaba gosa dhiigaa qofa saaquu osoo hintaane, jette jettee dhiibbaa kana baatanii achii as fulla'an hunda saaqee sirreessuuf kallattii kaa'a. Akkuma kana ragaalee saayinsii, qorannoo xin-haawaasaafi seenaa namoota dhuunfaa irratti hundaa'uun loogiiwwan dhiigaan walqabatanii nurra jiran nihiika jedheen amana.

Hanguma fuula kitaabaa kana keessa waliin adeemnu, ogeessota warra waan baratamaa jedhaman hunda wal'aansoo qaban, warra loogii sababa gosa dhiigatiin isaanitti dhufe hunda moo'ataniifi addunyaa roga qixa qabu kana keessatti hawaasa bakka wanti akkanaa irraa eegale mara gaafataniin walbarattu.

Yaadota durii kana maalif akka jabeessinee hordofnu yeroo of gaafannu, dhugumatti eenyummaa keenya gosa dhiigaa ujummoo keenya keessa jiruutiin murtaa'urraa maal argannaa? Kana hordofuudhaan maal fayyadamne? Maalimmoo dhabna?

Addunyaa namni dhuunfaan itti kabajamu, kan qabiyyeen amala namaa bifa ykn bakka dhaloota isaanii caalaa ulfaatina guddaa qabu keessatti, loogiin gosa dhiigaatiin godhamu itti fufuun seeraan-alummaa xiyyeeffannoo keenya barbaadudha. Wanti kun hambaa durii ta'ullee ammas itti fufee jira; fuuldurattis hafuusaaf wanti beekamu hinjiru.

Yeroo fuula xumuraa kitaaba kanaa galagalchitutti, yaadonni akkanaa hiika akka hinqabne hubachuu qofa osoo hintaane, beekumsa yaadota kana mormuufi geeddaruu qabaatta. Waliin taanee, gosa dhiigaa isa akka tokkotti walitti nu hidhu bira darbuun, gara namummaa dhala namaa kan hunda keenya akka tokkootti nu ibsu, hawaasa tokko ta'uu keenyaaf beekamtii laatutti imaluu dandeenya.

Boqonnaalee kanaan boodaa keessatti, yaada gosa dhiigaa seeneessu ilaaluuf imalla. Achii dhuftee seenaa isaanii, akkatti aadaa addunyaa garagaraa keessatti babal'ateefi xiinsammuu amantiileen garagaraa keessatti akka yaadni kun dagaagu godhe sakattaana. Tarkaanfiilee tokkoon tokkoon goonu keessatti, duratti ejjechuun dhugaa asxaalee jiranirratti ibsina. Kun yaada amantii dogongoraa keessaa bahuun, maatii dhala namaa ta'uun maal jechuu akka ta'e ittiin agarsiisnudha. Dhiigaan dhugumaan walitti hidhamnullee, kan dhugumaan nu ibsu sammuufi 'gosa dhiigaa' keenya. Addunyaa tokkoon tokkoon namaa, sanyii isaan olitti eenyuummaansaa, dhiiga ujummoosaa keessa naanna'uufi namummaa isaatiin itti ibsamutti haa'imallu.

Dhiiga: Hawaasummaa Keessatti

Walitti dhufeenya xaxaa, hawaasummaa dhala namaa keessatti, haadni ykn finyoon dhiigaafi sanyii garaagarummaafi adda qoodaminsa fiduutti baay'ee fooyya'uun bakka hammtuurra ga'ee jira. Dhangala'aan ujummoo qaama keenyaafi sanyii keenya keessa dhangala'u, dhiigni, garee jabduu qaamaanis, aadaanis uumuuf waan asxaa tolchu ta'ee argama. Barbaachisummaan isaa baayoolojii keessatti qofa osoo hintaane, walitti dhufeenya xaxaa dhala namaa isa callisaa, kan yeroo tokko tokko mul'achuu hindandeenye, garuummoo jiraachuun isaa quba qabaannu keessattidha.

Qorannoon kun yaadama dhiigaa, kan sanyiitiin walitti qabuun, qaama jabaa muuxannoo keenyaafi ilaalcha keenya bocu adda baasuuf dhumdhumata. Qabxiiwwan kana lamaan waldorgomsiisuun akkataa eenyummaa keenya ittiin ijaar-ruufi adeemsa isaatiif hiika maalii qaba? Sababni guddaan gaaffii kanaa, yaada dhiigaa akka garaagarummaa hawaas-aatti akka fayyadamnu nu godhe sana baruuti.

Akkuma tokkummaa keenya ibsu sana, dhiigni garaagarum-maafi loogiin isaan dhufu gama saayinsiitinis gama afoolati-inis nijira. Kanaan ammoo safartuu kaayuudhaan yaaxinoonni sun lafarratti hawaasummaa dhala namaa keessaa amalaafi garaagarummaa qaban ilaalla. Dhiignis, sanyiinis hawaas-ummaa miidhuuf akka itti fayyadan ilaali. Wanti kanaan wal-fakkaatu, dhiigaan sanyii uumuu, sanyiidhan garee keessoo tolchuufi kan gareen alaa bocuuf yommuu fayyadamanidha.

Seenaa keessatti, hidhanni dhiigaa maatiidhaa hanga yaada sanyii qulqulluu uummachuu irratti gulantaa jireenya namaa, mirga dhaalaafi hawaasummaa irratti dhiibbaa guddaa god-heera. Bifuma walfakkaatuun, sanyii daangaa hawaasummaa keessatti tolfamuuf dhimma itti bahameera. Yeroo hedduu seenaafi aadaa akka bakka bu'utti raawwiirratti xiyyeeffata. Haata'u malee, walitti dhufeenyi hawaasummaa keenyaa kan hubannoo garaagarummaa isaatiinidha. Dhiigni uumama isaatin waan dhala namaa gidduutti garaagarummaa hin-qabne, amala waloo namaati.

Ta'ullee, dhiiga fakkoommiin fayyadamuun, yaadama jabaa sanyiif oolu akka ta'utti deeme. Faallaa isaatin ammoo sanyiin amaloota bifaa irratti kan hundaa'u fakkaatullee, irra guddaan isaa yaaduumee namootaa, kan hiikni isaa salphaamatti sirna hawaasaafi sochii taayitaa moo'atuudha. Qorannoon birqaba kanneen irratti godhame hubannoo ifa ta'e nuu laata. Dhiignis, sanyiinis hambaalee hawaasaa kan hiikni isaanii walitti dhufeenya hawaasaa irratti dhiibbaa gurguddaa qabuudha. Dhugaan kun hiika jabaa qaba. Qoodinsi kun namtolchee ta'uu isaanii hubachuun sirnootafi ogummaa isaan bu'ureeffatan hiikuun hawaasa hunda galeessa ta'e ijaaruu jalqabna.

Birqaboonni kun dhugaa bara keenya jiran waliin yoo walbira qabaman, waan buusan niqabu. Qorannoon jenetiiksii hidda nama tokkoo bakka ibsuu danda'utti, dhiigni bu'uura eenyummaa ni'ibsa kan jedhu kun yaada jabaatee falmaa jiruudha. Kana cinaatti, walqixxummaafi haqni akka jiraatuuf warreen socha'an, wanti kun dhiibbaa inni lubbuu namootaa irratti uumu agarsiisa. Kana jechuun egaa, dhiigni keenya, inni ittiin namoomnu addunyaa qoqqoodamte keessa akka jiraannu godha jechuudhaa? Ijaarsi akkanaa kun seemmoon isaa kan socha'e ta'ullee, yeroo keessa kan itti fufu mitii? Mee yaada sammuu keessanii keessatti qabiyyee amala keenyaa, gocha keenyaafi filannoowwan keenya bakka sagalee guddaan dhagahamuu qabanitti, hawaasa sanyii ykn dhiigaan wantoonni kun keessatti dhagahamu tolchuuf qophaa'aa jirraa laata? Jedhaa of gaafadhaa.

Boqonnaawwan itti aanan keessatti, ijaarsi hawaasummaa kunneen aadawwan adda addaa keessattiifi eenyummaa nama dhuunfaa irratti dhiibbaa isaan qaban ilaaluun, bu'aa ijaarsa hawaasummaa kanneenii gadi fageenyan xinxalla. Kanaanis namoota qoqqobbii sanyiifi dhiigaan irra gahe injifatanii bahan arganna. Gahee saayinsiiiniifi barnoonni amantiilee moofaa kanneen maqsuurratti qabanis nisakattaana. Adeemsi fuula keenya dura jirus kallattii beekumsaafi geeddarumsaati.

Karaan kun ammoo, waa'ee mataa keenyaa ofgaafachuun dhaalli namummaa waloon qabnu, ulaa dhiigaafi sanyii gidduutti namni tolche sana guutuudhaan, egeree gaarii akka fudhannu kan gaafatuudha. Karaa isa haarawa kana kan kabachiifnu, dhiiga isa ujummoo keenya keessa jiruun osoo hintaane, dhiiga waloo namooma keenya ibsuun ta'uu isaa ibsina.

BOQONNAA

3

Uumama Gosa Dhiigaa

Namni tokko imala beekumsaa kana jalqabuuf dursee dhimma waa'ee qorannoo keenya, kan gosa dhi-igaa ABO jedhu hubachuutu irra jiraata. Dandeettiin jechoota kana hubachuu karaalee xaxaa baayoolojii keenyaa kan walooma dhala namaa waliitti hidhu sanarra godaan-uuf murteessaadha.

Jechoonni hubannaa sammuu keenya keessatti kaartaan kaa'amuufi qaban kanneen akka 'antiijiinii,' 'sirna ittisa farra qaamaa,' 'jeenootaayippii,' 'feenootayippii,' 'Arjaa waloo '(universal donor) 'fudhataa maraa,' (universal recipient)' fi 'caasaa Rh.' jedhamantu keessatti argama. Tokkoon tok-koon isaanii kunneen iccitii gosoota dhiigaa hiikuu irratti furtuu, saayinsii fayyaafi walitti dhufeenya dhala namaa irratti dhiibbaa gadi fagoo qabu.

Antijiinoonni wantoota qaamni akka alagaatti ilaalu sirni ittisa farra qaamaa akka uumamu kakaasu. Addatti gosoota dhiigaa keessaa, molookiyuulota pirootiinii fuula seelii dhiiga diimaa irratti argamu. Tokkoon tokkoon gosa dhiigaa piroofaayilii antijiinii adda ta'e kan mataa isaanii qabu. Karaa biraatiin ammoo, ittisni farra qaamaa, warra qaama dhukkubarraa ittisanidha. Aantiijiinota qaama waliin wal hinsimne barbaaduun balleessu. Dhiiga keessa farri qaamaa walfaallaa ta'an jiraachuun seelonni akka du'an godha.

Jeenootaayippiin ammoo qindoomina jenetiiksii gosa dhiiga nama tokkoo murteessa. Innis, walitti makamiinsa aaleelotaa (alleles) kan maatii ofiirraa dhaalanidha. Jeenootaayippiin irra keessaan mul'achuu haadhabu iyyuu malee, saxaxa waan mul'atuu (phenotype) kan akka amaloota ilaalamuu danda'an, gosoota dhiigaa of keessaa qaba, kunis jeenootaayipiin murtaa'a.

Arjaan waloo, (universal donor) kan baay'een keenya beeknu, gosti dhiigaa 'O-' mitihee, (negative) aantiijiniinii dhiigota "A" ykn "B" jedhaman kanneenii bakka hinjirretti, sodaa tokko malee seelii dhiiga diimaa kan biraatti rakkoo malee makama. Karaa biraatiin gosti dhiigaa "AB+" fudhataa waloon (universal Receiver) sodaafi rakkoo tokko malee gosoota dhiigaa ABO irraa dhiiga fudhata. Kunis gosti dhiigaa kun farra qaamaa gosoota dhiigaa "A" ykn "B" irratti, akkasumas aantiijiinii murteessaa Rh irratti waan hinqopheessineefidha. Aantiijiniin murteessaan Rh jedhamu kun dhiigota karaa eeyyentaa (positive) ykn mitihee (negative) ta'een qoqqoodee kaa'a. Haalli kun maqaa jaldeessa jalqabaa irratti argama, Reesoosin mogga'e (Rhesus Monkey.) Aantiijiiniin kun jiraachuun ykn dhabamuun dhiigni walii isaaniitiin akka walsimatan mijeessa.

Namni tokko weedduu dhiigaa sagalee maleessa seelii isaa keessa adeemu tokko hammam beeka? Sochiin antiijiiniifi farri qaamaa kan yeroo dhiigni dhangala'e qofa sagalee guddiftuudhan mul'atu kun hoo sin ajaayibuu? Taphattooni du'aafi jiraachuu, maalummaafi amala keenyaa gidduu jiran kunneen irra guddinaan murteessoo jireenya keenyati.

Lubbuu dhiphinarra jirtu takka yaadi. Namoonni yaala laatan, milkiin yaaluu kan danda'an hiika waan kanaa erga hubatanii ka'anii qofa. Haadha ilmoo garaa qabdu takkas fudhu, lubbuun ilmoo ishii walsimannaa gosa dhiigaafi murteessituu Rh irratti hundaa'a. Ykn ammoo waraana dirreerra jiru, kan eenyummaan isaa hinbeekamneefi kennaa dhiigaa waloorraa argatu, kan dhiigni isaa fudhataa waloo ta'e tokko fudhu. Seenaa dhala namaa keessatti wanti hiika guddaa qabu kun waan jecha ogummaatin qofa dubbatamee darbamu miti. Wantoonni kun waan waa'ee jiraachuu, abdiifi walitti dhufeenyaa dubbatu. Yeroo hedduu waan alarraan adda nubaasanirra warra waa'ee eenyummaa keenyaa seenessu.

Hanguma qorannoo keenya jabeessinee itti deemnu, daran, seenaafi bu'aa jechoota kanaa hubanna. Kanaanis bara 1901 Karl Landsteiner akkamitti gosa dhiigaa ABO jedhaman kana akka argateefi argannoon isaa kun ammoo akkamitti qorannoo ogummaa fayyaa warraaqsa karaa nagaatin dhiiga waliif dabarsuun fide sakattaana. Hidhata jenetiiksiifi dhaala gosa dhiigaa gabbataa ni'ifoomsina. Akkasumas gaaffii naamusaafi hawaasummaa yeroo hundeen uumama foonii keenyaa, dhiigni keenya, meeshaa lubbuu baraaruu danda'u, harka dogoggoraatiin lubbuu namaa balaadhaaf saaxiluu danda'u ifoomsina.

Kun muuxannoo barnootaa osoo hintaane, seemmoo hawaasummaa daran gara laafessa ta'e irratti ijaarrudha. Galaana jibbaa sababa hinqabneefi doofummaa jabduu keessaatti amalliifi gosti dhiiga keenyaa walsimannaan, yaada sanyummaafi gosummaa kan barri irra darbe hanbisuuf ifa fiixee galaanaatti nu geessa.

Waan dabalataa kan biraa osoo hingodhin mee imala keenya argannoo kanaan haa'eegallu. Jechoota kana yaadachuuf mee xiyyeeffannee, hubannoo addunyaaf qabnu keessa yaada keenya haakeewannu. Sababnisaas shubbisa Aantiijiinonniifi ittisni farri qaamaa godhaniin, afaan dubbii hinqabne kan jeenootiippiifi feenootaayippii keessaan namoonni akka walquunnaman guyyaa tokko seenaan himuf jira waan ta'ef.

Seenaa Dhiigaa Gosaan Qoodu

Seenaa ogummaa fayyaa keessatti ramaddiin gosa dhiigaa akka callarra ifaa sana mul'ata. Seenaan kun hubannoofi dandeettii addaa dhala namaa irratti hundaa'a. Imala kana walakkaatti gaaffii: Dhiiga keenya maaltu adda taasisa? Maaliif ammoo dhimma jabaa ta'e? kan jedhutu jira. Argannoo baayoolojiifi hubannoo gaarii dhala namaatin kan ka'e, deebiin gaaffii kanaa salphaadha, sababni isaas toora walxaxaa argannoo baayoloojiifi diraamaa dhala namaa keessatti waan hiika argatuufidha.

Maayikirooskoppiin jalqabaa wantoota raajii dhiiga keenyaa nutti argisiisuun duratti, gosti dhiigaa akkamiin akka madde kan ittiin barre sana, maayikirooskooppiin hammayyaa kun nu jalaa haguuge. Qaroominni keenya kan durii waan ujummoo dhiigaa keenya keessa dhokatanii jiran hunda adda baasanii beekuus baatan, karaa amantii, yaalaafi waraanaatiin garuu maalummaa dhiigaa tolchanii beeku.

Sirna walxaxaa gosa dhiigaa hubachuun, sirna jiraachuu dhala namaa beekuun walgita. Lubbuun jiraachuun keenya ujummoo dhiiga geessaniifi ujummoo dhiiga deebisan keessa yaa'a. Namni tokko gara beekumsa guddaa heemaatoolojiitti yemmuu seenu, dhiigni waan seensaa tokko qofa osoo hintaane, waan himimsa lubbuu baatee jiruufi ofumaafu isa dhaadhessu tokko ta'uu hubata.

Mee dhiiga dhala namaa kan barruun namummaa keessa jiru keessa imali. Taphattoonni seenaa keenyaa jajjaboon asitti nutti dhufan: "A" "B" "AB" fi "O"n moggaasa isaaniin salphaa fakkatanillee arkiteektoota wal simsiisa dhiiga keenyaafi eegdota hambaa jeneetikii keenyaadha.

Hubannoo mara wayita ilaallu, Aantiijiiniin, ittisinni farra qaamaa, warreen fudhattoota waloo, sarara lubbuu addunyaalessaa keessaafii abaaboo dammaa, isa dhiiga jedhamu kan baay'ee hinargamne, hunda keessaan imalli tokko nijalqaba jennee eegna. Mee amma waan gosa dhiigaa jedhamu kan nama raaju kana haaqorannu.

Ruqaalee aantiijiinii jedhaman kan seelota dhiigaa gubbaatti argamantu jira. Isaan faaya qofaa miti; achitti argamuun firaafi diina seelotaa warra addaan baasanii eegumsa qaama keenyaaf godhanidha. "A" fi "B"n faallaa seenessa kanaa yoo ta'an, "O" waanuma kanaayyuu hinqabu. "AB"n ammoo seenessa kana guutee qaba. Aantiijiiniin seelii dhiiga diimaa irra jiraachuun gosa dhiigaa addaan baasuuf yoo fayyadu, gosti dhiigaa ammoo amala namaa murteessa jechuudha.

Mee ammammoo waan pilaatileetii keessa taa'ee weerartuu bakka biraatii dhufu eeggatu, warra ittisa farra qaamaa jedhaman haalaallu. Isaan, diina warra aantiijiinii jedhaman kanaati. Gosti dhiigaa "A" farra qaamaa "B" oomishan qaba. Gosti dhiigaa "B" ammoo farra qaamaa "A" oomishan qaba. Gosti dhiigaa "AB" jedhamu ammoo lachuufuu farra qaamaa hinqabu. "O" farruma qama jedhamu iyyuu hinomishu. Garuu pilaatileetiin isaa aantijiijiinii kan "A"tinis "B"tinis waan wal-simuuf walii gala. Kanaafi kan laataa ykn kennaa waloo ta'eef.

Murteessitoonni 'Rh' jedhamaniifi xaxaa ta'an ammo gosa dhiigaa beekaman irratti, maxxanuun qooda mataa isaanii ba'atu. Yeroo hedduu jarri kun jiraachuun eyyentaa (postaive, +) ykn ammoo dhibuun mitihee (negative, -) kan jedhuun ibsamu. Caasaan Rh jedhaman kun (+) yoo ta'an aantiijiiniin dabalataa "D" jedhamu akka jiru mul'isu. Caasaan Rh jedhaman kun (-) yoo ta'ee ammoo qabiyyee kana hinqabu jechuudha. Amalli kun yeroo haati tokko garaatti baattuf baay'ee murteessaadha. 'Rh'n dhiigni haadhaafi kan ilmooshee garaa jiru sanaa walsimachuu ykn tokko ta'uu dhabuu isaatin ulfi ishee milkaa'uu ykn milkaa'uu dhiisuu danda'a.

Kanaaf beekumsi kun maal fayyadaree? Waldhaansi dhiiga laachuun taasifamu gosa dhiigaa irratti kan hundaa'ufi kan qaama dhiiga laatuufi dhiiga fudhatu gidduutti shubbisuun, sirni adeemsa jireenyaa akka milkaa'u godha. Kunimmoo, madaallii salphaa du'aafi jireenya giddu jiru kan nutti mul'isuudha. Yeroo tokko tokko keessumaa immo yeroo balaan tasaa muudatee, gosti dhiigaa maalif akka barbaadamu yaaddee beektaa? Seeliin dhiiga diimaa gosa dhiigaa "O-" mitiheen, yeroo hedduu abdii lubbuun jiraachuuti. Gosa seelii dhiigaa hundaaf arjooma ykn kenna. Karaa biraatiin "AB+" eeyyentaan, fudhataa waloo ta'uun filatama. Harka isaa bal'isee gosa seelii dhiigaa hundaarraa fudhata.

Pilaazmaa yoo qoranne ammoo dhimmi kun in geeddarama ykn faallaa ta'a. kana jechuun; "AB" arjaa waloo yoo ta'u, "O" ammoo Fudhataa/qeebalaa waloo ta'a. Ramaddiin dhiigaa inni akkanaa kun wal-faallaa gosa dhiigaa jeeqamaadha.

Waan fayyaan walqabateen gamatti, dhimmi gosa dhiigaa waan hawwaasummaa wajjiin wal qabata. Aadaa tokko tokko keessatti keessumaa aadaa warra Jaapaanootaa keessatti, gosti dhiigaa akka waan urjiirratti katabamee gochuun amala namaa wajjiin walitti hidhuun kaa'u. Dhugaamatti yaada baay'ee hawwataa ta'efi sammuu namoota hedduu boo-ji'u danda'udha.

Laggeen dhiigaa yeroo olyaa'u. Hanguma ooyruu hubannoo keenya keessa yaa'aa adeeman, lubbuu keenya beekumsa sooru. Hirmaanni gosa dhiigaa kan yeroo tokko boqonnaa saayinsii qofa keessatti ka'u, har'aan kana, sagalee guddaan ifatti hawwaasummaa keessatti dubbatamaa jira. Yaa'a dhi-igni ujummoo dhiigaa keenya keessan godhuun, tokkummaa keenyaaf ergaa dabarsa.

Osoo hingoolabin, kun waan itti yaadnu haata'u. Onnee dhala namaa hunda keessa sirna lubbuu waloo jiru deebinee haayaadannu. Keessoo hunda keenyaa keessa waan lubbuu laatu walfakkaataan akka jiruufi sanyii kamiin olitti qindoo-mina waloo akka gaggeessu shakkii hinqabu.

Gaariifi Yaraa Dhiiga Namaaf Dabarsuun Qabu

Jechamoonni durii kan "Wanti faallaan wal-harkisa" jedhu sun, dhiiga walii dabarsuu keessatti hinhojjetu. Wantoonni faallaa ta'an walharkisuun dhugaa bakka hedduutti fudhatamu ta'us, dhimma dhiigatiin walqabatee bakka inni itti hinhojjanne garuu hedduudha. Dhiiga walii dabarsuun waan jaarraa dheertuu dura eegale, kan saayinsii ogummaa fayyaa keessatti waliiti hidhata ajaayibaa fideedha. Gaafa iccitiin toora amantiitii eegalee kaasee hanga hubannoo saayinsii xaxaa bara ammaa kanaatti, imalli dhimma dhiigaa argannoowwan, garaagaruummaa aadaafi waan duudhaatiin gabbataadha.

Barmaatni kun gaafa eegalu, hiika dhiigaa hubachuun ni'ulfaata ture. Bara duriitii jalqabee hanga qaroomina Masriitti warri jiran dhiiga akka jabina lubbuutti ilaalu turan. Kun ammoo dhimmoota amantiitiif hiika guddaa qaba ture. Haata'u malee, dhiiga walii dabarsuun hanga jaarraa 17'ffaatti kan milkaa'e hinturre.

Maqaa addaa akkanaa kana qabaachuu isaanii irratti waa yaaddee beektaa? Hanga jaarraa 18ffatti gosti dhiigaa garaagaraa akka jiru hinbeekamu ture. Kanaanis firoonni dhiiga walii laachuurratti nama hedduutu du'aa ture. Kunimmoo, sababa dhiigaa, nama dhiiga fudhatu saniin dhufa. Dhiigni namicha dhiiga fudhatuu, dhiiga isaa kennuu wajjiin yoo wal hinsimne, dhiiga haaraa nama irraa fudhate sanaaf dafee farra waan omishuuf yeerooma sana du'aaf isa saaxila.

Dhiiga namaaf dabarsuun seenaa dheeraa toora jaarraa 17ffaa irraa kan eegale yoo ta'u, marsaan dhiigaa jiraachuunis kan barame, William HARVEY'tin kanuma faana ture. Bara

1658 namichi biyya Duch, maqaan isaa Jan SWAMMERDAM jedhamu seelii dhiiga diimaa maayikirooskoppiin yeroo jalqabaaf arguu danda'eera. Dhiiga qaama biraatti dabarsuun ammoo yeroo jalqabaa kan yaalame saree irratti yoo ta'u, hakiimiin biyya Ingiliizii kan Richard LOWER jedhamu, saree tokkorraa waraabuun saree kan biraa kan silaa du'uuf ka'e wayita sana lubbuu oolche.

Haata'u malee, namarratti garuu waan sana hojiirra oolchuun baay'ee rakkisaa ture. Bara sanatti hubannoon garaagarummaa gosa dhiigaa waan hinturreef fedhiin sun namarratti raawwachuu hindandeenye. Bara 1818 James BLUNDELL, dubartii dahumsarratti akka malee dhiigde tokko lubbuu oolchuuf jedhee, yeroo jalqabaatiif dhiiga laachuufii irratti milkaa'ina argatee ture. Kun seenaa keessatti dhiiga namaa dabarsuun yeroo jalqabaaf milkaa'uusaa mirkaneesse.

Akkasumaayyuu ta'ee, ammas wanti namootaaf furmaata laachuu danda'e kun itti hinfufne. Dhiiga namaaf dabarsuun hammaataa ta'ee argame. Kanaaf ogeeyyiin fayyaa dhiiga nama tokkoo, nama biraaf dabarsuu dhaabuun, bakka isaa dhiiga bakka buusuu akka malaatti fayyadamaa turan.

Bara 1854 yeroo dhukkubni kooleeraa addunyaa sardee turetti, doktaroonni kaanaadaa warri akka Dr James BOVELL fi Edwin HODDER yaada molokiyuuliin aannanii seelii dhiiga adii fooyyessa jedhuun aannan loonii, ujummoo dhiigaa keessan dhukkubsattootaaf dabrsuu yaalanii turan. Akka isaan yaadanitti, wanti kun akka seelii dhiiga diimaa isa ga'umsarra hinga'iniitti ture (immature form of red blood cells.) Dhugaa dubbachuuf, yaadichi akkuma waliigalaatti dogoggora ture. Haata'u malee, dhukkubsataa tokkorratti milkaa'uu isaarraa bu'aa jalqabaa arganii jiru. Garuu dhukkubsattoota warra kan biroo lamaaf aannan karaa ujummoo dhiigaa isaanii laataniifii jennaan, yeroodhuma sana lubbuun isaanii darbee isaan qaanesse.

Erga dhukkubni Kooleeraa eegalee, yaaliin kun Kaanaadaa keessatti addaan cituun yeroo muraasa booddee garuu New York, USA keessatti akka eegalamu taasifame. Dr Joseph HOWE dhiiga namoota dhukkuba tiruu qabanii aannan re'ee itti dabaluun yaaluuf ture. Haata'u malee, namoonni inni yaale hundi fayyuurra yeerooma sana dhukkubbii qomaafi ija libsachuu dadhabuutti ce'anii, xiqqoma booddee lubbuun isaanii dabrte.

Aannan karaa ujummoo dhigaan namaaf laachuun, bu'a qabeessa ta'uullee baatu, hanga bara 1880tti waan sana dhimma itti bahuun ittuma fufee ture. Sababii isaas, ammoo dhiigni dafee waan qaama namaa keessatti walitti ititee (Coagulation) rakkisuuf ture. Garuu itti fayyadamni aannanii kun, ijaa namni sababa sanaan du'u baay'ateef hir'achaa deemee, gara booddeettis, bara 1880 dhangala'aan 'iso-tonic saline' jedhamu argamnaan guutumatti dhaabbate. Hubannoon gosoota dhiigaafi walta'insa isaanii hanga jaarraa 20ffaatti hinhubatamne ture.

Fakkii 1. *Karl Landsteiner*

Suuraan Faawundeeshinii Badhaasa Noobeelii irraa fudhatame.

Haata'u malee, bara 1900 Yuuniversitii Viennaa keessaatti, baayoolijistichi Dr. Karl Landsteiner jedhamu, dhalataan Awustiriyaafi lammiin Ameerikaa, qorannoo dhiigni muraasni yeroo nama tokko irraa gara nama biraatti darbu sifaa'ee kaan maaliif sifaa'uu dida jechuun warraaqsa fala barbaachuu jabaa gochuu jalqabe.

Landstiener seelii dhiiga diimaa miseensa mana hojii isaa hundarraa fuudhuun garaagarummaa gosoota dhiigaa "A" "B" "O" jedhaman kana adda baase. Jalqaba inni "A" "B" "C" jechuun kan kaa'e yoo ta'u, "C" kana booddee "O" dhaan bakka buusan. "O"n jecha afaan Jarmanii "Ohne" jedhu, kan duwwaa ykn homaa hinqabne jechuuf dhimma itti bahan irraa moggaate.

Waggaa tokkoon booddee, ogeeyyiin biroo gosa dhiigaa "AB" jedhamu kana argachuu danda'aniiru. Hojii isaa kanaaf landstiener bara 1930tti badhaasa Noobeelii ogummaa fayyaatin kan fudhate yoo ta'u, dhiiga bifa milkaa'een walitti makuun bara 1907 danda'amee jira. Xinnoo turee ammas rakkoon kan biraan gufachiisaa ta'ee itti dhufe. Yeroo kanatti gosa dhiigaa laalanii firoomsuun danda'amullee, dhiiga olkaa'uuf malli ittiin kaa'an rakkisaa ture.

Bara 1914, wantoota dhiiga itita dhoowwan kan akka "sodium citrate" waan uumamaniif dhiiga yeroo dheeraaf kaa'uun danda'amee jira. Kanatti aansuun rakkoo kan ture Caasaa sirna 'Rh' jedhaman keessaatti waa'ee aantiijiinii ture. Kunis bara 1940 argamuun, rakkoon warreen dhiiga laatuufi fudhaturra gama fayyaa keessa ture hiikkate. Yeroon kun yeroo Ameerikaan akka walii galaatti dhiiga walitti qabuu eegalteedha.

Fakkii 2. *Suuraa barruu Dr. Blundell kan June 13, 1829, The Lancet, irratti baase irraa fudhatame.*

Seenaan dhiiga dabarsuu akka argamni isaa sun ifoome akkaan dhokataa ture. Danaaleen isaa, suuraaleen warra dirree lolaa irraa hojjetan, chaartiwwan gosoota dhiigaa kan hawaasa keessa jiran waan jechaan ibsuu hindandeenye kaa'u. Suuraaleen kun sagalee dhokfachuun gufaataafi injifannoo gama ogummaa yaalaatiin argame raggaasisu.

Garaagarummaan dabarsa dhiigaa naannoleefi aadaalee irratti hundaa'uun akka jiran nimul'atu. Aadaa tokko tokko keessatti saalfiin dhiiga walitti makuu adeemsicha akka gufatu godhus, karaa biraatin ammoo gaarummaan inni namoota biratti qabu shakkii namoota bira jiru sana hir'isee jira. Jaarraa 20ffaa keessa waraanni argannoolee daddabarsaa dhiigatiifi, kanaan walqabateemmoo baankiin dhiigaafi dhiiga socha'anii walitti qabuuf kahumsa tahe. Wanti kun akka guutuu addunyaatti kan walhin fakkaanne ta'us, fedhiifi qabeenyummaa isaa biyyoota adda addaa keessatti boca qabsiisee jira.

Barri hammayyaa ammoo barnootaafi madaqsa dhiiga waliif dabarsuu ifatti mul'ise. Dhukkubsattoonni gargaarsa baqaqsanii yaaluu wayita godhan dhiiga namarraa fudhachuufi arjoomuun dabaluu, akkasumas ammoo ogummaan fayyaa kunneen yeroodhaa gara yerootti fooyya'uun carraa yaaliif godhamu akkaan akka dagaagu godhe. Dagaaginni kun akkuma jirutti ta'ee, dhimmoonni safuun walqabate garuu yeroo kam-caalaa guddaachaa dhufe.

Warri dhiiga arjooman barbaachisummaa dhiigaa kana hubachuun waan kana ilaalchisee iccitii namoota kanaa akkamiin eegnu? Gaaffiin kun hospitaalotaafi qaama seera baasu hunda biratti ka'aa ture. Atakaroon dhiiga maallaqaan laachuu waliin walqabatee ka'u, dhiiga laachuufi itti fayyadamuu irratti namoota miidhamanii dhiiga barbadaniifi namoota dhiiga arjooman gidduutti mormii kaasuu danda'a. Bifuma walfakkaatuun warreen dhiiga laatan, gahumsa raawwii (eligibility criteria) kaa'un, warra yaalamaniif murteessaa ta'us, yaadichi gama walqixxummaadhaan mormii kaasuu mala.

Toora bara 1980 keessa waan kun dhimma HIV/AIDS walqabatee boqonnaa mormii haaraa bane ture. Dhiigni vaayirasiin faalame dhukkuba kana dabarsu hubachuun qorannoon dhiigaafi himaammanni warra dhiiga laatanii akka geeddaramuf sababa gudda ta'eera. Qorannoon vaayirasii HIV, Hepaataasiis 'B', 'C'fi dhukkuboota daddarboo kan akka Vaayirasii Dhiha Naayil (West Nile virus) jedhamaniif godhamufi waliigalteen kanaan walqabatee dhufe, wal'aansi karaa hidda dhiigaa godhamuuf ka'umsa hinirraanfatamne ta'ee jira. Dhiiga fudhachuun waan gaarii egereetiif akkuma ta'e, shakkii gaarummaa waan kanaa kan boor nutti dhufuuf qophiidhaa? Saayinsiinifi teeknoolojiin dhangala'aa du'a nama oolchu kana seeraan bulchuu nidanda'uu laata?

Gara dhumaatti seenaan dhiiga laachuufi fudhachuu kun ifaajjee bareedaa dhala namaan argamedha. Seenaan kun saayinsaawaa, kan duudhaa eeggateefi lubbuu namaa eeguuf waan fooyya'an, adeemsa walirraa hincinne kan walqabsiisudha. Dhiigni ujummoo keenya keessa yaa'u dhimma baayoolojiitin olitti fakkeenya namummaa keenya walitti fiduudha. Kan walitti nu hidhu, sanyiirra caalee, gosa ofiirra darbee, nama lubbuun tursuu irratti, kaayyoo tokko taasisu kan qabuudha.

Milkaa'ina Gurguddoo: Tartiiba Yeroo

Mul'anni Landsteiner seenaa itti fufee jiru keessatti boqonnaa jalqabaa ture. Bara 1902 waayillan isaa Alfred von DE Castelloo fi Adriano Strule, caasaa "AB" waan kanarratti dabaluun sirna gosa dhiigaa xumuran. Bara 1940 Landsteiner fi Alexander S. Wiener murteessituu 'Rh' jedhamu argachuun seemmoon dhiigaa gosa dhiigaa waliin akka walsiman gochuun bifa haaarawa akka argatu gumaachan.

Yeroon namoonni wal waraanaa turan keessa, dagaagina saayinsii gosa dhiigaatiif yeroo gabbataa ture. Hundeeffamuu baankii dhiigaa, tooftaalee kuusaa dhiigaafi mala dhiigni itti laatamu mara akka qulqullaa'u godhe. Taateen sun dirree waraanaafi toora manneen jireenyaatti warraaqsa guddaa uumuun yaaliin ogummaa fayyaa lubbuu namootaa lakkoofsa hinqabne baraaruuf haalli mijataa akka dhufu godhe.

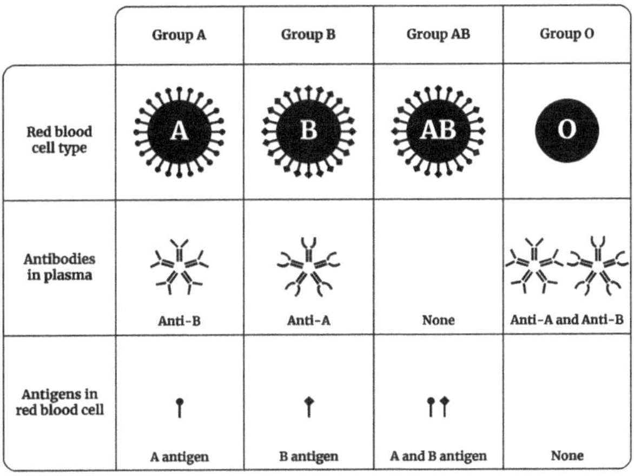

Fakkii 3. *Seelii Dhiiga Diimaa irratti antijiinoonni garee dhiigaa ABO jiraachuu isaanii kan mul'isudha.*

Seenaa gosa dhiigaa, xaxaa tokko malee kan fulla'ee as ga'e miti. Gosti dhiigaa addunyaa guuturratti akka adda addaattin babal'ate. Kunimmoo bifa dhala namaa isa garaagara ta'e bakka bu'a. Fakkeenyaaf gosti dhiigaa B jedhamu kun Awurooppaarra Eeshiyaatti bay'inaan argama. Murteessituun "Rh" mitihee (negative) jedhamu kun ammoo Afrikaatti baay'inaan babal'atee argama. Garaagarummaan kun jeenetiiksii, jijjiirrama tirataafi sochii godaansa uummataa gidduu ture kan mul'isuudha.

Bara ammaa kana keessattis seeneessi gosa dhiigaa ittifufuun gegeeddaramaa jira. Guddinni baayoolojii molekuularaa sirni jenetiiksii ABOfi Rh maal akka ta'e nama hubachiisa. Karaa biraammoo dandeettii hubannoo wantoonni akka jeenootaayippii dhiigaa kanneenii ifa gochuuf waadaa nuu-gala. Hanga har'aatti gosoota dhiigaa antijiinii 600 ol qaban argamuun isaanii seeneessi keenya yeroodhaa gara yerootti akka babal'atu gochuun, beekumsi keenya akka guddatu godheera. Beektonni saayinsiifi ogeeyyiin fayyaa hojimaata isaanii akka sirreeffataa deeman godhee jira.

Haata'u malee, dhiiga gosaan kaa'uun balaa homaatuu hinqabu. Dabalataanis beekumsi lubbuu namaa du'arraa baraaruuf godhamu kun madda afanfaajjii duudhaati. Addatti, aadaa tokko tokko keessatti ramaddii hojiifi walitti dhufeenya hawaasummaatiif gosti dhiigaa loogii uumuun isaa beekumsa saayinsaawaa fayyadamuu irratti gaaffii kaasaa jira.

Kanaa olitti ammoo wantoonni dhiiga bakka bu'an namaan hojjetamuun isaanii, gaaf tokko seemmoo maalummaa dhi-igaa irra deebiin ibsuuf boqonnaa haaraa saaqa. Kun ammoo gosti dhiigaa akka hafuuf deemu nu yaadachiisa. Seenaan gosa dhiigaa ilaalamaa hanguma deemu, xaxaan dhiiga namaa keessa jiruufi dhiibbaan isaa akkam akka ta'e nama raajuun isaa hinhafu.

Seenaan gosa dhiigaa akkuma mul'achaa deemuun, namni tokko walxaxiinsa isaafi dhiibbaa inni dhala namaa irratti qabu dinqisiifachuu dhiisuu hindanda'u. Jalqaba argannoo Landsteiner irraa kaasee hanga laaboraatoorii teeknooloojii olaanaa har'aatti, seenaan carraaqqii saayinsii kun hafuurri namaa hubannoo beekumsaa barbaaduuf ragaadha.

Gosti dhiigaa walxaxaa ta'e kun, qoqqoodinsa sanyii, halluu gogaa namaa irra keessaan mul'atu caalaa bu'aa akka qabu dhugumatti nuuf mirkaneessa. Innis seeneffama qoqqoodinsaa osoo hintaane, walitti dhufeenyaati-afaan addunyaa hundaa kun dhiiga dhala namaa keessatti barreeffamee jira. Kanaafuu, seenaa gosa dhiigaa keessatti boqonnaa haaraa ykn seenaa akkamii barreessina jennee of haagaafannu. Beekumsi har'a argannu kun kunuunsa fayyaa boruu akkamitti boca laata? Gaaffiiwwan kun baay'ee guddaa ta'anii kan mul'atan yoo ta'u, beekumsaafi hubannoo barbaaduu keenya akka itti fufnu nu akeeku.

Hemoogiloobiniifi Oksijinii: Waamicha Sarara Jireenyaa

Amalli jajjabina keenyaa, gaarummaan namoomaa, sirni marsaa dhiiga keenyaa karaa kanaan imala. Daandiin kun walta'insa heemoogiloobiniifi oksijiniitiin misa. Qindoominni kun humna lubbuu namaa eegu. Wanti qaama keenya keessatti gahee akkanaa qabu kun murteessaa ta'uu irraa kan ka'e, hammaachuun isaa lubbuu eeguuf badii fida.

Ta'us, yeroo walta'insi kun balaadhaaf saaxilamu maaltu ta'a laata? Milkaa'aa ta'uu dhabuun rakkina akkamii akka dhalu beekuun, afuurri nu keessa jiraachuuf hangam akka of eeggannoo barbaadu nu yaadachiisa.

Afuura baafachuun mataan isaa oksijiniin gara qaama keenyaa akka seenuuf waamicha ofeeggannoo ijaan hinargamneedha. Takkaa yoo seene somba keenyatti gadi bu'uun waan heemoogiloobinii jedhamu argata. Wanti akka sibiilaa jabaatu of keessaa qabu kun seelii dhiiga diimaa keessa kan jiraatu yoo ta'u, moolekiyuulii oksijinii simachuuf harka bal'isee eeggata.

Achi keessatti tokkoomuun seeliwwan mara keessatti ibidda qabsiisu. Mee waan itti aanu yaadi. Utuu adda babaaseehoo? Jechuun utuu hemoogiloobiniifi oksiijiiniin gargar baba'ani-ihoo? utuu walhammannaan sun akka tasaa hiikkateehoo? Sababa kanaan miidhaa guddaan akka dhufuu malu yaaddee beektaa? Tiishuun oksijinii dheebote laafuufi cooliguu eegalu; sammuun hojii isaa murteessaa hojjechuu hanqata. Qaamni keenyas of dadhaba.

Dhibee hir'ina dhiigaatiin namootni rakkatan, hir'ina heemoogiloobiinii irraa kan itti dhufu yoo ta'u, sababa kanaanis geejjibni oksijiinii hanqina godhata. Kunis, rakkinootniifi dadhabbiin inni fidu infeekshinootaaf nama saaxiluu dabalatee abdii jireenyaa kan dukkaneessudha.

Ta'us furmaatni kanaa uumamaafi kalaqa keessa jira. Malootni baayoloojii kan sirna makaa heemoogiloobiinii to'ataniif hubannoon nuti qabnu dagaagaa kan dhufe yoo ta'u, kunis gadi fageenyaan akka qorannuuf kan karaa saaqudha. Kana keessattis 'wanti akka sibiilaa kun', kan hermoogiloobiinii irratti oksiijiinii maxxansee qabu, bu'uura qorannoo keenyaa ta'a. Sooratootni waan kana qaban, madaala dhiigaa qaama keenya keessatti argamu bakkatti deebisuufi dhibeewwan hir'ina dhiigaa nutti fidan wal'aanuudhaaf tajaajilu.

Garuu beekumsa kana akkamiin hojiirra oolchuu dandeenya? Deebii kanaa argachuudhaaf qabxiin ka'umsa keenyaa hubannoo kennuufi barsiisuu irraa yoo ta'u, namoota dhukkuba sanaaf saaxilamuu malaniif mallattoowwan dhukkuba sanaa kan isaan ilaallachuu qabaniifi barbaachisummaa nyaata madaalawaa, akkasumas gorsa ogeessa fayyaa mil'achuu akka qaban hubachiisuu ta'a.

Buufatootni fayyaa, qorannoo dhukkuba hir'ina dhiigaatiif dursa kennuufi yaalamuudhaaf wantoota barbaachisoo ta'an dhiyeessuu qabu. Qorannooleen akka agarsiisanitti, namootni hir'ina dhiigaa qaban, 'albuuda kana' ga'aatti yeroo argatan, gulantaan heemoogiloobiinii qaama keessaa kan ol ka'u yoo ta'u kunis jiraachuufi fayyummaa isaaniif hundee ta'a. Kanaanis, ayyaanni mukaa'uu irraa ka'a, tarkaanfiiwwan beekumsaafi hubannoo nidabala akkasumas dandeettiin damdamannaa qaama isaanii nijabaata.

Garuu furmaatni tokko qofti, waan hundaaf qoricha waan ta'uu hindandeenyeefuu, yaalawwan fayyaa akka filannootti fayyadamuu dandeenyu kan akka dhiiga fudhachuu, yookaan ammoo seelota dhiiga diimaa dammaqsuudhaaf 'erythropoietin' fayyadamuun akka furmaataatti taa'uu ni danda'a. Tokkoon tokkoon yaalli taasifamus, qorannoo akkaataa qaamni namaa itti hojjeturratti kan hundaa'u ta'a.

Namoota hidda dhiiga isaanii keessatti, waraana guyyuu adeemsifamu, ammo quba hin qabne hoo? Nuti hoo? Asaasa keessa keenyaa, akka waan salphaatti jireenya keenya keessatti mudatee darbuutti al meeqa tuffannee gurra itti cufanne laata? Haala kana keessatti, wanti adda baafachuu qabnu tokko, gadooda gargaarsaa qaamni keenya iyyatu dhaggeeffachaa jirra moo hanga hubamnee dadhabnutti eegaa jirra kan jedhudha.

Himatni keenya kun ifa. Kana jechuunis, iyya sana dhaggeeffachuu qofa osoo hintaane, beekumsaafi gara bal'inaan hubannee; deebii kennuu qabna jechuudha. Ammoo, namootni akka hindhukkubsanneefis, karaa itti of eeggachuu danda'aniifi karaa itti isaan wal'aanamuu danda'an as baasuu qabna.

Karaa kana irrattis, haalota hatattamaa keessatti afuura qara ta'e baafachaa, haalota furmaata barbaadan keessatti, afuura tasgabbaa'e baafachaa, haalota wal madaalan keessatti afuura dheeraa baafachaa kan adeemnu ta'a jechuudha. Karaadhuma kanarratti egaa, kan nuti biiftuu abdiifi bilchina saayinsii fayyaa arginu. Erga kana jennee, wal xaxa jireenyaatti dhiyaannee, gadi fageenyaan mil'achaa, cimdiiwwan hundee jireenyaa ta'an lamaan, heemoogiloobiiniifi oksiijiinii haalaallu. Sababnisaa, waamicha jireenyaatu go'aa sagalee isaanii keessatti argama waan ta'ef.

Dhukkuboota Dhiigaa: Mil'uu Gara Paatooloojii

Saxaxa jireenya keenyaa keessatti, dhiigni akka galaana jireenyaatti ilaalama, kana jechuunis wantoota murteessoo akka oksiijiiniifi soorata barbaachisoo qaama keenyaaf hundee ta'an baata. Adeemsa keenya keessatti, dhangala'aa leemmoo halluu diimaa kana, sochii isaa wantootaafi dhukkuboota jeeqan gadi fageenyaan ilaaluu eegalla. Har'a galgala, dhukkubootaafi farroota sagalee balleeffatoo ta'an kanneen akkamiin akka madaala jiruu keenyaa akka jeeqan qorachuudhaan, dhiiga keessa keenyaa akkamiin akka faalan saaxilla.

Addeessa kanaan, seenessa keenya keessatti taatota mataa ta'an, jechuunis Pilaatileetota, seelota dhiiga adiifi pirootiinoota lakkoofsaan hedduu ta'aniif mana kan ta'e, Pilaazmaa kan ilaallu ta'a. Jarri kun utuu ijaan hinargamiin, hojii isaanii kan hojjetan yeroo ta'an, ga'een isaaniis kan salphaatti ilaalamu miti.

Mee yaadi, fakkeenyaaf siin akka magaala tokkootti yoo fudhanne, hiddootni dhiigaa kee akka daandii mandara keessaatti, seelotni dhiigaa ammo akka lammiiwwaniitti, pilaazmaa ammoo akka qileensa isaan fudhataniitti mee ilaali! Magaalaa kana keessatti, akka tasaa waan mudatu tokkotu uumama. Kunis, dhukkuba Heemoofiiliyaa jedhamudha. Dhukkubni kun, madaala jeeneetiksii bakkarraa maqsuudhaan, hidda dhalootaa keessaan kan hiixatu yoo ta'u, dabalataanis dandeettii dhiiga haguuguufi kantarsuu balleessa.

Qorumsaafi dhukkuba kana qolachuudhaaf adeemsota hedduutu jiru. Kunis kan eegalu, warra dhiiga kantarsan bakka dhokatanii barbaaduudhaan jalqaba, innis pirootiinota kan yeroo, walitti sassaabamanii dhiiga yaa'u dhaaban ilaaluudhaan ta'a. Mala wal'aansa ammayyaa fayyadamuudhaan, qabiyyeewwan hir'atan, ykn warra dhiiga kantarsan, akka dawaatti karaa hidda dhiigaa dhiyeessuudhaan, wal'aansa bakka buusaatiin wal barsiifna.

Dhangala'uu dhiigaa to'atamuu hindandeenye kana qolachun, jireenya nama hedduu jijjiirree, namoota dhukkubichaan qabamaniifis furmaata taana. Mee garuu yeroo tokko, qabxii jiru balballoomsinee haalaallu. Wal'aansi kun, furmaata haata'u malee, adeemsa keessatti xaxamni kun humna ittisa farra qaamaa keenya laaffisaa, fayyina hanqisus, adeemsa keessa carraan infeekshinii dhiigaa (blood born infection) mudachuu xiqqaa ta'us, guutummaa guutuutti kan bade ta'a jechuu miti.

Ta'us, seenaa kana wal qabsiisuudhaaf, Heemoofiiliyaan tarree dhukkuboota dhiigaan dhufan keessaa isa tokko haa-ta'u malee, kanneen biroon, dhukkuba 'Haamtuu Seelii' (enigmatic sickle cell disease) jedhamu, seelota dhiiga diimaa jeequudhaan, adeemsa haqanqaaluudhaan, yaa'insa dhor-kee dhukkuba dhala. Yookaan ammoo fakkeenyi biraan, Luukiimiyaan, bakka itti seelotni adii wal horan, cinqee, warra fayyaaleessa ta'anitti iddoo dhiphisa.

Maarree egaa dhukkuboota kana xiinxaluu irraa fayyaa keenya karaa itti eeggannutti akkamiin haaceenu? Keessi keenya yeroo sagalee dhukkubaafi iyyataa dhiyeessu, nuti hoo gaaffii akkamii ofiif dhiyeessuu qabna? Miirri dadhabbii keenyaa, madaan keenya, infeekshinootni irra deddeebiin nurratti mul'atan yaadannoo akkasumaanii osoo hintaane, sagalee dhukkuba dhiigaan wal qabatu kan nu keessa jiru ta'uu malaa laata jettee yaaddee beektaa?

Kanaaf egaa deebii argachuudhaaf, waardiyyaa fayyaa keen-yaa kan ta'e, qorannoo dhiigaa yeroodhaa gara yerootti gochuu deeggaruu qabna. Kanas ammoo, barnoota idilee qofa osoo hintaane, addabaabayiwwan irratti baanee waa'ee mallattoolee dhukkuboota kana fidanii lallabuu qabna. Yeroo ammaa kana yeroo itti tarkaanfiin haaraa addunyaa paa-tooloojii keessatti fudhatamaa jiru keessa jirra. Anis akka qorataa saayinsii ogummaa fayyaatti, humna beekumsi itti sodaa injifatuufi gochaan bakka buufamu argeen jira.

Nutis egaa, beekumsa kana qixaan fayyadamuudhaan wal-laalummaafi dhibaa'ummaa injifachuu qabna. Haalli itti namootni dhukkuba kanaan qabamanii jiranii, xiiqii dhimma kanarratti namoota hinqabamiin jiraniif gara bal'inaan hubannoo kennuu nu keessa kaa'uu qaba.

Daandiinsaa fagoo ta'uun beekamaadha, halkan kunis ammoo qaamuma daandii sanaati. Madaalliin deemsa keenyaa, fageenya osoo hintaane tarkaanfiiwwan xixiqqoo nuti guyyuu fudhannudha. Yaa dubbistootakoo, egaa daandii itti dhiigni yaaddoo nutti ta'u osoo hintaane, funyoo walitti nu qabu ta'uusaa itti hubannu kanarra yoo wajjin tiranne maal isinitti fakkaata?

Yeroo itti bakkalchi barii mul'achuuf jedhu kanatti, mee gaaffii tokko of haagaafannu. Ga'een nuti seeneessa fayyaa kana keessatti ba'achuu dandeenyu maal fa'i? Akkamiin hubannoofi qorsaa dhukkuboota dhiigaan wal qabataniif ga'ee dhuunfaa keenyaa ba'achuu dandeenya?

Gaafachuu, barachuufi qabxiiwwan kunuunsaa keenya itti haafufnu. Sababnisaas, xumurarratti, wanti walitti nu qabu ammoo dhiigaan olitti, namummaa keessaa taliila maddu, garaa bal'inaafi wal gargaarsaati.

Gosoota Dhiigaafi Dhaala Jeeneetiksii

Xaxamni dhaala jeeneetiksii keenyaa, taateewwan ajaa'ibaa, kan dhaalaan daddarbaa dhufee nu bira qaqqabedha. Keessumaa yeroo dhimma jenetiksii kana gadi fageenyaan xiinxallu, dhiiga waliin wal qabatee, dhugeeffannoowwan sanyiifi gosaa ol ta'an hedduu argina. Mataduree kana jalatti kan ilaallu ammoo, akkamiin akka gosootni dhiigaa dhaalamaniifi shoora isaan jiruu keenya keessatti taphataniifi amantaawwan dogoggoraa dhimma dhaalaa sanyiidhaan wal qabatee jiru seeccaanee ilaalla.

Handhuura qorannoo kanaa irratti ammoo kan argannu sirna garee dhiigaa ABO yoo ta'u, gosoota dhiigaa afur kan A, B, AB'fi O jedhaman of keessaa qaba. Nutis gosoota dhiigaa kana maatii keenyarraa kan dhaallu yoo ta'u, gosni dhiigaa nuti gama lachuu irraa dhaallus gosa dhiigaa A, B yookiin O irraa kan uumamu ta'a.

Fakkeenyaaf, mucaa gosa dhiigi haadha isaa 'A' ta'eefi gosa dhiigi abbaa isaa 'B' ta'e irraa dhalate haalaallu. Mucaan kun haadha isaa irraa gosa dhiigaa 'A'fi abbaa isaa irraa ammoo gosa dhiigaa 'B' dhaaluudhaan ofiif nama gosa dhiigaa AB qabu ta'uu danda'a. Karaa biraa ammoo maatii isaa lachuu keessaa tokko irraa gosa dhiigaa O dhaaluudhaan gosa dhiigaa 'A' yookiin 'B' ta'uu mala. Uumamni jeeneetiksii wantoota raajii jireenya keenya keessatti argamu yoo ta'u, ragaa nuti ashaaraa sanyii keenyaa osoo hintaane kan maatii akka taane nutti agarsiisuudha.

Dhaala jeeneetiksii keessatti, gosni dhiigaa ABO beekamaa ta'ullee wantootni dabalataa akka murteessituu caasaa 'Rh', kan dhiiga gara poozatiiviifi negative ykn eeyyentaafi miti-heetti qooduuf nu gargaaru of keessaa qaba. Kunis wantoota nuti dhaallu keessaa tokko yoo ta'u, as keessatti poozatiiviin akka mallattoo isa olaanaatti fudhatama. Murteessituun caasaa Rh, addatti, sababii miidhaawwan adda addaa fidee dhufuu danda'uuf, yeroo adeemsa ulfaa keessatti baay'ee wanta murteessaadha.

Yaadni namootni tokko tokko gosa dhiiga isaanii sanyii ykn gosa isaaniin dhaalan jedhu, amantaa dogoggoraa qorannoo jenetiksiitiin saaxilameedha. Yeroo tokko tokko, naannoowwan adda addaatti gosni dhiigaa tokko tokko baratamaa haata'u malee, sanyii wajjin wal qabsiifamee ilaalchi inni itti ilaalamu garuu dogoggora. Inumaayyuu kun kan agarsiisu, adeemsa dhalli namaa waggootaaf naannoo tokkotti madaquuf taasiseef ragaa ta'a.

Qabxii kana caaalaatti ibsuudhaaf, gosa dhiigaa O yoo fudhanne, uummata Afrikaafi dhalatoo Afriikaa Ameriikaa keessatti baratamaadha. Baratamaa ta'uunsaas, qabiyyee sanyii kan mul'isu osoo hintaane, ragaa qoodinsa jeeneetiksii, kan yeroo baay'inni uummata xiqqoo tokko, uummata baay'ee ta'e irraa foxxoqee, qabiyyee jeneetiksii muraasa dhaalu kan calaqqisiisudha.

Dabalataan, tamsa'inni gosoota dhiigaa baay'ina uummataa tokko keessatti wal fakkaataa ta'uu hindanda'u. Fakkeenyaaf, baay'inaan, uummata Afriikaa keessatti gosootni dhiigaa hedduufi sanyiidhaan qooduudhaaf kan nama hindandeessisnedha. Garaagarummaan kunis, gosni dhiigaa sanyii wajjin waan wal hinqabanne ta'uu isaatiif ragaadha. Odeeffannoo kanaan wal qabatee jirus yoo sakattaane, gosti dhiigaa, qabiyyee sanyii kamuu akka caalu agarsiisa. Addunyaa keessaa bakkoota muraasatti, fakkeenyaaf biyyoota Sahaaraa gaditti (Sub-Saharan Africa) argaman keessatti, tamsa'inni gosni dhiigaa murteessituu caasaa Rh negatiivii 1% gad yoo ta'u, uummata Baskiiw kan Awurooppaa keessa jiraatu keessatti ammoo, dhibbeentaa 35% fi isaa ol ta'uu danda'a jedhame dubbatama.

Odeeffannoowwan daataa kanarraa nuti argannu, yaada gosootni dhiigaa akka murteessituu sanyiitti fudhatamu kan mormuufi inumaa, xaxama ajaa'ibaa jenetiksii kan darbaa dabarsaatiin har'a ga'e kan mul'isu ta'uu isaati.

Akkuma jechoota akka 'Tamsa'ina Aleelii' fi 'foxxoqa jenetiksii', hiikkoo itti kennaa deemnuun, barbaachisummaa isaan xaxama gosoota dhiigaa mul'isuu keessatti qaban argina. Tamsa'ina Aleelii (allele frequency) jechuun hanga Aleelii yookiin gosa Jiinii, uummata tokko keessa jiru kan ibsudha. Foxxoqni jeeneetiksii jechuun ammoo, adeemsa tirannaa keessatti, jijjiirama tasaa tamsa'ina aleelii keessatti mul'atu kan yeroo keessa adda addummaa hedduu fidu agarsiisa.

Mataduree kana xumuruudhaaf, qabxiiwwan fudhachuu qabnu adda baafachuu qabna. Kunis; gosootni dhiigaa karaa uumamaa ajaa'ibaa jeeneetiksii dhaallu ta'uusaniiti. Gosoota dhiigaafi qabxiiwwan dhaalaa yeroo hubannu, xaxama uumama keenyaa qofa osoo hintaane namummaa waloo waliin qabnu argina. Gosootni dhiigaa hangamuu uummata adda addaa keessatti, gosaan adda adda ta'anis qabxii qoodinsaa caalaa qabxii tokkummaa kan addeessanidha. Itti fufnee, barbaachisummaa uumama jeeneetiksii akkasumas gosoota dhiigaa gadi fageenyaan haalaallu.

Fudhataa Waloofi Kennaa Waloo (Universal Donors and Recipients)

Addunyaa xaxama ogumma yaala dhiigaa keessatti, dhugaan argamu tokko dhiigni hundumtuu yeroo lubbuu oolchuudhaaf barbaadamu, wal qixa miti. Gosoota dhiigaa hedduu keessaa lama, ga'ee addaa isaanii irratti hundaa'uudhaan adda ba'anii mul'atu. Kunneenis, O- mitihee (negative), Kennaa waloo kan ta'eefi AB+ eyyentaa (positive) kan fudhataa waloo ta'edha.

Argamniifi itti fayyadamni gosoota dhiiga kanaa addunyaa fayyaa keessatti mallattoo addaa qaba.

Mee addunyaa itti namni balaan tasaa isa mudatee kutaa yaalaa hatattamaa keessa galee, yaalamuudhaaf dhiiga barbaadu tokko yaadi. Yeroo lubbuun isaa saffisaan warraaqattu sanatti, gosa dhiigasaa adda baasanii, kan nama gosa dhiiga isaa qabu kan biraadhaan wal simsiisuudhaaf yeroon hinjiru. Yeroo kana egaa kan ga'een guddaan gosa dhiigaa O mitihee hojiirratti mul'atu. Makaa gosoota dhiigaa A, B yookiin antiijinoota Rh irraa bilisa kan ta'e, gosni dhiigaa O mitihee, dungoo abdii kan kennaa waloo ta'eefi seelotni dhiiga diimaa isaa nama dhukkubsate hundaaf kennamuu danda'udha.

Garuu yoo dhiigni nu fayyisu kun dhiyeessiin isaa hanqate yookiin dhibe hoo? Rakkinni kanaan dhufu hedduu guddaadha. Kanneen keessaas, yaala baqaqsanii wal'aanamuu hatattamaa argachuu dhabuu, kunuunsa yaala hatattamaa guutuu ta'e argachuu dhabuufi yaalawwan du'a oolchuu danda'an hatattamaan argachuu dhabuudha. Hanqinni namoota dhiiga O mitihee arjoomanii, kan dhibbeentaadhaan uummata addunyarra jiru keessaa 7% ta'uun isaanii rakkoowwan armaan olitti eeramaniif karaa saaqu. Kunis, adeemsa jireenyaafi du'a gidduu kan gosni dhiigaa kun gara itti gorru murteessudha.

Ammoo fiixee qabxii kanaa gama biraatiin yeroo mil'annummoo kan argannu namoota gosa dhiigaa AB+ eyyentaa qaban, kan fudhattoota waloo jennee waamnu argina. Qaamnisaanii gosa dhiigaa hunda kan fudhatu yoo ta'u, addunyaa bakka buusa dhiigaa keessatti akka mallattoo haammattummaatti ilaalama. Haata'u malee, baay'ina uummataa addunyaa keessaa dhibbeentaa 3% qofti kan jiran yoo ta'u, yeroo balaa hatattamaatti namoota carraa olaanaa qabanidha. Nama dhiiga isaaniif kennu argachuun salphaa ta'us, dhiigni isaanii garuu warra kaaniif qooduudhaaf mijataa miti.

Kanaafuu, mataa dhukkubbii dhiyeessiifi fedhii karaa kana jiru akkamiin furra? Furmaatni isaa tarsiimoowwan adda addaa wixinachuu of keessaa kan qabu yoo ta'u, kunis jalqabarratti barbaachisummaa namoota dhiiga O- miti-hee arjoomanii hubannoo kennuudha. Duula adda addaa gaggeesuudhaan, miidiyaalee fayyadamuudhaan, sagan-taawwan barnootaa qopheessuudhaan barbaachisummaa dhiiga kanaa yoo lallabne, dhalootni gosa dhiiga kanaa qabu akka arjoomuuf kaka'umsa kennuu danda'a. Lammaffaa, hospitaalotniifi baankileen dhiigaa, itti fayyadama gosa dhiigaa kanarratti mala adda ta'e, kan yeroo hatattamaatti gosa dhiigaa kana fayyadamuu dandeessisu, qopheeffachuu qabu. Kunis ammoo qisaasa'ummaa gosa dhiigaa kana akkaan kan hanqisu ta'a.

Bifuma wal fakkaatuun, qorannoowwan fayyaa yeroo ammaa, dungoo abdii kan baatan yoo ta'u, saayintistootni mala ittiin gosoota dhiigaa kaan itti gosa dhiiga O- mitiheetti jijjiiran guyyuu qorachuu irratti argamu. Sochiin kun aduu abdii haadhiyeessullee malee, yaaliin isaan taasisan kan akka laayyootti ilaalamu miti.

Akka ragaatti kan nu gargaaru, ammoo biyyoota arjoom-tota gosa dhiigaa kana bal'inaan kennan ilaaluu dandeenya. Fakkeenyaaf, biyya Swiidiin keessatti, appilikeeshiniin bil-bilaa, yeroo dhiigni namni tokko arjoome sun, lubbuu nama tokkoo du'a oolchu ergaa yaadachiisaa bilbila isaarratti erguuf. Kun ammoo akka namni arjoome sun kaka'umsa qabaatuufi ofiin boonu taasisa. Kanarraan kan hafe ammoo filannoo kan biraan kan yaadatti fudhachuu dandeenyu tokko jira. Innis, akka dhiiga dhala namaa uumamaatti kan fayyadamuu dandeenyu, kan oksijiinii baatu, karaa nam-tolchee ta'een kalaqnee bakka buusuu dandeenyaa laata kan jedhudha. Yaadniifi qorannoon kun sadarkaa yaaliirra jiraatus, gara fuulduraatti akka bakka buusaatti filannoo fayyadamuu dandeenyu isa murteessaadha.

Barbaachisummaan dhimma kanaa akka laayyootti kan ilaalamu miti. Sababnisaas, tokkoon tokkoon cophni gosa dhiigaa O- mitihee, baraartuu lubbuu, akkasumas namni gosa dhiigaa AB+ eyyentaa qabu hunduu ragaa madaqummaa qaama namaa kan lallabu waan ta'eef. Arjaawwan waloodhaaf waamicha taasifamu, akka salphaatti ilaallee darbuun nurra jiraa? Lakki. Sababnisaas, hiikkoon namummaa keenyaa dhiiga hidda qaama keenya keessa yaa'uun waan ol kaafamuufidha. Gosni dhiigaa, humna nu qooduu osoo hintaane, humna walitti nu sassaabuuf nu keessa jiru ta'uusaa hubachuun dirqama.

Hanga hubannoon nuti kennaa waloofi fudhataa waloo irratti qabnu dabalaa deemu, wanti yaadachuu qabnu tokko, murtiin nuti dhimma kanarratti murteessinu murtii du'aafi jireenya keenya borii akka ta'edha. Waamichi mataduree kanaa ifa, kanaafis ammoo yeroon itti owwaataniifi hojiirra oolchan amma. Walii wajjin rakkoo kana injifachuuf harka wal qabannee ka'uun amma; sababnisaas, egereen fayyaa bakka buusaa dhiigaa waliin wal qabatuu isarratti hundaa'a.

BOQONNAA

4

Naamusa Dhiigaa Walxaxaa

Wal'aansa ogummaa fayyaa hammayyaa keessatti, bulbula jireenya utubee itti fufsiisu tokkotu yaa'a. Dambaliin dhangala'aa halluu diimaa qabu kun wantoota lubbuun turuuf murteessoo ta'an guddaa of keessatti baata. Dhiigni waanta baay'ee barbaachisaafi iddoo guddaa qabu, garuu akka salphaatti yeroo baay'ee fudhatamu kun, wiirtuu obomboleettii naamusaa, kan hundee itti gaafatamummaa naamusa keenyaa gaaffii keessa galchu ta'ee jira. Haata'u malee, hanguma dubbii kanatti butannu, gaaffii baay'ee murteessaa ta'e of gaafachuu qabna. Innis, itti gaafatamummaan safuu keenyaa toora dhiiga waliif laachuurra jiru maali? Himaammanni waan kana too'atuhoo akkamiin nu hunda tuquu danda'a?

Fedhiidhaan dhiiga ofii arjoomuun, nama wal'aansa keessa jiru gargaaruun, sirna mana yaalaa keessatti wiirtuu bu'uraa gutummaa adunyaaf ta'eera. Haata'u malee, kaka'umsa kana maddiin rakkoo naamusaa walxaxaa ta'e guddaan tokko nijira. Dhimmi inni guddaan tokko madaallii mirga arjoomtootaafi nageenya fudhatootaa gidduu jirun walqabatee, akka itti mirgifi nageenyi namoota bulbula qaalii kana arjooman eegamee, qabsoo dhiyeessii dhiigaa gahaa mirkaneessuurrattidha.

Waan kana utuu furmaata itti hingodhiin maddiitti dhiisanii darbuun balaa fiduu danda'a. Hanqinni dhiigaa arjoomuu rakkoo fayyaa hawaasaa fiduu kan danda'u si'a ta'u, hospitaalonni fedhii dhukkubsattoota dhiiga fudhachuu barbaadanii guutuuf nixannifamu. Karaa biraatiin ammoo yaadonni warra dhiiga arjooman shakkisiisan ykn ammoo miidhuu danda'an sirna yaalaa sanarratti shakkii akka godhatan gochuun dhiiga laachuun akka hir'atu godhu.

Falli kanaa mirga warra dhiiga laataniitis ta'ee kan warra fudhatanii akka waalta'uuf waa qopheessudha. Himaammata beekumsa seemmeffateen nagummaa namoota hundaa akka hinmiinetti tolchuun barbaachisaadha. Kanaaf, duulli barnootaa adeemsa arjoominsa dhiigaa beeksisu, kan sodaa hir'isuu, akkasumas dhiyeessiin dhiigaa jabaan akka jiraatuuf heyyamamoo ta'uu gochuu keessatti gahee guddaa qabaatu. Himaammatoota kana hojiirra oolchuun warra dhiiga arjooman haala gaariin qorachuu, dhiiga arjoomames si'aa'inaan qorachuufi eeggannoon kaa'uu, dhiibbaan dhiiga arjoomuu warra arjoomaniifi warra fudhatanirratti qabaachuu malu hordofuu hunda dabalata. Hordofiifi gamaaggamni yaadaa warra dhiiga arjoomaniif taasifamu miira haawaasummaa uumee, adeemsi dhiiga arjoomuu akka adda hincinne gochuuf nama gargaara.

Furmaatin akkanaa kun biyyoota dhiiga arjoomuun akka gaariitti dagaage keessatti, barmaata ifaa ta'eefi arjoomtota jajjabeessu, bu'aan isaa akkamiin akka gaarii ta'e odeeffannoo argachuun nidanda'ama. Haala akkanaan ifatti warreen dhiiga laatan akka gootaatti fudhatamu. Kunimmoo, warreen irra deebiin dhiiga arjoomanis ta'ee kanneen akka haaraatti dhiiga arjoomuu fedhan, lakkoofsi isaanii akka dabalu godha.

Furmaanni laatame jabaataa ta'us, ammas mala kan biroo maddiitti yaaluun nibarbaachisa. Fakkeenyaaf, warra arjoomtotaaf kanfaltii baasuun, namoonni irra deddeebi'anii dhiiga akka laatan gochuun nidanda'ama. Garuu waan kun gaaffii hamtuu akka dirqiifi qaama namaa daldaluu jedhaman kaasuu mala. Kan biraammoo, qorannoolee adda addaatin dhiiga nam-tolchee fayyadamuu yoota'u, dhiiga namaa irratti hirkachuurraa hir'isuuf fala waaraa ta'a.

Maayyirraa, dhiiga arjoomuun safeeffannaa, naasuufi kabajaan saayinsaawee madaala isaa eeggatee raawwachuu qaba. Akkuma fuulduratti adeemnu, dhimmi kun addunyaalessumaa argataa deema; walitti hidhanni keenyas sanyiin ol ta'uun imala lubbuu eeguu keessatti tokkummaa keenya ittuu jabeessa. Ofeeggannoon qorannee yoo safuu isaa eegganne dhimmi lubbuu namootaa eeguu kun ragaa dhala namaa gaarii ta'uun akka itti fufu gochuu nidandeenya.

Siyaasa Dhiigaa: Dhimma Idila-Addunyaa

Dagaagina samii tuqe kana jalaan kasaaraan sagalee hinqabne tokko dhalateera-kasaaraa siyaasa dhiigaa isa hiree sabootaafi lubbuu miiliyoonotaa boca qabsiisedha. Dhimmi waan mormisiisaa kanaa hedduu tokko bitaa namatti gala. Biyyoonni tokko tokko dhimma tatamsa'ina bulbula lubbuu namaa oolchu kanaa akkaan yoo itti adeeman kaan ammoo hanqina bulbula baay'ee qaalii ta'e kanaa waliin wal'aansoo walqabu. Dhugaa hadhooftuun tokko garuu dhimmi dhiigaafi bu'aalee isaa argachuu, dhimma jiraachuufi du'uu ta'ullee, dhimmi isaa siyaasa naanneessoofi himaammatoota fedha ofii isaanii kan dhala namaa irra caalchifataniin sharfama.

Dhiibbaan hanqina dhiigaa biyyoota guddatanirraa eegalee, hanga baadiyyaa biyyoota guddachaa jiraniitti nimul'ata. Dhimmichi haala hamaadha; yaaliin balaa tasaadhaaf taasifamu sababa kanaan booddeetti niharkifata, yaaliin dhukkubsatoota kaansarii akka jalaa turu godha; dhukkuboonni wal'aansa yaalaa dhiigaan fayyuu malan akka hanqina kanaan dadhaban godha-kun hundi kan ta'ef, sababaa dhiyeessiin dhiigaa maniisaa ykn iddoosaatii gogeefidha. Hanqinni kun kufaatii sirna fayyaa calaqqisiisuu qofa osoo hintaane walqixxummaa akka walii galaatti silaayyuu hinturre akka saaxilu godha. Mee bara jiinoomii kaartaan kaa'anneefi dhiiga namtolchee uumne kana keessatti, namoonni danuun dhiiga liitirii takka dhabuun akkamiin miira du'aa dhamdhamu?

Mee seenaa durbatii Amiinaa jedhamtu kan baadiyyaa keessatti argamtu tokko haalaallu. Dubartiin kun dahumsarratti miidhamuun dhiiga ishii barbaachise. Hoospitaalli ishiirraa hiixuu tokko dhiiga laachuufii danda'u dhiiga fixateera. Muudannaan Amiinaa kun waan ishiirra qofa gahe hinturre. Namoota akka ishii hedduutu hanqina sirna dhiyeessii dhiigaa kun isaan quunnama. seenaan ishii taatee dhala namaa kan mariifi istaatistiiksii addunyaa duuba jiru, warra jireenyi isaanii karaatti rarra'ee hafe kan nama yaadachiisu, yaadannoo nama gaddisiisudha.

Cophni dhiigaa hundi gatii guddaa qaalii ta'e qaba. Murtoon imaammata dhiigaa hundi dhimma du'ufi jiraachuuti. Ta'us, akka addunyaatti deebiin hanqina dhiyeessii dhiigatiif laatamufi akki dhiyeessii isaa akkasumas itti fayyadamni isaa walhin gitu. Dhiigni akka meeshaa dhimma fayyaatti fudhatamus, garuu dhimmi dhiigaa kana qofa miti. Dhiibbaafi dantaa biyyooleessaa, danqaa dinagdeefi hariiroo idil-addunyaa of keessaa qaba. Haa ta'uutii imala xaxaa kana keessa darbuufi daangaa dhimma siyaasatii ol darbuun fala barbaadanii fiduuf karaadha. Kitaabni kun himaammata marsaa dhiigaa sochoosan, qorannoolee kana babal'isuuf abdiidhaan, kasaaraa sarara dhiigaa addunyaa keessatti walmaran nihiika. Walii galtee dhimma dhiigaa addunyaaleessaa jabeessuuf dirree ida'amuu san soroorsuuf hojii diippiloomaasii dhaabbileen godhan irratti ifa abdii calaqisiisa.

Si'aa'inaan, moodeelota dinagdee argama dhiigaa murteessan, gahee dhaabbileen dhuunfaa indaastirii dhiigaa keessatti qabaniifi dhiibbaa waliigalteewwan daldala oomisha dhiigaa irratti qaban ilaaluu haayaallu. Naamusa arjooma dhiigaa qorachuun falmii arjooma dhiigaa tolaafi kaffaltiin qabu keessa lixne haalaallu. Dhimmoota aadaafi hawaasummaa gochoota arjooma dhiigaa kana bocans adda baasnee haalaallu.

Duubatti deebi'uun walitti hidhannaa kana yoo ilaalle, dhiigni wal'aansaaf qofa kan oolu osoo hintaane-agarsiiftuu ykn daawwitii dhimma fayyaa hawwaasummaa keenyaatti gatii nuti laannu calaqqisiisa. Rakkinni dhiigaa albuuda keenya isa baay'ee barbaachisaa ta'e itti qooddnufi miseensa hawaasa addunyaa kanaa ta'uun maal jechuu akka ta'e irra deebiin akka hiika itti laanu nu godha.

Mee amma, imala murteessaa kana haajalqabnu. Dhugaa hadhooftuu ta'e kanaan waliin wal-dura dhaabbannee furmaatasaa haafudhannu. Seenaa warra akka Amiinaa irraa ka'uun waan gahee olaanaa nama gaafatan guutuuf haamurteeffannu. Daandiin fuuldura keenya jiru qormaataan kan guutame ta'us, abdiinis jira. Hubannoofi tumsa gochuu keenya dura, dhiigni sanyiin gama, daangaa ce'uun akka walitti nu fiduufi waloon walitti nuhidhu abdii haagodhannu.

Imalli fuuldura keenya jiru salphaa hinta'u. Barmaatileen addaa addaan wal'aansoo qabuu, tilmaama yeroo dheeraaf ture gaaffii keessa galchuuf, marii rakkisaa ta'e irratti bobba'uuf kutannoo qabaachuu nugaafata. Ta'us, hundee namummaa keenyaa kabajuuf dirqama kana fudhachuu qabna.

Daandiin fuuldura keenya jiru garuu abdii maleessa miti. Kitaabni kun furmaata madaallii dhabuu naamusaa baankii dhiigaa keessatti uumame sirreessuu danda'u qorachuuf kan qophaa'edha. Haaromsa imaammataa irraa kaasee hanga kalaqa teeknooloojiitti, abukaatummaa bu'uraa irraa kaasee hanga tumsa idil-addunyaatti jijjiirama gaarii fiduu akka danda'u qabatamaadha.

Hanguma boqonnaalee kitaabichaatti seennu, seenessiifi argannoolee haaraan nama onnachiisaan as bahu. Seeneessoonni kun waan suuta akka isaan tajaajjilluufi namooma walii keenyaa kunuunsuuf nu kakaasu ragaa ba'antu keessaa mul'ata. Seenaawwan kun akka ibsaa abdiitti kan tajaajilan yoo ta'u, daandii gara sirna baankii dhiigaa naamusaafi haqa qabeessa ta'etti nu geessun abdii nuuf laatu.

Kitaaba kana keessatti, waan ammaa qofa osoo hintaane saxaxa gara fuulduraallee ni'argattu. Addunyan kun, addunyaa hidhanni dhiigaa kan sanyii caaluu keessatti dagaagu, tokkoon tokkoon coba dhiigaatiif bakkafi gatii guddaan itti laatamuu, akkasumas tokkoon tokkoon lubbuu namaatiif bakka hireen itti laatamuudha.

Ifaajjee baankii dhiigaa keessatti safeeffannaa gahaa argachuuf godhamu kana keessatti wal haageenyu. Ifaajjeen kun laachuu, fudhachuufi qabiyyee jabduu lubbuu namoota kaaniif qooduu jechuun maal jechuu akka ta'e kan ittiin haa hubannu. Fuula dhimma siyaasa dhiigaa idila-addunyaa jedhu kana yemmuu xumurtan hubannoo warra himaammata baasanii qofa osoo hintaane, gara addunyaa isaaatti lixuufis qophaa'aa. Akkasumas mala beektota saayinsii, sochiifi garlaafummaa dhala namaa kan addunyaa tokkoomte keessatti kabajaan jiraachuu jedhu ni argitu.

Waliin taanee gahee dhiigni addunyaa keenya keessatti qabu irratti hubannoo haaraa bocuun rakkoo daangaa hinbeekne kanarratti ejjennoo haafudhannu. Mee seenaa dhiigaa keessatti boqonnaa haaraa haabarreessinu-boqonnaa walqixxummaafi hafuura gamtaa hinmo'amne haaqabaannu.

Daandii Dhiigaa: Naamusa Qorannoo Fayyaa

Hundeen jireenyaa ujummoo dhiigaa keenya keessa yaa'a; bulbulli leemmoon kun dandeettii fayyisuu, du'a oolchuuf, gama dagaagina ogummaa fayyaatiin waan raajii ta'e of keessatti baata. Haata'u malee, gara qo'annoo laabooraatoorii yaalitti wayita deebinu, dhiigni waan karaa hidda dhiigaa namaaf laatamu qofa osoo hintaane, qorannoo saayinsaawaa taasisuuf sababa waan ta'uuf, akka waan bishaan riphee ciisu jeequutti gaaffiwwaan safuufi naamusaa as bahuu jalqabu. Miidhaan guddina kanaa maali? Beekumsa barbaaduun sarara safuufi qulqullummaa bira darbun hanga yoomitti? Eessattis dhaabbachuu qaba?

Qorannoo ogummaa fayyaa keessatti, utuu dhahanni onnee namootaa dabaluu yaada waloo tokkoon itti deemama. Kunis, guddina saayinsii fayyaatiif jecha dhiiga dhala namaatti dhimma ba'uudha. Seenaan kun waa'ee dhiigaa qofa osoo hintaane, jireenya inni tuqee, daangaa inni qaxxaamureefi hafuura naamusaa tokkoon tokkoon qaruuraa dhigaa walitti qabame irratti kan mul'atudha.

Yaada-rimeen asitti dhihaate kun ija jabinaan ta'us barbaachisaadha: qorannoo yaalii fayyaa keessatti dhiiga fayyadamuun faayidaa addaa kan argamsiise ta'us, ulaagaa naamusaafi safuu irratti kutannoo hinsochoone qabaachuun barbaachisaadha. Hamileefi argannoo walmadaalchisaa deemuun dirqama keenya. Kunis, tokkoon tokkon coba dhiigaarra caalaa kabajaa namootaafi mirga warra arjoomutti osoo hinbuune fayyaduu danda'uusaa mirkaneeffachuu feesisa.

Waan kana mirkaneeffannee, bu'uura godhachuuf ragaa qabatamaa kana haafudhannu. Boqonnaawwan yaalii fayyaa kanneen akka; talaallii qopheessuu, dhukkuboota dhiigaan daddarban hubannoo kennuu, tooftaalee baqaqsanii yaaluu guddisuu-hundi isaanii kun qorannoo dhiigaa nuf saffisiisu. Injifannoowwan kun qabatamaatti, dhiibbaan isaanii kan madaalamudha. Lubbuun du'arraa nibaraarama, umuriin namaas nidheerata, qulqullinni jireenyaas nifooyya'a-kun hundi injifannoowwan hinhaalamne afaan dhiigaatiin barreeffamaniidha.

Ta'us, gadi fageenyaan qorachuun, waan walxaxaa ragaa kana haguugee jiru saaxiluun barbaachisaadha. Egaa seenaawwan baay'eedha: Heyyamni qo'annoo yaala kanarratti godhamu ifaa miti, fakkeenyota namoonni dhuunfaa dinagdeen miidhaman qorannoof dhiiga arjoomuu keessatti haala walmadaaluu hindandeenyeen bakka bu'u, akkasumas balaan jiru guutummaatti ibsamuu dhiisuu danda'a. Tokkoon tokkoon seeneffamichaa, bu'uuraalee naamusaa qorannoo yaalii fayyaa bulchan gaaffii keessa akka galchinu nu taasisu.

Qorannnoo gadi fagoo gochuu jechuun: odeeffannoo walxaxaa kana maaltu akka haguuge addaan baasuu jechuudha. Ammas seenaan isaa baay'eedha. Heyyama beekumsa irratti hundaa'e argachuuf, yaala namootaa fedhaan dhiiga arjooman irratti godhamu, warra harka qalleeyyii diinagdeen irratti haguugamee qorataman of keessaa qaba. Tokkoon tokkoo seenaa naamusaa, gama qorannoo fayyaatiin kaa'aman akka shakkinu nugodhu. Kun ammoo barri safuufi naamusaa sun walmakuu kan agarsiisuudha.

Seenaa keessatti qorannoon eeggannoofi heyyama malee yeroon humnaan itti godhame, yeroon uummanni tokko tokko dhiiga isaanii itti saamaman, yeroon dhiigni isaanii naamusaafi safuun hineeggamin balaa hamaadhaaf itti saaxilaman jira. Fooyyessi namoota balaan mudateef godhamu takka takka waan namatti tolu iyyuu miti. Ta'us, wantoonni akkanaan nama qoran kunneen wayita nu mudatan haaromsa barbaachisu fiduun humna akkamii akka qabu dagachuu hinqabnu. Rakkinoonni nama qoran kan akkanaa wayita numuudatu, kan ittiin bira darbuu dandeenyu, eegumsa safuufi naamusaan guute olaanaa qabaachuun, qorannoo beekumsa irratti hundaa'e goonee, namoota fedhiidhaan dhiiga laataniif mirga isaanii eeguu yoo dandeenyedha. Wantoonni kun ejjennoo qulqullina qorannoo dhiigaa eeguu qofa osoo hintaane bu'urasi.

Dhaabbilee haaromsa naamusaa kana fudhatan irraa odeeffannoo deeggarantu argama. Yuunivarsitoonni, hoospitaalonniifi dhaabbileen qorannoo garaa garaa, qajeelfama naamusa jabaataa, boordii mataasaa danda'e kan duraa irraa deebiin qoratuufi waliigalteewwan tolfachuu feesisa. Kanaaf, naamusa olaanaadhaan qorannoo dhiigaa gochuun akka danda'amu ragaa hedduutu jira.

Marii kana gara xummuraatti wayita geessinu mee yaadichi akka hinjallannetti yaada kana walitti haaguduunfinu. Ogummaa fayyaa keessatti dhiiga qorannoof fayyadamuun waan bal'inaan baratamedha. Haata'u malee, safuufi naamusa dagachuu hinqabnu. Madaalli faayidaa qorannoofi eeggannoo naamusaa gidduu jiru akka salphaatti ilaalamuu hinqabu. Dhiigni nama hundaayyuu osoo akka rakasaatti hinlaallaminiifi maalummaan namoota arjoomanii, warra guddina kanaatiif gumaachan, osoo hinsarbamin ta'uu qaba.

Sakatta'iinsa kana keessatti ragaafi eegduu akka taanu waamamneerra. Seenaa namoota ofiin arjooman, yeroo baay'ee beekamtii malee dhugaa ba'uu qabna; Fuulduree qorannoo dhiigaas koompaasii naamusaan eeguu qabna. Fuula barreeffama kanaa yeroo garagalchitan, iccitii dhiigaa-sanyiifi teessumni lafaa osoo hindaangessiin walitti nu hidhufi itti gaafatamummaa waliinii keenya isa kabachiisu yeroo hundaa yaadadhaa.

Faayidaa Waloofi Dhuunfaa

Hawaasummaa keessatti, bakka waan hundi walxaxaa ta'etti, garaa garummaan ofiin of bulchuufi faayidaa waloo gidduu jiru dhimma arjooma dhiigaa irratti ifatti ibsama. Madaalliin micciiramaan kun sarara qulqullummaa filannoo dhuunfaa, fedhii hatattamaafi yeroo baay'ee lubbuu baraaruu hawaasa guddaa gidduu jiru ilaala.

Yoo feetan addunyaa laggeen arjummaa itti goganiifi burqaawwan gara laafinaa mirga dhuunfaatiin haguugame tilmaamuuf yaalaa. Namoota kumaatamaan lakkaa'aman qarqara du'aarra dhaabbatan, kan jireenyi isaanii namoota hinbeekneef of kennuu irratti hundaa'e maal ta'u? Egaa kun qabxii ijoo dubbii keenya ammaa haata'u-tola ooltummaa arjooma dhiigaa dhaabbataa taasisuudhaan qajeelfama gatii guddaa qabu hiree murteeffannaa ta'e mirkaneessuu irratti haafuulleffannu.

Hundeen rakkoo kanaa mirga namni dhuunfaa qaama ofii to'achuufi dirqama hawaasni warra dhiphina keessa jiran gargaaruu gidduu jiru keessatti waldhabdee uumamaan jiru keessa jira. Dhiigni, bulbulli diimaa leemma'aan, barbaachisaa ta'e kun, yeroo tokkotti nama dhuunfaafi barbaachisummaa ummataaf haalaan barbaachisa. Asitti rakkoon numudatu waan yaada-rimee ta'e qofaa miti; qormaata qabatamaa xiyyeeffannoofi tarkaanfii hatattamaa nugaafatudha.

Bu'aan hubannoo dogoggoraa kun yoo hinilaalamne hamaa ta'uu danda'a. Hospitaalonni kuufamni dhiigaa isaanni qaban xiqqaachaa yeroo deemu, baqaqsanii yaaluun harkifachuun waan barame tokko ta'a, akkasumas yeroo balaan tasaa uumamu hanqinni dhiigaa guddaa ta'ee mul'achuu danda'a.

Hawaasni tarkaanfii fudhachuu dhabuun sirna fayyaa hawaasaa irratti, hunda caalaa immoo jireenya namoota dhuunfaa-jireenyi isaanii madaallii irratti fannifamee jiruuf miidhaa guddaa geessisuu danda'a.

Kanaaf furmaanni, akkuma dhimmichaa, roga hedduu kan qabu ta'uu qaba. Innis, wanta nama nu godhu, jechuunis fedhii uumamaan walgargaaruuf qabnu guutuudhaan jalqaba. Duulli barnootaa dhiibbaa guddaa arjoomni dhiigaa akka istaatiksii abstraaktiitti osoo hintaane akka seeneffama lubbuun jiraachuufi abdiitti ibsamuu danda'a. Fulaa fuulatti, arjoomtootafi seenaa namoota isaan gargaaranii waliin walqabsiisuudhaan, gochi dhiiga arjoomuu, akka dhuunfaatti ofitti fudhachuun aarsaa kophaa taasifamu osoo hintaane, imala waliinii ta'a.

Miira keenyaan alatti tarkaanfiiwwan qabatamaan nuti fudhachuu qabnu ifaadha. Sagantaan deeggarsa maallaqaa hamilee arjoomtootaa tumsuuf godhamu falmisiisaa ta'us, dorgommee arjooma dhiigaa nidabala. Wantoota dinqisiifannaaf ta'an xixiqqoo irraa kaasee hanga mootummaan faayidaa gibira baasan gadi buusuufitti, oolmaan qabatamaan akkasii kun akka tarkaanfii dhiiga arjoomuuf kaka'umsaatti tajaajiluu danda'a. Kana malees, gufuuwwan dhiiga arjoomuutti ta'an balleessuun, jechuunis wiirtuu arjooma dhiigaa iddoodhaa iddootti sochootu qopheessuun, akkasumas hojiidhaaf sa'aatii dheeraa ramaduun karaa salphaa ta'een fedhii dhiiga arjoomuu gara hojiitti jijjiiruun nidanda'ama.

Ragaan bu'a qabeessummaa furmaata kanaa argachuun rakkisaa miti. Fakkeenyaaf, konkolaachisaa dhiigaa bakka hojiifi hawaasa keessa naanna'ee, kuufama dhiiga lubbuu baraaru kuusaa dhiigaa isaanii keessa buusuuf fudhadhaa.

Mee dhugaa ba'umsa namoota yeroo tokko fudhattoota dhiigaa turan, amma akka arjoomtootaatti dhaabbatanii, galatni isaanii akka arjummaatti mul'atu ilaalaa. Kunniin bu'aawwan addunyaa kanaa tarsiimoo gara laafina irraa maddeefi rakkoo namoota biroo akka kan ofiitti ilaaluu ta'e jiraachuu isaa kan hubachiisuudha.

Ta'us, dhimma kana akka afaaniifi funyaanii gidduutti ilaaluu hinqabnu. Furmaatni garaagaraa filannoodhaan fudhatamuu qaba. Kanneen akka humna teeknooloojii fayyadamuun dhiyeessii dhiigaa caalaatti gahumsa qabu uumuu ykn filannoowwan akka dhiiga namaa sinteetikii ta'e qorachuun akka filannootti ilaalamuu qabu. Sababiinsaas, argannoon haaraan akkasii gaaf tokko dhiibbaa baankii dhiigaafi arjoomtoota dhiigaa irratti uumamu salphisuu danda'a.

Haata'utii, gara ijoo dubbii kanaatti haadeebinu. Kana jechuun gaafii kaka'umsaa haasaa kana gadiitti kaafnutti xiyyeeffannee akka xinxalluudha. Lubbuu namaa baraaruuf maal gochuuf fedhii qabda? Fuula namoota qunnamtee hinbeeknee arguuf fedhii qabdaa? Garuu murtoo ati goote jireenyasaanii jijjiiruu danda'aa? Imalli bilisummaa dhuunfaafi faayidaa waloo gidduutti araarama gochuuf taasifamu imala waliin jalqabuu qabnuudha.

Hiriirri gara furmaata walsimsiisaa ofiin ofto'achuu dhuunfaafi faayidaa waloo gidduutti taasifamu imala waliin gochuu qabnuudha. Innis sagaleewwan walfakkaatoo kan barbaadu yoo ta'u, tokkoon tokkoon isaanii faaruu gara laafinaa weeddisu; tokkoon tokkoon isaanii waan furmaata ta'e gumaachu. Innis waamicha gochaa kan callisa dha'annaa onnee gidduutti dhaga'amuudha-waamicha harka banaafi ujummoo dhiigaa banaadhaan deebii kennuu qabnu. Waamicha hojii dha'annaa onnee gidduu jiru kan sagalee dhageessisudha. Waamicha harkaafi afaan banannee deebii kennuu qabnuudha.

Sababni isaas shubbisa nama dhuunfaafi waloo gidduu jiru kana keessatti tarkaanfiin hundi tarkaanfii lubbuu baraaruudha. Fuula kitaaba kanaa akkuma galagalchitaniin miira tarkaanfii fudhachuu isin keessatti uuma. Abidda itti gaafatamummaa waloo namatti qabsiisa. Humna tokkummaa rakkina keessatti qabnuuf ragaa ta'a. Gahee keenya yeroo bahannu, baay'achaa malee hir'achaa akka hindeemne isin yaadachiisuun barbaada. Waliin taanee daandii walitti hidhamiinsi dhiigaa hawaasa kan kaayyoofi hafuuraan tokko ta'u haatolchinu.

Dhiigaafi Eenyummaa Seeraa

Koridoorii mana murtii olaanaa keessatti qilleensi ukkaamamaa ture. Uffata aadaa isaanii uffachuun abbootiin seeraa kun sammuu maamiltootaa yaaddoo keessa jiran keessa imalaa turan. Kun haala qubeen seeraa qulqullina dhabuu jireenya dhala namaa itti wal argan yoo ta'u, kaanimmoo, dhimma ragaa dhiigaa kan hinmormamne toora walxaxaa eenyummaa seeraa waliin walitti hidhuuf qoda fudhataa ture.

Ka'umsi do'ii seera kanaa falmii abbaa mucaa kan ta'eefi xiyyeeffannaa ummataa kan harkisee ture. Taphattoota Ijoo: Mucaa xiqqaa haala qaxxaamuraa ga'eessotaatiin abbaansaa wallaalame, haadha mucaa, hariiroon abbaa mucaasheetii gaaffii keessa gale tokkotu ture. Qabxiin sun kan nama dhuunfaa ture, garuu hiikni isaa jireenya do'ii kana keessatti walitti hidhame caalaa guddaa ture.

Gaaffiin mana murtii duratti dhiyaate kan dhugaa baayoloojiifi ejjennoo seeraa ture. Gaaffiin hiika barbaadu, dhugummaa abbaa mucaa sanaa adda baasuu ture. Ogummaan baramefi seera hawaasummaa sagalee jeneetikii irratti kan hundaa'e si'a ta'u, amma dhiigni jechoota seeraa caalaa sagalee guddaadhaan dubbachuu eegale.

Malli rakkoo kana furuuf fudhatame adeemsa qorannoo maatii yeroo ta'u, as keessatti qorannoon sayiinsii dhiigaa laaboraatoorii DNA keessatti ta'u akka ragaafi dhugaa baatiitti tajaajuluu jalqaba. Tooftaa salphaa ta'us, haala gadi fagoo ture: tokkoon tokkoon namoota daa'ima sanaa wajjiin walitti dhufeenya qaban irraa jeneetikii (genetic blueprint) dhiiga isaanii keessaa fudhuudhaan, walitti dhufeenya firummaa dhokataa akka mul'atutu taasifame.

Bu'aan qorannoo kanaa yeroo ifoomu dhiibbaan battalumatti mul'ateera. Mallattoolee walitti hidhiinsa jeneetikii, jireenya keenya irratti jijjiirama fidu. Carraan abbaa ta'uu dhibbentaa 99.9 ifa taasifameera. Akka sagalee dhumaa abbaan murtii murteessutti, sagaleen murtiis dhageessifameera. Sababa kanaaf karaa dhiigaa eenyummaan abbaa daa'ima sanaa mirkaneeffame.

Dhimma kana namni kam yemmuu xiinxalu, dhimmicha bal'inaan ibsuu dhiisuu hindanda'u. Adeemsi kun humna dhiigni eenyummaa murteessuu keessatti qabu kan hinhaalamneefi akkaataa bu'uuraaleen seeraa keenya mul'ata saayinsii wajjin walsimsiisan ibseera. Ta'us, waa'ee iccitii, heyyamaafi dhugaawwan akkasii miira namaa akka gaaffii keessa galchan godha.

Seenaa tokkicha kana seeneffama guddaa "Iccitii Gosa Dhiigaa: Miira Sanyummaan Gamatti" jedhu waliin walqab-siisuudhaan, dhiigni akka gosafi sanyii caalaatii ykn ammo warren kana qofaan akka hindaangeffamneetti akka tajaajilu ifa taasisa. Eenyummaa, hariiroo seeraa, akkasumas mirgaafi dirqama walitti hidhamiinsa dhiigaa irraa maddan irratti dhiigni murteessaa cimaa ture.

Dubbistootakoo yeroo fuula boqonnaa kanaa galagalchitan, yaadni yeroo dheeraaf isin duukaa turuu qabu tokkotu jira: Dhiigni furtuu eenyummaa hiiku yoo ta'e, mirkanaa'ina saay-insiifi qulqullummaa walitti dhufeenya dhala namaa gidduu eessatti sarara keenya? Deebiin isaas, akkuma tapha jenee-tikiifi seeraa, walxaxaa naamusaa, miira namaafi adeemsa guddina teeknooloojii hindhaabne keessatti hidhamee jira.

Mana murtii callisaafi tasgabaahaa keessatti mucaan xiqqaan, abbaa haaraa dhugaa haqamuufi haalamuu hindandeenyatu isa mudate. Dhiigni ujummoo dhiigaa isaanii keessaa yaa'u, gaariis ta'e hamaa, seenaa isaanii irra deebi'anii barrees-suuf qalama yoomuu haqamuu hindandeenye ta'ee jira. Akkasumas, hawaasni dhugaawwan akkasii yeroo isaan mudatu, kan of gaafachuu qaban-bu'aa iccitii dhiigaa gosaafi sanyii bira darbee wajjiin wal baruuf qophoofnee jirraa?

Daldala Dhiigaa

Dallaa hospitaalotaa olka'oofi kilinika daandii magaalaa baay'ee ho'aa ta'e keessa sararri jireenyaa hinmul'anne tokkotu jira. Kun addunyaa daldala dhiigaati. Wanti gati jabeessi baay'ee barbaachisaa ta'e ammoo baay'inaan kan barame waan ta'eef bakka hundatti kan argamu, kan hiika gati jeebeessumma isaa daldala walxaxaa ta'e kana keessatti gadi bu'aa ta'etu argama.

Dhimmi harkaa qabnu kun baay'ee babal'atee roga hedduu kan qabu yoo ta'u, sirna eegumsa fayyaa keenya keessatti kan babal'atedha. Innis indaastirii dhiigaa kan ilaallatu yoo ta'u, dameen kun barbaachisaa ta'us, walxaxiinsaafi rakkoo naamusaan kan haguugamedha. Industiriin kun dhiiga lubbuu, jecha jechaatti, hojiiwwan yaalaa, ta'us garuu walqunnamtii of kennuufi dinagdee irra taa'ee, waa'ee safuu bu'aa baayoloojii namaa irraa argamu irratti gaaffii kaaseera.

Mee addunyaa bulbulli barbaachisaan kun itti hir'atee, baankii dhiigaa gogee ykn gu'eefi dhiyeessiin dhiigaa fedhii dhukkubsattootaa guutuu hindandeenye yaadi. Baqaqsanii yaaluun addaan citee, wal'aansi dhukkubsattoota kan akka kaansarii dhukkubsatanii teellatti harkifatee, sararri lubbuu namoota balaadhaaf saaxilamanii maal ta'a? Bu'aan isaas hamaa ta'ee, sirna eegumsa fayyaa qarqara rakkoo ittifamuu danda'u irra jiru kun fakkii gaddisiisaa ta'e agarsiisa.

Garuu ija keenya utuu abdiirraa hinka'atiin akka nama mana cirracha irratti ijaaramee keessa jiraatuutti sodaadhan hinjiraannu. Sababni isaas haala qormaataa kana keessatti jijjiirama fiduun, waan haaraa uumuuf carraan waan jiruufidha. Kanaafuu, dhimma dhiyeessii dhiigaa tasgabbaa'aa mirkaneessuufi rakkoo naamusaa isa ujummoo dhiigaa keenya keessa deemu akkamittiin furuu dandeenya.

Deebiin isaa, tarii, mala roga hedduu qabu, kan hafuura arjooma dhiigaa kabajuufi barbaachisummaa moodeela itti fufiinsa qabu keessa jira. Dhaabbileen eegumsa fayyaa moodeela kana fudhachuudhaan qulqullinaafi gahumsa dhiyeessitoota gidduutti fooyyessuu danda'u. Kunis daldalli dhiigaa ammallee daldala ta'ee ammoo naamusafi safuu guddaadhaan faayidaa guddaaf akka oolu mirkaneessuu danda'uudha.

Tarsiimoo akkanaa hojiirra oolchuuf tattaaffiin; tumsa hospitaalotaa, baankii dhiigaafi qaamolee imaammata baasan gidduu jiru barbaachisaadha. Hojiiwwan jiran gadi fageenyaan gamaaggamuudhaan jalqaba. Sana booda qajeelfamni ifa ta'eefi naamusa itti fufiinsa qabuu kennu nidiriira. Sana booda suuta suutaan gara bittaa gatii irratti hundaa'etti ce'uun nidanda'ama. Qorannoofi sirreeffama dabalataatiin kunuunsi dhukkubsattootaa osoo addaan hincitin akka itti fufu gochuun nidanda'ama.

Garuu furmaanni akkasii akka hojjetu ragaa akkamii qabna? Sirnoota eegumsa fayyaa muraasa yeroo ce'umsa kana jalqaban haalaallu; bu'aan jalqabaa gama kanaan argame baasii qofa osoo hintaane bu'aa dhukkubsattootaa irratti fooyya'iinsa niagarsiisa. Warri jalqaba furmaata kana fudhatan kun akka ibsaa indaastirii dhiigaa naamusaafi itti fufiinsa qabuuf karaa qajeelchituutti tajaajilu.

Haata'u malee, karaaleen biroon akka nudura jiran dagachuu hinqabnu. Qorannoo dhiiga namtolchee irratti guddina argame irraa kaasee hanga arjooma tola ooltummaa guddisuuf addunyaa irratti tattaaffii godhamutti furmaatni filannoo baay'eedha. Filannoo tokkoon tokkoon isaa qormaataafi faayidaa mataa isaa kan qabu yoo ta'u, tarii deebiin dhugaa mala itti dhihaatu irratti hundaa'a.

Akka dubbistootaatti, seeneffama kana keessatti gahee akkamii qaba jettanii yaaddu ta'a? Gochi keessan akka arjoomaattis ta'e akka leellisaa haaromsaatti, tarkaanfii indaastirii kanaa irratti dhiibbaa uumuu danda'a. Daldalli dhiigaa dhimma warra kootii adiifi suutii uffatan qofa akka hintaane yaadachiisa-dhimma hunda keenya xuqudha.

Dha'annaa onnee tokkoon tokkoon keenyaa keessatti walitti hidhamiinsa keenya nu yaadachiisa. Daldala dhiigaa keessatti akka meeshaa daldalaatti qofa osoo hintaane akka imaanaa qulqulluu kabajamuu qabuutti fudhatamuu qaba. Walxaxiinsa indaastirii kanaa keessa yeroo yaadaan sochoonu, gabaa hidhata daldalarra darbee, waan walitti nu hidhu ta'uu isaa dagachuu hinqabnu.

Seenaan "Iccitii Gosa Dhiigaa: Miira Sanyummaan Gamatti" akka itti fufetti jira. Akkuma fuula boqonnaa kanaa gara boqonnaa biraatti galagalchinu, dhugaa cimaa sirna eegumsa fayyaa keenyaa fuuldura dhaabbachuuf nukakaasa. Akkas jennee akka of gaafannu nu akeeka: Dhiigni keenya inni sanyiifi gosa keenyaan olitti hidda cituu hindandeenyeen walitti nuhidhu kun, jecha qofaan osoo hintaane, dhugaamatti akka kabajamu akkamitti mirkaneessuu dandeenya?

Fuula kana keessatti dhugaan dhiigaa dinqii tahe tokko ni mul'ata, innis karaa daldalaarra darbee hidda hincinneen walitti nuhidha. Iccitiin kun akka hinjijjiiramne mirkanees-suuf, yeroo barbaachisaa ta'etti daldalli dhiigaa qulqullum-maa jireenya dhala namaa irraa gonkumaa akka hinsochoone gochuun itti gaafatamummaa waloo keenyaati.

BOQONNAA

5

Raagamtaa Sanyiifi Saayinsii Dhiigaa

Seenaa dhala namaa keessatti yaada-rimeen sanyii: aadaa adunyaa kana keessatti qaawwaa gadi fagoo uumee jira. Ka'umsi qoqqoodinsa kanaa yeroo baay'ee gaaddidduu aadaa durii keessa jira; Achittis empaayeroonnifi mootummoonni hidda dhalootaatu egeree namaa murteessa yaada jedhu irratti ijaaramanii turan. Daangaa seenaa kana keessatti imalli sheekkoo sanyummaa balleessuu kan jalqabe.

Wanta sammuu namaa keessaafi ija namaa duraa baduu hindadeenye, isa yeroo dheeraaf addunyaan kun; halluun gogaa namaa, bal'ina ykn qaroomina sammuu namaa murteessa, jechaa turte sana yaadi. Yeroon kun yeroo saayinsii sobaa kan akka 'phrenology' kan boca mataa namaa irraatti hundaa'uun, nama sammuu qaroofi safuu hubatu jedhanii himatan ture.

Fakkii 4. *Francis Galton, namicha olaantummaa Sanyii warra 'Eugenic" Leellisaa ture.*

Yeroo kanatti ture namichi **Francis Galton** jedhamu bara 1883 keessa warraaqsa 'Eugenics' ykn sanyii ol'aanaa uumuuf carraaqqii godhu keessatti qalbii dhala namaa irratti madaa hinhaqamne kaa'ee darbe. Yeroo kana ture kan waaa'een sanyummaa hidda lafa jala gadi fageeffatee, addunyaa guutummaa irratti hawaasa keessa faca'e.

Daldala garbaa Atlaantiikii qaxxaamuree, Ardiilee koloneeffachuunfi uummatoota bituun; bu'aa guddaa dhalli namaa karaa dogoggoraan olaantummaa barbaaduu isaa mul'ise. Biyyoonni baay'een dugda namoota gadi aanaa jedhanii ilaalaniin aangootti ol ba'uun seenaa olaantummaa sanyii baroota dheeraaf dachee kanarraa dhagaa'amaa turedha.

Ta'us, yeroo hamaan sun darbee, jijjiirama boqonnaa haaraa biraa fidee jira. Waraanni hadhooftuun godhamee, seerri haaraan ba'ee, warraaqsi sochii mirga namoomaa belbelloomee, hundi isaanii adeemsa seenaa dabe sirreessuuf carraaqamaa turedha. Gabrummaa dhabamsiisuu irraa kaasee hanga diigamuu sirna Appaartaayidiitti tokkoon tokkoon isaanii injifannoo tarkaanfii namummaa waliin qabnuu tiksuuf taasifaman.

Saffisaan bara keenya har'aa kanatti yeroo ceenu, olaantummaan kaleessaa sun ammallee hawaasa keenya keessatti sagalee dhageessisaa jira. Hafuurri walqixxummaa dhabuu itti fufee jira, yaadni dogoggoraa (stereotypes) kan itti fufe si'a ta'u, hafuuronni olaantummaa bara darbee galma guddinaa keenya keessa deddeebi'aa jiru. Barbaachisummaan waan darbe hubachuu hojii barnootaa caala. Kun furtuu egeree walqixxummaa keenya ittiin hiiknuudha. Barbaachisummaan seenaa darbe sirriitti hubachuu adeemsa barnootaa caalaa; egeree walqixxummaan itti olaantummaa qabu tolchuuf furtuudha.

Maarree, amma seenaan darbe maaliif barbaachise? Sababni isaas, waan darbe of eeggannoodhaan qoratanii boruu fooyya'aa ta'e tilmaamuuf leensii ykn daawwitii keenya waan ta'eefidha. Akkamitti dallaan garaagarummaa sanyii namaa ijaaraman hubachuudhaan, diiguuf nu gargaara.

Seenaan achii as dhufa dhala namaa daandii garaagaraan kan ibsamu osoo hintaane kan toora walxaxaa godaansa, walhormaataafi waliin jiraachuutu keessatti ibsama. Dhiigni keenya, seenaa wal-xaxaa kanaaf ragaa ta'ee, ergama jireenya itti fufsiisu keessatti dhangala'aa ijaan hinmullannedha. Haata'u malee, jaarraa 21ffaa keessallee olaantummaan sanyiifi gosaa walqunnamtii hawaasummaa irraa kaasee hanga sirna wal'aansa fayyaa keessaatti dhiibbaa guddaa geessisuu itti fufee jira.

Humni yaadota dulloomaa kun salphaa ta'uu nidanda'aa laata? Addunyaa walxaxaa ta'e kana keessatti sammuun namaa akkaataa itti gargar walhiru yaada. Sanyiin, mallattoolee mudaa keessatti mul'atan waliin, adda addummaa dhala namaa qindeessuuf karaa salphaa ta'e, garuu mudaa hedduu kan qabudha.

Garuu waan irrakeessaa mul'atuun gowwoomfamuu hinqabnu. Seenaan gosoota dhiigaa, dhiiga hundaaf kennuu (universal donor) kan ta'efi argamni isaa baay'ee xinnoo kan ta'e, akkasumas ABn, fudhataa gosa dhigaa hundaa, walitti hidhamiinsa dhala namaa daangaa sanyiirra darbuusaaf raga guddaadha. Dhugaa salphaafi gadi fagoo ta'e gurra keenyatti hasaasa: addaa addummaa keenya caalaa, wal fakkaachu keenya lallaba.

Mee hawaasa beekumsi dhiiga waloo keenyaa dhagaa bu'uuraa tokkummaafi bu'uura waloo addunyaan irratti ijaaramte yeroo ta'u yaadi. Mul'anni kun abjuu osoo hintaane dhugaa saayinsii irratti kan hundaa'edha. Tokkoon tokkoon boqonnaa kitaaba kanaa keessatti, marsaa yaada dogoggoraa hundeetti gogsuun, dhugaa irratti ifa ibsuuf kan akeekedha. Waamicha hidhannoo beekumsaati. Waldhabdee osoo hintaane, wal hubachuuf, walitti dhufeenya waloo keenyaaf beekamtii argachuuf iyyannoo nuti goonudha.

Seenaan kun akkuma itti fufetti, ibsaa dukkana wallaalummaa keessaa baasee gara ifa beekumsaatti nugeessu haata'u. Sababni isaas dhumarratti furtuu egeree waloo keenyaa kan qabatu, sanyii keenya osoo hintaane, gosa dhiigaa waloo keenyaati. Gara fuulduraattis haalota sanyii bira darbee, bakka walitti dhufeenyi do'ii dhiigaafi furmaata garaagarummaa sanyii gidduu jiru itti uumamu ta'a.

Seenaa Hawaasaafi Seelii Dhiiga Namaa

Gosoonni dhiigaa, baayoloojii keenya keessatti of eeggannoodhaan bocaman sun, garaagarummaa namootaa ilaalchisee ibsa gadi fagoo kennu. Gosoonni dhiigaa kun gootota seenaa jireenyaa keessatti hinfaarfamne, mallattoolee hawaasummaa yeroo baay'ee nu qoqqoodan caalaa nutti dhihoodha. Fuulota itti aanan keessatti hariiroo yaada hedduu saayinsii gosa dhiigaafi uumamuu hawaasummaa sanyii gidduu jiru qoranna. Mata dureewwan kun lamaan adeemsa seenaa dhala namaa bocaniifi haala yeroo irratti dhiibbaa uumaa warra jiraniidha.

Namni tokko gosa dhiigaa, sanyii wajjin wal madaalsisuun maaliif barbaachise jedhee gaafachuu danda'a. Kaayyoon isaas, elementii akka dhiigaa uumamaan jiruufi yaada-rimee akka sanyii dhokotaa ta'e gidduu jiru walfaallaa cimaafi walfakkeenya ajaa'ibsiisaa jiru ibsudha. Inni duraa akkamitti dhugaan keessa keenya jiraachuusaa hubachuu barbaanna, inni lammaffaan ammoo dhorkaa nurratti fe'ame, yeroo baay'ee bu'aan isaa hamaa kan ta'e hubachuu barbaanna.

Ulaagaaleen nuti wal bira qabnu ifaadha. Seenaafi dhiibbaa, saayinsiifi hawaasa, kan dhuunfaafi kan waloo ilaalla. Akkamitti gosni dhiigaafi sanyiin, tokkummaafi wal qooduuf, lubbuu baraaruufi walqixxummaa mirkaneessuuf itti fayyadamaa akka turan ilaalla. Xiinxalli keenya of eeggannoo, qorannoon keenya sodaa malee, kaayyoon keenyas dhugaa irratti hundaa'un, fiixee bu'uuraa hunda keenya walitti hidhu ibsuufidha.

Amma kallattiin wal bira qabnee haalaallu. Gosti dhiigaafi sanyii lamaan isaaniitu waan karaa maatii dhaalamnidha. Hambaa dhalootaa dhalootatti darbaa jiru dubbatu. Akkuma gosti dhiigaa; dhiiga kennuu keessatti wal simuu isaaf dhiisuu isaa murteessu, hidda dhalootaa seenaa keessatti sadarkaa hawaasummaafi mirga namoomaa irratti murteessaa tureera. Lamaanuu akka mala ramaddiitti ilaalamuu danda'u, amala murtaa'e irratti hundaa'uun garee uumuu.

Haata'u malee, wal bira qabnee walmadaalsisuu irratti yeroo xiyyeeffannu garaagarummaan jiru baay'ee nama hawwata. Gosti dhiigaa adda addaa jiraatus dandeettii, amala ykn gatii nama tokkoo dursee hinmurteessu. Loogii irraa bilisa. Gama biraatiin, garuu sanyiin ilaalcha dogoggoraafi loogiitiin kan guutame yoo ta'u, ilaalchaafi haalawwan irratti dhiibbaa garmalee geessisa. Gosoonni dhiigaa alaabaa baayoloojii jalatti nu tokkoomsu. Ijaarsi sanyii ammo garaagarummaa irraan mul'atu dahoo godhachuun nu qoqqoodu.

Sirna dhiigaa ifa ta'e, saayinsii irratti hundaa'e hubachuuf, chaartii ujummoo dhiigaa warri kam warra kami wajjiin akka walitti makaman agarsiisan ilaali. Yaada-rimeen sanyii mallattoo jeneetikii ykn baayoloojii waan hinqabneef, sanyiidhaaf chaartiin akkasii hinjiru. Sanyii jechuun aartii halluu garaagaraa qabufi qabiyyeen isaa ifa hintaane, ammo hawaasummaa, siyaasaafi seenaa irratti ijaaramedha.

Xiinxalli keenya hubannoo gadi fagoo mul'isa: akkaataan nuti yaada-rimee gosa dhiigaafi sanyii itti hubannu dhiibbaa gadi fagoo mataa isaa danda'e qaba. Walsimsiisuun gosa dhiigaa dhimma jireenyaafi du'aati. Dhugaa saayinsiin qoratamee mirkanaa'uu danda'udha. Walbira qabamee yoo ilaalamu, sanyiin ijaarsa hawaasummaa yoo ta'u, yeroo baay'ee addaa addummaa uumuuf kan ijaaramedha- ka'umsi isaafi hiikni isaa garuu wal-xaxaafi falmiidhaan kan haguugamedha.

Yeroo ammaa kana haalli isaa jijjiiramaa jira. Guddinni saayinsii gosa dhiigaa irratti hundaa'e adeemsa ogummaa fayyaa fooyyessee jira, garuu mariin waa'ee sanyii irratti godhamu ammallee dhiphaafi hubannoo dogoggoraatiin kan guutamedha. Addunyaa hambaa loogii sanyii waliin wal'aansoo qabdu keessatti, Kaayyoon gosa dhiigaa ifee mul'achuun namummaa waliin qabnu akka yaadachiisaatti tajaajilaa jira.

Humna copha dhiigaa, dhaabbattee itti yaaddee beektaa? Waa'ee eenyummaa keenyaa waan baay'ee dubbata, garuu waa'ee hundee amala keenyaa homaa hindubbatu. Karaa biraa ammo, wal-faallaa sanyii namaa, isa irra keessaan mul'atu, saayinsiidhaan waan qabatamaa akka hintaane xiinxalteettaa?

Gosoonni dhiigaa beekamtii argachuuf of hinmumullisan. Hiriyummaa keenya, jaalala keenya ykn akkaataa jireenya keenya itti geggeesinu irratti dhiibbaa hingeessisan. Gama biraatiin, sanyiin, hawaasa keessatti guddatee mul'achuu yaala, seenaafi egeree namaa irratti, saayinsii sobaa isaa isa wal-xaxaatiin dhiibbaa uuma.

Gosoota dhiigaa keessatti, sanyii, walxaxiinsa isaa hundumaa wajjin, waan himachuu hindandeenye baay'ee qaba. Shubbisa walxaxaa seeliifi hawaasaa yeroo ilaallu, dhugaa tokkoo kan baraa baratti, sagaleen isaa nujalaa baduu hindandeenye haayaadannu: Maal iyyuu yoo ta'e, hundi keenya dhala namaati, shubbisa baayoloojii dhiigaatiin walitti hidhamnee jirra, asxaa maqaa hawaasni nutti maxxansuuf yaalu hinilaallu.

Baayoloojii dhiigaafi garaagarummaa keenyaa isa wal-xaxxaa keessatti wal hubachuuf carraaquu qabna. Mee gochimoota ciccimoo kan akka 'tokkummaa,' 'wal-fayyisuufi 'wal-hubachuu' haafayyadamnu; jechamoota kan akka 'wal-qoqqooduu', 'wal-miidhuu' fi 'wal-takaluu' haadhiifnu. Haasaan keenya yaada keenya haacalaqqisiisu. Dubbi afaan keenyaa caalaa, gochaan haamul'ifnu.

Dhumarratti, sheekkoon seelotaafi hawaasaa itti fufiinsa qaba. Seenaa argannoo, hubannoofi hunda caalaa walitti dhufeenyaati. Boqonnaa kana yeroo xumurtu, hundee jireenyaa tokkoon tokkoon keenya keessa yaa'u, humna daangaa sanyii namtolchee irra darbu, humna adda adda ta'uu keenya calaqisiisu caalaa wal fakkaachuu keenya mul'isu fudhadhu.

<u>Halluu Gogaa Moo DNA: Maaltu Irra Barbaachisa?</u>

Maaltu mala jireenyaa keessatti nama tokko nama biraa irraa adda godha? Aduun ifa loogii hinqabne sanyii namaa hundaarratti yommuu asii gadi iftu, gogaa adda addaa calaqqisiisti; garuu seenaa gadi fagoo sanyii keenyaa kan himan hidda DNA ijaan hinmul'annedha. Furtuun nama dhuunfaafi waloo keenyaa daandii walxaxaa jeneetikii keenyaa keessa jira. Yaada-rimeen kun; gogaa qaama keenyatti, hormoonii halluu baasu, isa 'Melanin' jedhamu ni caalu.

Dandeettii keenya murteessuuf, gosni dhiigaa ujummoolee dhiigaa keenya keessa yaa'an hormoonii melanin jedhamu, isa golgaa gogaa keenyaatti halluu baasu caalaa barbaachisaadhaa? Gaaffiin kun wantoota jeneetikii; amalaafi dandeettii namaa irratti dhiibbaa geessisan akka qorannu nu afeera; Kunis addunyaa DNAn halluu qaama keenyaa irratti dhiibbaa geessisaa jiru akka qorannu nuafeera.

Mee dandeettiifi fedhiiwwan bal'aa DNA, kutaa cimdii 'helix' (double helix) keessa jiru haalaallu. Qaamni jeneetikii keenya dhukkuboota tokko tokko ittisuu irraa kaasee hamma dandeettii addaa qabaachuu keenyatti, haala qaamaafi sammuu keenya bocuu keessatti gahee guddaa qaba. Innis melaanosaayitii gogaa keenyatti halluu baasu keessa osoo hintaane, molakiyuulaa DNA keenyaa keessa jira.

Gosti dhiigaa, inzaayimoonnifi jeneetikiin keenya jiraachuu dhala namaa irratti dhiibbaa dhugaa akka qaban ragaa qabatamaa niargattu. Fakkeenyaaf, walitti dhufeenya gosoota dhiigaafi saaxilamummaa dhukkuba gidduu jiru irratti qorannoo hedduutu godhamee jira. Qorannoon kun akka agarsiisutti namoonni dhuunfaa gosa dhiigaa murtaa'e qaban haalawwan fayyaa tokko tokkoof kan saaxilaman yoota'u, kaan ammoo gaachana jeneetikii ofirraa waan qabaniif salphaatti dhukkubaaf hinsaaxilaman.

Haata'u malee, yaada kana irratti dhaabbannee hinhafnu. Sababnisaas, hubannoowwan jeneetikii kana keessa gadi fageenyaan yommuu seennu, gosootni dhiigaa qaamni keenya amala nyaataa adda addaatiif deebii kennuufi dhiiga keenya irratti miidhaa geessisuu akka danda'u nibeekna; Wantoonni kun akkaataa jireenyaafi umurii keenya irratti dhiibbaa guddaa geessisuu danda'u. Ragaan kun dhiigni keenya iccitii fayyinaafi nageenya keenyaa qaba, jechuunis jireenya keenya keessatti sagalee isaa osoo hindhageessisin fayyinaf deeggarsa kenna.

Kanaafuu falmiin biraa maal fa'i? Tokko tokko ammo sanyiin namaa jireenya namaa keessatti dhiibbaa guddaa kan qabuufi gama aadaatiinis hiika guddaa kan qabu ta'uu dubbatu. Dhugaadha, hawaasni jaarraa hedduuf naannoo yaada-rimee sanyii seeneffamaafi sirna hedduu ijaaraa tureera. Dhiibbaan hawaasummaa karaa sanyii muuxannoofi carraa golee hawaasaa hunda keessatti godhera jechuun nidanda'ama.

Haata'u malee, sanyii kana sirriitti yoo qorattan, bulluk-koon sanyii kun laaftuufi bu'uura baayoloojii akka hinqabne hubattu. Jiinoomiksiin yaada-rimeen sanyii jeneetikiifi baay-oloojiidhaan hiika akka hinqabne taasiseera; ilmi namaa hundi jeneetikiidhaan dhibbentaa 99.9 wal-fakkaata jedhu warri Jiinoomiksii. Mul'anni kun ilaalcha hawaasni garaagarum-maa sanyii irratti kaa'u akka gadi buusutti kan tajaajilu yoo ta'u, hubannoo gadi fagoo waa'ee jeneetikii keenyaa arga-chuuf jijjiiramni haalaan barbaachisaa ta'uusaa cimsee ibsa.

Kana malees, qorannoon hawaasni saayinsii godaansa namaa irratti gaggeesse, walqunnamtiin namoota gidduu jiru hedduu ta'uu isaaf ragaa nama dinqisiisutu jira. Kana malees, ragaan dabalataa, hawaasni saayinsii, akkaataa godaansa dhala namaa qorachuu irraa kan argamu yoo ta'u, aartii halluu garaa garaa qabu kan wal-qunnamtii ajaa'ib-siisaa ta'e mul'isa. Ogeeyyiin jeneetikii hidda dhalootaa ardiilee hunda keessatti faana dhahanii hordofuu nidanda'u, kunis addaan baafamuu osoo hintaane, toora walxaxaa hidda dhaloota waliinii kan agarsiisudha. Kunis, wanti dhuguma walitti nuhidhu halluu gogaa keenyaa osoo hintaane jecha darbii seelii keenya keessa jiran ta'usaa calaqqisiisa.

Xumura qorannoo kanaarra yeroo geenyu, dirree saayinsiifi sanyii dhala namaa keessatti sagalee dhagaa'amu haajajjabeessinu! Gosoonni dhiiga keenyaa, mallattoolee jeneetikii keenyaa, arkiteektoota dhugaa eenyummaa keenyaafi dandeettii keenya ta'uu isaanii mirkaneessuun ijaarsa sanyiifi qoqqoodinsa irratti jabeessee morma. Hambaa jeneetikii waloo keenyaa faaruu gosa dhiiga keenyaa ta'uu dagachuu hinqabnu. Weedduun kun ammo daangaa halluu gogaa keenyaarra nidarba.

Xumura qorannoo keenyaa irratti hundi keenya huccuu jeneetikii tokko irraa hodhamneerra; Huccuun kun funyoo adda addaa kan qabu ta'us, walnyaatinsa bu'uuraa isaatiin wal fakkaata. Kun hubannoo keenya qajeelchuu, gocha keenyaaf odeeffannoo kennuufi gara egeree halluu gogaa keenyaa osoo hintaane, qabiyyee jeenoomii keenya itti kabajnutti nugeessuu qaba. Sababni isaas DNA keenya keessa dhugaan walqixxummaa keenyaa, ragaan damee sanyii keenya bira darbee dhiigaan walitti hidhamuu keenyaafi abdiin namaa gaaddidduu hormoonii 'melanin' osoo hintaane, leensii ykn daawitii saayinsiitiin qajeelfamee ilaalama.

Gosa Dhigaa: Saayinsii Hammayyaa keessatti.

Bara addunyaan haala walxaxaa ta'een walitti hidhamee jiru keessatti, mariin waa'ee eenyummaa; maaltu bu'uuraan adda adda nu baasa ykn nu tokkoomsa kan jedhu yeroo kamiyyuu caalaa ammaa barbaachisaadha. Wantoota marii kanaaf gumaachan hedduu keessaa, baayoloojii waa'ee dhiiga namaa qoratu adda ta'ee mul'ata. Halluu gogaa keenyaa, ykn afaanota dubbannu osoo hintaane, dhiiga isa ujummoo dhiigaa keenya keessa lola'udha.

Gosa dhiigaa haala bal'aa ta'een yeroo kaa'an, gosti dhiigaa jireenya ammayyaa adda addaa wajjin akkamitti akka walqabatu nama hubachiisa. Ogeeyyiin fayyaa beekumsa gosoota dhiigaa irratti qaban irratti hirkatanii dhiiga nama tokkorra nama biraatti daddabarsu akkuma kana qaama namaa jijjiiruuf ragaa ta'uu danda'u.

Qorattoonni saayinsii fayyaa, balaa dhukkubaa hubachuuf 'epidemiology' qorachuun, namoota dhukkuba garaagaraaf akka salphaatti saaxilamaniifi namoota akka salphaatti dhukkubootaaf hinsaaxilamne adda baasu. Fakkeenyaaf, gosa dhiigaa carraan dhukkuboota kan akka; dhukkuba onnee, Covid-19, kaansariifi garaachaan qabamuu isaanii ol'aanaa ta'ee ykn xiqqaa ta'antu jira. Booda mata duree "Gosoota Dhiigaafi Fayyaa Addunyaa: Ilaalcha Uummataa" jedhu jalatti gadi fageenyaan niqoranna.

Yaada qabatamaa kennuunis walitti dhufeenya ogummaa yaalaa bira darbee dhiibbaa qaba. Mana nyaataa ilaalaa, bakka "nyaata gosa dhiigaa" namoonni gosa dhiiga isaanii irratti hundaa'uun nyaachuu akka qaban yaada kennu. Nyaanni kun leelliftoota qabaatus, hawwataafi yeroo tokko tokko, yaada dogoggoraa naannoo gosoota dhiigaafi dhiibbaasaan jireenya keenya guyyaa guyyaa irratti qaban hubachiisa.

Yaadni dogoggoraa beekamaan gosti dhiigaa amala namaa murteessa isa jedhudha, yaadni kun aadaa tokko tokko keessatti, keessumaa Jaappaan keessatti baay'ee beekamaadha. Haata'u malee, ragaan saayinsii hammanatti kana kan hindeeggarre yoo ta'u, saayinsiin sobaa kun akka hinbabal'anneef sheekkoo akkasii kana hundeetti gogsuun barbaachisaadha.

Kun maaliif barbaachisaa ta'e? Seenaan gosoota dhiigaa hariiroo walxaxaa saayinsiifi hawaasa gidduu jiru akka daaw-witiitti tajaajila. Yeroo baay'ee akkamitti karaa garee itti of ramaduufi ofibsinu barbaanna, yeroo tokko tokko yaad-ota eenyummaa ykn kan keenya fakkaatu dhiyeessanitti of maxxansina, deeggarsa muuxannoo (empirical support) yoo hinjiraannellee.

Gosa dhiiga keetii beektaa? Gaaffii ati baay'ee itti hinyyaadne ta'uu hinoolu, garuu yeroo yaala hatattamaa keessatti waan baay'ee murteessaadha. Kun odeeffannoo dhokataa gaaftokko lubbuu kee, ykn lubbuu nama jaallattu baraaruu danda'uudha.

Mariin gosoota dhiigaa irratti taasifamus yaada naamusaa kantuqudha. Gosoonni dhiigaa tokko tokko kanneen biroo caalaa baay'ee xiqqaa waan ta'aniif, barbaachisummaan arjoomtoota dhiigaa namoota garaa garaan taasifamu mur-teessaadha. Hawaasni sanyiifi gosa irra darbanii, walitti dhufuun, tarkaanfii dhiiga arjoomuufi lubbuu namaa baraaruu gochuu qabna.

Weedduu jireenyaa kana keessatti gosti dhiigaa gahee guddaa qaba, tarkaanfiin hundi baayoloojii keenyaan kan qophaa'udha. Seenaa jiraachuu dhala namaa keessatti goo-tota hinfaarfamnedha. Seenaa qoqqoodinsaa osoo hintaane, seenaa tokkummaa walooti.

Yeroo hidda walxaxaa jireenya keenyaa keessa deemnu, hiikni gosoota dhiigaa eenyummaa nama dhuunfaa qofa irratti kan daangeffame akka hintaane yaadachuu qabna. Seenaan addunyaa kun fayyaa hawaasaa, walitti dhufeenya hawaasaafi hundee namaa ta'uun maal jechuu akka ta'e waliin walqabatee jira. Kanaafuu walitti hidhamiinsa ijaan hinmul'anne hunda keenya walitti hidhuuf gatii kennuudhaan hubannoo kana haafudhannu.

Dhugumatti, dhiigni seeneffama guddaa jiraachuu dhala namaa keessatti walitti nu hidhaa? Tarii isa beeknuun olitti walitti nu hidha ta'a. Hundeen jireenya kennu tokkoon tokkoon keenya keessa akka yaa'u, garaa garummaa irra keessaan mul'atun qoqqodamurra akka darbu nu yaadachisu.

Dhiiga Bara Teeknooloojii Keessa

Bara teknooloojiin saffisaan guddachaa jiru kanatti, naannoon damee ogummaa fayyaa miidhama keessaa jira. Bakka asoosamni saayinsii haqa saayinsii ta'u, ragaan kana caale eessatti iyyu hinargamu, Yoo damee 'hematology,' kan dhiiga qoratu ta'e malee. Dhangala'aan diimaan humna jireenyaa sheekkoofi goota ta'ee ture amma warraaqsa kanaan dura argamee hinbeekneef qarqara irra jira. Bara haaraa dhiigni baayoloojiifi sanyiirra darbe keessa jirra. Barri kun bara hundee jireenyaa haala guutuu ta'een qindaa'udha. Baga nagaan gara "Dhiiga Bara Teeknooloojiitti" dhuftan.

Imalli keenya kaayyoo ifa ta'een akka pilaasmaa ujummoolee dhiigaa keessan yaa'uutti jalqaba: Kunis, guddina ogummaa fayyaa ammayyaa dhiigaan walqabatee jiru keessa imaluun, dhiiga sinteetikii, gulaallii jiiniifi dhiibbaa isaan egeree dhala namaa irratti qaban hubachuufidha. Saayinsii dhoksaa balleessuuf, dinqiiwwan yaalaa haaraa ta'uu danda'an irratti xiyyeeffachuuf, akkasumas haala naamusaa fuuldura keenya jiru irratti xiinxaluuf tattaaffii taasifamuudha.

Marii kanatti osoo hinseenin dura hamma hubannoo keenyaa qorachuun barbaachisaadha. Hubannoo bu'uuraa baayoloojii irratti qabaachuun haal-dureedha. Dimshaashumatti gama naamusaa gidduu seensaa saayinsii qorachuuf banaadha. DNA, pilaanii jireenyaa, wajjin wal baruun, wal'aansa dhukkuboota dhaalaafi dhiiga namaaf dabarsuu amma jiru keessatti dhagaa bu'uuraa saayinsii keenyaa uuma.

Mee seensa addunyaa kanaarra dhaabannee yeroo muraasa fudhannee teessuma lafaa haaqorannu. Ilaalchi bal'aan keenya guddina gurguddoo lama of keessatti qabata. Isaan keessaa dhiiga namtolchee uumuufi gulaallii jiinii isa 'CRISPR-Cas9' guddisuudha. Lamaanuu sadarkaa kanaan dura hin yaadamnetti kan ce'an yoo ta'u, gaaf tokko bara dhiyeessii dhiigaafi jeequmsa dhiigaa dhalootaan dhufuuf yaaddoo ta'uu danda'a.

Amma qorannoo gadi fagoo gochuun, sadarkaa sadarkaadhaan guddina walxaxaa halluu garaa garaa qabu mul'isna. Dhiigni namtolchee hojii dhiiga namaa fakkeessuuf kan qophaa'e yoo ta'u, dhukkubsattoota hundaaf dhiiga dhukkuba irraa bilisa ta'eefi walsimsiisu daangaa hinqabne akka argatu godha. Mee addunyaa hanqinni dhiigaa babal'ate, kutaaleen balaa tasaafi dirree waraanaa bulbula lubbuu baraaru kana irraa fayyadamoo ta'an yaadi.

Adeemsi dhiiga sinteetikii uumuu damee baayooteknooloojii hawwataadha. Saayintistoonni seelii bu'uuraa sassaabanii gara seelii dhiiga diimaa, seelii walhormaataa ykn pilaasmaatti jijjiiru. Sana booda wantootni sinteetikii kun walitti makamanii bakka bu'aa dhiigaa guutuu ta'e uumuu danda'u. Haata'u malee, adeemsi kun qormaata qaba. Seelonni sirnaan badhaadhina argachuu qabu; Sababa kanaaf dhiigni argame nageenyaafi bu'a qabeessummaa isaa mirkaneessuuf qorannoo cimaan taasifamuu qaba.

Qorannoo dabalataa yeroo goonu namoota dhibee dhiigaa jeneetikii kan akka hir'ina dhiigaa 'sickle cell' fi 'thalassemia' qabaniif sirreeffamni jiinii kun abdii guddaa ta'af. Meeshaan warraaqsaa 'CRISPR-Cas9' jedhamu saayintistoonni DNA dhukkubsataa ta'e muranii, DNA faayyaa maxxansan kan taasisu; Kunis jijjiiramni madda isaa irratti akka sirreeffamu taasisa. Kunis jiinii hinfayyine fayyisuufi kan fayyuu hindandeenye ofirraa buqqisuuf tajaajila.

Haata'u malee, humni kun itti gaafatamummaa guddaa qabatee dhufa. Kutaan DNA hinyaadamne tokko yeroo jijjiiramu, miidhaa hinyaadamne geessisuu danda'a, kunis balaa guddaa fida. Kana malees, gulaalliin jiinii nama keessatti, keessumaa seelii sarara jiinii keessatti, gaaffii naamusaa kaasa. Jireenya jallisuun bu'aan isaa maaliidha? Amaloota barbaadamaniifii amaloota hinbarbaachisfne eenyutu murteessa?

Danbalii kana keessa yeroo deemnu gorsaafi akeekkachiisa barbaachisaa ta'e kennuu qabna. Dhiiga namtolchee argachuuf yeroo jennu sirna ittisa qaamaafi diduu qaamaa tilmaama keessa galchuun salphaadha. Haaluma walfakkaatuun qormaanni gulaallii jiinii fedhii yaalaa bira darbee dandeettii dhala namaa guddisuuf, sagalee cimaa hawaasa keessatti qoqqoodinsi sanyii akka hinuumamneef mormuu qabuudha.

Qorannoo teeknooloojiiwwan kanaa mirkaneessuun murteessaadha. Qorannoon fayyaa dhiiga namtolchee argachuuf taasifamu walxaxiinsaafi gahumsa sirna marsaa dhiigaa agarsiisuu qaba. Jiiniiwwan jijjiiruuf qorannoon cimaan moodeelota seeliifi bineensotaa keessatti godhamu yaaliiwwan namaa dura yeroo dheeraa dura ture. Dhugaa dubbachuuf, bu'aa isaa guutummaatti hubachuuf hordoffiin yeroo dheeraa barbaachisaadha.

Imala kana irratti yoo rakkoon nu mudate, rakkoo naamusaa dhiiga namtolchee marsee jirus ta'e qorannoo jeneetikii, rakkina keessa galuun keenya hinoolu. Hawaasa saayintistootaa waliin hirmaachuu, marii waa'ee dhiibbaa hawaasaa irratti hirmaachuu, akkasumas argannoo qorannoo haaraa irratti odeeffannoo argachuu qabna.

Xumura irratti, seenaa guddina saayinsii qofa ibsu miti; Jireenya mataa isaa jijjiiruuf yeroo kaannu koompaasii naamusaa keenya qorachuudha. Boqonnaa kana fuula isa dhumaa yommuu galagalchitu gaaffilee tokko tokko irratti xiinxali. Addunyaa dhiiga nuti ittiin dhalanneen osoo hintaane, dhiiga nuti uumuufi bocuuf filanneen hidhamteef maal jechuu akka ta'u yaadi. Kanaafuu bara teeknooloojiitti nama ta'uun maal jechuudha? Akkamitti madaallii kalaqaafi naamusa, maaltu danda'amaafi maaltu heyyamamaa gidduu jiru eeguu dandeenya?

Dhiigni ujummoo dhiigaa keenya keessa yaa'u kan abbootii keenya soore ta'uu danda'a, garuu dhiigni gara fuula duraa seenaa adda ta'e nihima-seenaa nuti barreessuuf humna qabnu. Bara haaraa iccitii dhiigaa sanyii keenyaafi gosa keenyaan ol ta'e, fira bira darbee, gara hundee lubbuun jiraachuun maal jechuu akka ta'etti babal'atutti yeroo tarkaanfannu of eeggannoodhaan, abdiidhaan, qulqullummaa firii diimaa jireenyaaf kabajaan haa itti fufnu.

Raagamtaa Bal'aa: Sanyiifi Gosa Dhiigaa

Dhibbeentaa saddeettama kan ta'an. Kunis lakkoofsa lammiilee Ameerikaa Kibbaafi Giddugaleessaa kanneen gosa "O" qabaniidha. Lakkoofsi kun istaatiksii qofa miti; Gosti dhiigaa ummata adda addaa gidduutti akka babal'atu ragaa cimaa ta'ee tajaajila; Akkaataan kun seeneffama yeroo baay'ee baayoloojii sanyii haala sirnaafi salphaa ta'een hiikan waliin wal faallessa. Yaadni gosootni dhiigaa tokko tokko sanyii mataa isaa wajjin wal hinsimne jedhu ragaa cimaa qorachuudhaan hiikamuu jalqaba.

Dhimma kanaaf maaliif dhimmamna? Sababni isaas, addunyaa firii jeneetikiitiin walxaxaa taate keessatti, raabsa gosoota dhiigaa hubachuun fedhii beekuu qofa miti, dhimma du'aafi jireenyaati. Bu'a qabeessummaa sirna eegumsa fayyaa, bu'a qabeessummaa wal'aansaafi tooftaalee idil-addunyaa qophii balaa tasaatif murteessaadha. Haata'u malee, yeroo baay'ee sanyii irratti xiyyeeffachuun barbaachisummaa gosoota dhiigaa nixiqqeessa.

Ta'us, ummanni Afriikaa-Ameerikaa keessa jiraatan harki caalaan isaanii dhiiga gosa O qabaachuuf kan saaxilaman yoo ta'u, ummanni Eeshiyaa ammoo gosa B'fi A baay'inaan akka qaban yoon isinitti hime hoo? Kun isin ajaa'ibsiisaa? Ta'uu qaba. Innis gadi fageenya hinmul'anne imala jeneetikii waloo keenyaa, imala godaansa, jijjiiramafi wal-qunnamtii seenaa wajjin wal-xaxaa ta'e akeeka.

Kanaafuu, yaa dubbisaa kitaaba kanaa, isa harkarratti qabattee teessuu, sirratti dhiibbaa akkamii qaba? Hubannoon ati waa'ee dhiiga keetii qabdu, eenyu akka taate, fayyaa keefi hawaasa irratti ilaalcha haaraa akka argattu si gargaaruu yoo danda'e hoo? Kun gaaffilee "Iccitii Gosa Dhiigaa: Miira Sanyummaan Gamatti" jedhu deebii kennuu barbaadudha, ilaalcha kanaan dura qabdu irra deebitee akka itti yaadduf si onnachiisuufi ilaalcha garagaraa akka simattuf lapheekee qopheessa.

Addunyaa sanyii osoo hintaane gosti dhiigaa damee fayyaa keessatti xiyyeeffannoo jalqabaa ta'e tilmaamuuf yaali; Addunyaa kana irratti duulli dhiiga arjooma namoota kun-uunsa yaalaa hatattamaa dursa kennan weedduu sanyii caalaa jeneetikii wajjin kan walsimudha. "Iccitii Gosa Dhiigaa: Miira Sanyummaan Gamatti" jedhu kun imala beekumsaa dubbistoota isaaf waadaa seenudha.

Akka qorataa saayinsii fayyaa Yunivarsiitii Edith Cowan tokkootti, hawwiin ani walxaxiinsa dhiiga namaatiif qabu daandii argannoo irra nageesseera-daandii kanarra akka naa waliin imaltan isin afeera. Waliin taanee sheekkoolee jiran nisaaxilla, dhugaa jiru ni mul'isna, akkasumas dhiibbaa guddaa gosti dhiigaa jireenya keenya irratti qabu nihubanna.

Waanuma fedheefuu, mee kana haalaallu: Sekondii lama lamaan namni tokko Ameerikaa keessatti dhiiga barbaada; Akkasumas lammiilee Awustiraaliyaa sadii keessaa tokko umurii isaanii keessatti dhiigni isaan ni barbaachisa; Haata'u malee lamilee Awustraaliyaa soddoma keessaa tokko qofatu dhiiga kenna. Fedhiin nama hinamansiifne kun kan guut-amuu danda'u hubannoo cimaafi to'annoo bu'a qabeessa raabsaa gosa dhiigaatiin qofa. Barbaachisummaan kitaaba kanaa garmalee ibsamuu hindanda'u. Beekumsa barnootaa qofa miti. Lubbuu namootaa baraaruudha.

Dhiiga karaa dogoggoraan ilaalaa turre ta'uu danda'a. Hundaaf kennaan (universal Donor) O- mitihee, gosa dhiigaa baay'ee jaallatamu, yeroo dimogiraafii sanyii ilaallu, hundaaf keennaan kun, dhugaamatti hundaaf kan hinkennine ta'uu isaa yoon sitti hime hoo? Kitaabni kun dhugaawwan ajaa'ib-siisoo tilmaama kana duuba jiran, dhugaawwan akkaataa nuti waa'ee dhiiga arjoomuufi dhiiga raabsuu itti yaadne irra deebi'anii bocuu danda'an ni mul'isa. Kanaaf amma imala keenya haajalqabnu. Ka'umsa seenaa gosa dhiigaa irraa kaasee hanga qorannoo jeneetikiitti imala tarkaanfii jijjiirama eegumsa fayyaa fiduu danda'uudha.

Kun kitaaba qofa miti. Waamicha hojii, pilaanii jijjiiramaafi galaana odeeffannoo dogoggoraa keessatti ibsaa beekumsaa laatudha. Seenaa himamuu qabu, marii godhamuu qabuufi dhugaa beekamtii argachuu qabuudha. Gaaffiin amma jiru, egeree walitti hidhamiinsi dhiigaa, sanyii irra darbeef gumaachuuf qaama jijjiirama kanaa ta'uuf qophiidha. Imala kana waliin jalqabnee ragaan garamitti akka nu geessu haalaallu. Tarkaanfiin jalqabaa fuula kitaaba kanaa garagalchuudha.

BOQONNAA

6

Marii Nyaataa: Soorataafi Dhiigaa

Haasaa waa'ee fayyaa gaarii yeroo hunda babal'achaa jiru keessatti yaada-rimeen hawwataan tokko as ba'aa jira. Innis, hasaasa warraaqsa soorataa gosa dhiigaa ujummoo dhiigaa keenya keessa yaa'u waliin walsimudha. Mee addunyaa tokko yaadi, yoo feete, sooranni gabatee nyaataakee irratti argamu dhimma filannoo dhuunfaa ykn duudhaa aadaa nyaataa keetii qofa osoo hintaane, uumamaan gosa dhiigakee irratti hundaa'eti yoo ta'e hoo?

Bu'uurri yaada kanaa soorata gosa dhiigaa irratti kan hudaa'edha. Yaadni kun akka jedhutti, furtuun fayyaa gaarii, ulfaatina qaamaa to'achuufi dhukkuba ittisuu karaa gosa dhiiga keessanii wajjin walsimuun soorachuu irraa argamuu danda'a. Yaada-rimeen kun shakkii mataasaa kan hinqabne ta'us, gosti dhiigaa tokkoon tokkoonsaa O, A, B ykn ABn, fedhii sooarataa adda addaa akka qabuufi seenaa jijjiirama abbootii keenyaa irratti kan hundaa'e ta'uu isaati.

Dhiigni ujummoo dhiigaa keenya keessa yaa'u, soorata keenya irratti dhiibbaa kan geessisu maaliifi? Deebii gaaffii kanaaf, leelliftoonni yaada-rimee kanaa, walnyaatinsa baayookeemikaalaa antijiinoota seelii dhiiga diimaa keenya irratti argaman irratti akka hundaa'u dubbatu. Antijiinootni kunniin qabiyyee soorata keessa jiruu wajjiin wal haasa'un haala fayyaa keenya eegu ykn fayyaa keenya irratti miidhaa geessisu jedhu.

Fakkeenyaaf, namoonni bara durii adamoon beekaman gosa dhiigaa O qabu, waan pirootiinii fooniifi oomisha bineensotaa irraa argamuun badhaadhe sooratu. Saffisaan gara hawaasa qonnaan bulaatti ceenee yeroo ilaallu, dhiigni isaanii gosa dhiigaa 'A'n badhaadhaadha. Sababnisaa, hawwaasni kun nyaata biqiltoota irratti hundaa'e sooratu. Gosni dhiigaa warra godaantootaa, gosti dhiigaa 'B'n ammo nyaata oomishaalee aannani irratti hundaahe yeroo sooratan, gosni dhiigaa 'AB'n, ammo amala isaanii hubachuun rakkisaa ta'us, nyaata warra A'fi B irraa yeroo baay'ee fayyadamaa ta'u.

Addunyaa nyaata ulfaatina qaamaa hir'isuuf gargaarufi furmaata ariifatadhaan guutamte keessatti, yaadni soorata gosa dhiigaa irratti hundaa'e nyaachuun mala nyaataa dhuunfaakeef ta'u qabaachuuf sigargaara. Garuu kaartaa garaacha keenya irratti hundaa'ee, kan qalama baayolojii keenyaan kaafame kana akkamittiin ilaalta? Mee hojiirra oolmaa qabatamaa ti'oorii (theory) kanaa keessa lixnee, fakkeenya garaa garaa fayyadmnee yaada-rimee kana ifa haagoonu.

Mee nama tokko nama maqaan isaa Tolasaa jedhamu fudhadhu; Tolasaan waggoota dheeraaf dadhabbiin qaamaafi nyaatini garaasaa keessatti bullaa'uu dhabuu irraa kan ka'e rakkachaa ture. Boodas, soorata akka ija baaqilaa, lojoofi kkf hir'isuun; foon, fuduraafi muduraa nyaachuu jalqabe; ergasii akka jabbii aannan quuftetti humna argatee jajjabaate. Jijjiiramni Tolasaa kun oduu qofa miti; namoota biroo gosa dhiigaa isaa qooddataniifi fooyya'iinsa walfakkaatu keessa darban miira wal fakkaatu qabu.

Gama biraatiin ammoo intala maqaan ishee Bilisee jedhamtu kan gosa dhiigaa 'A' qabdu fudhadhu. Intalli kun soorata fuduraalee sooratti. Soorata foon diimaa hir'isuun, soorata fuduraaleefi kuduraaleen badhaadhan irratti xiyyeeffattee nyaachuun immoo qaama isheef ta'eraaf. Akkasumas, humnaafi tasgabbiin akka itti dhaga'amu taasisera.

Yaadni nyaata kana irratti kennamu akkuma gosoota dhiigaa adda adda. Qeeqxonni ragaan saayinsii nyaata gosa dhiigaa irratti hundaa'ee xinnoodha jedhanii yaadu; Kunis, yeroo tokko tokko faayidaan fayyaa gaarii argachuu namootaa, sababaa gosa dhiigaa isaaniin soorataniif osoo hintaane amala nyaata fayya qabeessa ta'e soorachuu isaaniif akka ta'etti falmii isaanii dhageessisu. Yeroo kanatti, leellistootni, soorata gosa dhiigaa, ragaa namoota dhuunfaa armaan olitti ilaalleefi ragaa jijjiiramaa ijaan arganitti cichanii qabachuun mormii isaanii dhageessisu.

Daataan nyaata gosa dhiigaa deeggaru baay'ee xiqqaa ta'us, namoonni waa'ee bu'aa kanaa waaqaafi lafatti kakatanii dhugaa ba'u; fooyya'iinsa qaama isaanii irratti arganiifi fayyaa waliigalaa argataniin jajjabeeffamu. Dhugaa sooratäa barbaaduu kana keessatti, dhiibbaa gosti dhiigaa soorata irratti qabu hubachuu keessatti, ragaa jiru qoqqooduun, qamadii ingirdaada irraa adda baasuun barbaachisaadha.

Jechoonni walxaxaa kanneen akka ‘lectins’ pirootinoonni nyaata keessatti argaman, warra seelii dhiigaa walitti akka qabatu godhaniifi ‘polymorphism’ garaagarummaa jeneetikii gosoota dhiigaa adda addaa fidu akka hubatamuuf haala ifaafi salphaa ta’een ibsuu barbaachisa. Fakkeenyaaf, leektiinoonni (Lectins) gosa dhiigaa tokkoon tokkoon isaanii wajjin haala adda addaatiin kan wal-fudhatan yoota’u, gosa dhiigaa nama tokkoo wajjin haala wal hinsimneen yoo fudhataman gubaa (inflammation) ykn dhimmoota fayyaa biroo fiduu danda’u.

Qorannoon soorataa gosa dhiigaa kana yeroo xumurru, ergaa ijoon fudhataman argannoo dhuunfaafi gaaffii saayinsii irratti kan hundaa’anidha. Nyaanni gosa dhiigaa soorata dhuunfaaf bu’uura hawwataa ta’e kan dhiyeessu yoo ta’u, bu’uura saayinsii isaaf qorannoo dabalataa gochuu barbaachisa. Gaaffiin kophaa ta’e tokko sana booda qilleensa keessa, akka nyaata qimamii garaagaraan bulchaateetti urgaa’u humna guddaa qaba. Dhuguma iccitiin fayyaa keenyaa weedduu dhiiga keenyaa isa callisaa keessa jiraachuu danda’aa? Imala argannoo soorataa kana yeroo itti fufnu ogummaa duriifi saayinsii ammayyaa irraa beekumsa arganna.

Soorata Gaarii Gosa Dhiigaa ABO

Weedduu walxaxaa soorataafi gosa dhiigaa keessa caalaatti yeroo seennu, waadaa nyaanni akka dhuunfaatti jeneetikii keenyaaf mijataa ta’e akka jiru akeeka. Kana keessa carraa hubachuu qofaa qabna osoo hintaane, bara durii nyaata abaabiloonni keenya nyaachaa turanii waliin akka walsimu argina. Mee imala bal'aa ogummaafi qajeelfama qabatamaa soorata gosa dhiigaa tokkon tokkon isaaniif gorfaman qorachuudhaan haajalqabnu.

Waltajjiin kun qoodafudhattoota gurguddoo afuriin kan qophaa'udha. Isaan kun 'O' warra jajjaboo, 'A' warra qonnaanbulan, 'B' warra bakka bakkatti godaananiifi 'AB' warra akeeka isaanii hubachuun rakkisaa ta'anidha. Tokkoon tokkoon isaanii soorata qaama isaaniif mijatu qabu. Weedduun nyaataa kun jeneetikii dhiigaatti dhihoodha. Bara durii, yeroo gosni dhiigaa 'O' sadarkaa olaanaarra ture, nyaanni isaanii warra pirootiinii beelladotaan badhaadhedha.

Namoota ujummoon dhiigaa isaanii dhiiga durii kanaan walfakkaatu qaban, nyaanni bara warri adamsituun sun nyaachaa turte sanaan walsimu akka soorataniif yaadni dhihateera.

Foon diimaan, kan akka foon loonii, kan marga dheeddee guddateefi wantootni loon irraa argamn kan akka aannan loonii, dandeettii bullaa'insa nyaataa cimaa gosa dhigaa 'O' warra qabaniif boba'aa humnaa ta'af jedhamee yaadama. Keessattuu sooranni galaanaa aayoodiiniin kan badhaadhe yoo ta'u, kunis ujummoo taayirooyidii sooruu keessatti gahee guddaa qaba.

Garuu sooranni warra gosa dhiigaa 'O' kun fooniifi qurxummii qofas miti. Sooranni magariisaafi kuduraaleen baala qaban gabatee nyaataa isaanii irratti kan argaman yoo ta'u, kunis soorata barbaachisoofi inzaayimoota bullaa'insa nyaataaf gargaaran nikennu. Haata'u malee, namoonni gosa dhiigaa kana qaban midhaan akka qamadii, atariifi kkf irraa ofeeggachuu qabu; Sababnisaas, gosoonni nyaataa kun namoota kanatti dhibee madaa'uu marrummaanii ykn

'GIT inflamation'fi rakkoo bullaa'insa nyaataa fiduu danda'u waan ta'ef.

Namoonni gosa dhigaa O qaban baay'een isaanii yeroo amala nyaataa isaanii jijjiiran anniisaa argachuu, ulfaatina qaamaa gaariifi tasgabaa'aa qabaachuu, akkasumas miira nagaafi gammachuu argachuu isaanii dubbatu. Seenaawwanifi dhugabaatiin namoota dhuunfaa kunneen, namoota nyaata abbootii isaanii waliin walii galuu nyaachuu barbaadaniif seeneffama dinqisiisaadha.

Sooranni guyyaa guyyaa kun akkamittiin gara hojiitti hiikama? Cireedhaaf 'omelet' bixxillee killee ykn hanqaaquu, kan raafuu maramaadhaan faayyame, laaqanaammo qorxummii waaddii gosa 'Salmon' jedhamuufi irbaataaf ammoo kalaankala, foon diimaa waadame biratti nyaata baala magariisaa ykn 'Broccoli' buusuun nyaachaa akka jirtu of fakkeessi! Isaan kun nyaata qofa miti; tooftaa soorataa hambaa jijjiirama tirannaa gosa 'O' wajjin walsimaniidha.

Qotiisi lafaa akkuma dagaagaa dhufeen, dhiigni gosa 'A', akkaataa nyaataa oomisha qonnaa lafaa calaqqisiisu qaba. Namoonni gosa dhiigaa 'A' qaban soorata uumamaan qonnaa lafaa irraa madde nyaachuu akka jaallatantu himama. Fuduraaleefi muduraalee dabalatee, kan akka boqqolloo, ija mukaa (fruits) nyaachuun miira gaarii akka kennuuf, midhaan akka qamadiifi fuduraaleen akka nyaata filatamaatti fayyadamu. Soorata kanneen walsimsiisun; bu'aa akka antii-oxsiidantii, (antioxidants), kana jechuun warra 'free-radical' jedhaman, seelii qaama keenya miidhan, adamsanii baasuun, seeliin keenya wanta kanaan akka hinhubamne warri godhan kun Antii-oxsiidant jedhamu, akkasumas Fiberii (fiber), warra fayyina marrumaan keenyaaf tumsaniifi Paaytoonewutrentii (phytonutrients) kanneen sirna ittisa qaamaafi bullaa'insa nyaataa warra gosa 'A'f tajaajilan hedduu kennu.

Pirootinoonni bineeldotaafi aannani adda durummaan namoota gosa dhiiga 'O' qabaniif faayidaa kan qaban ta'us, yeroo baay'ee gosi sooratаa kun namoota gosa dhiigaa 'A' qabaniif gaarii miti. Sababiinsaas, rakkoo bullaa'insa nyaataafi rakkoo dhukkuba marrummaanii akka isaaniitti babal'atu geessisuu danda'u. Kanaaf yoo dhibee dhibe, gosa nyaataa kana akka hir'isantu gorfama. Hawaasni ogummaa saayinsii sooratаa hordofan ammallee ragaa kana qindeessuutti jiru. Walumaagalatti, namoonni gosa dhiigaa 'A' qaban, nyaata biqiltoota irratti hundaa'e yoo hordofan yeroo baay'ee, fayyaa gaariifi annisaa fooyya'aa niqabaatu.

Mee yaadi, ganamaan kaatee cireekee caccabsaa, laaqanaakee ammo kuduraafi fuduraa, irbaataaf ammo ittoo misiraa fi baaqilaa yeroo nyaattu. Nyaanni kun hundinuu filannoo nyaataa warra gosa dhiigaa 'A'ti. Kunis hambaa qonnaan bulaa abaabilee warra gosa dhiigaa 'A' kan addeessudha.

Hidda dhalootaa warra kotteen milla isaanii iddoo tokko hindhaabbanne, bakkaatii bakkatti godaanuun furtuu jireenya isaanii kan ta'e, gosti dhiiga 'B' soorata garaa garaa soorrachuun mallattoo ittiin beekamanidha. Jarri kun yeroo bakkaa bakkatti socha'an jijjirama naannoo wajjiin qaamni isaanii waan madaquuf, sooratni isaaniis akkasuma jijjirama.

Nyaanni gosa B dhandhama aannanii, baaduufi itittuu haasoorratan iyyu malee qaama isaaniif mijata miti. Sooranni kun kaalsiyeemii badhaadhaafi piroobaayootikii faayidaa qaban argamsiisaaf. Nyaata madaalawaa fooniifi nyaata biqiltuu irratti hundaa'e nyaachuun gosa 'B'f nyaata hundarra gaarii ta'uun adda baafameera. Lukkuun, pirootiinii beekamaa, haala nama ajaa'ibuun akka xalaataatti Gosa 'B' kan miidhu yoo ta'u, foon hoolaa ammoo isaan biratti xiyyeeffannoo guddaa qaba. Hanqaaquu, kuduraalee magariisaafi ija midhaanii tokko tokko wajjiin yoo sooratan ammo nyaata madaalawaa ta'e argatu.

Seenaan dirree warra Gosa 'B' keessatti yeroo baayyee imala nyaataa filannoo aannaniifi pirootiinii giddu galeessaa walitti makuun fooyya'iinsa fayyaa tasgabbii bullaa'insa nyaataa irraa kaasee hanga qaroomina sammuu fiduuf akka gargaarutu himama. Mee cireekee baaduu dhadhaa qabu, dammaa waliin, Laaqana kee ammoo fuduraa magariisaafi waaddii foon hoolaa ykn re'ee, irbaatakee ammoo kuduraalee affeelaman ykn ittoosaa nyaadhu. Nyaanni kun warra Gosa 'B' ta'aniif nyaata filatamaadha. Sooranni kun nyaata qofa osoo hintaane, kabaja hambaa jeneetikii warra abaabilee gosa 'B' qabaniiti.

Gosoota dhiigaa keessaa inni quxisuun 'AB', soorata warra A'fi B walitti makame soorata. Sooranni isaaniif gorfamu akkuma hidda dhaloota isaanii walxaxaafi nama ajaa'ibsiisudha. Gosa dhiigaa 'AB'tiif, nyaanni 'A'fi 'B' lamaan keessaa isa gaarii fudhatee nyaachuu danda'u. Soorata galaana keessaa argamu kan akka qurxummii, aannaniifi oomishaalee loonii adda addaa madaalchisanii yoo sooratan, sirna bullaa'insa nyaataafi fayyina marrumaan warra gosa dhiiga 'AB'f hedduu gargaara.

Namoota gosa dhiigaa 'AB' qabaniif foon diimaa soorachuu hir'isuu akka qaban nigorfama; sababiinsaas, dhiibbaa asiidii garaachaafi bullaa'insa nyaataa irratti qabaachuu danda'u irraa kan ka'e, garuu soorata pirootinii biqiltoota irratti hundaa'an akka nyaataniif yeroo baay'ee sadarkaa olaanaatti gorfama. Gosni 'AB' kun filannoo nyaataa bal'aa waan qabuuf, nyaata madalawwaafi itti gaafatamummaad-haan soorachuu akka qabutu gorfama. Ragaan nyaata warra 'AB' ammallee qindaa'aa haajiraatu malee, seenaafi dhuga ba'umsa namoota dhuunfaa 'AB' irraa ka'un, filannoon soorata isaanii kun, soorata walxaxaa jeneetikii abaabilee isaanii leellisun walfakkaata.

Mee guyyaakee cireekee juusii kuduraalee irraa dalagamaniin jalqabi, laaqanakee ammoo nyaata galaanaa (qurxummiifaa) fuduraalee magariisaa wajjiin nyaattee, irbaatakee yeroo kalaankala ykn foon hoolaa waaddii nyaattu yaadi. Tokkon tokkon nyaata isaanii aartii nyaataa gosa 'AB' madaa-lawwaa yoo ta'u, kunis jeneetikii addaa abaabilee isaanii ta'e calaqqisiisa.

Gosa dhiigakee irratti hundaa'ii sooradhu isa jedhuu wajjiin xinnoshee akkaataa ibsa isaarratti adda adda fakkaatus, yaadni isaa garuu wal fakkaataadha. Sooranni madaalawwaan kun kan abaabilee keenya irraa dhaallefi gumaacha tokkoo tokkoo keenyaan walsima. Tokkoon tokkoon keenya, yeroo soorata keenya afaan keessatti alanfachaa mi'eeffannu, imalli fayyaa keenyaa akkuma gosa dhiiga ujummoo dhiigaa keenya keessa yaa'u, akka dhuunfaatti, jechuun akka gosa dhiiga keenyaatti akka nu tajaajilu haayaadannu.

Oduu Amala Soorataa Salphisan: Gosa Dhiigaafi Fedha

Damee soorataa keessatti, sagaleen wacaa waa'ee gorsa nyaataa yeroo baay'ee hasaasa ogummaa baroota darbanii keessaa nidhaga'amaa ture. Haalli soorata ammayyaa akka obomboleettii addunyaa kana haxaa'uu, fayyaafi fayyaa gaarii irratti warraaqsa kaakasuunsaa, ilmi namaa jaalala adeemsaa soorataaf qabuf ragaadha. Haata'u malee, obomboleettii yaada kanaa keessatti, dhugaa tokkotu dhagaahama-barbaachisummaa gosa dhiigaa irratti hundaa'uun soorachuun qaama keenyaaf furtuu ta'uu danda'uusaati.

Daandiin soorataa toora tokkorra deemu, kan akka gaariitti tarkaanfatame, tarkaanfii dogoggoraa yoo ta'e hoo? Utuu kaanee fedhii soorata keenyaa sanyiifi gosa irratti hundaa'e qofa irratti osoo xiyyeeffannee hoo? Dhimmi guddaan tokko waa'ee gosaafi sanyii keenyaa osoo hintaane, himoogilobiiniifi dhiiga ujummoolee dhiigaa keenya keessa yaa'uudha.

Bu'aan qajeelfama baayoloojii kana tuffachuun fidu hamaadha. Sirna soorataa waliigalaatiin dogoggorfamnee, sirna walxaxaa qaama keenyaa hammeessuuf saaxilamna; kunis dhukkuboota fayyaa qaama keenya keessa madeessan (inflamation)'fi alarjii irraa kaasee hanga furdina garmaleefi dhukkuboota yeroo dheeraa kakaasuuf saaxilamna. Miidhaan inni geessisuu danda'u kan nama dhuunfaa qofa osoo hintaane, kan hawaasaati. Ba'aan dhukkuboota ittifamuu danda'an sirna eegumsa fayyaa addunyaa guutuu irratti ulfaataa ta'a.

Garuu furmaanni isaa hoo? Malli kun nyaata gosa dhiiga ofii wajjin walsimu nyaachuu irratti xiyyeeffata; dizaayiniin kun jaarraa hedduudhaaf guddachaa dhufeera. Raawwiin tooftaa kanaa salphaafi gadi fagoodha. Tooftaan kun jijjiirama ilaalchaa irraa eegala. Sana booda, seera bu'uuraa soorata gosa dhiigaa adda ta'e hubachuufi hojiirra oolchuuf kutannoo qabaachuu barbaachisa.

Mee addunyaa beekumsa gosa dhiigakeetiin mana gurgurtaa nyaataa seentu tokko yaadi. Yeroo mana gurgurtaa nyaataa (supermarket) sana keessa, nyaata dhiigakeetii wajjiin wal simu yeroo qodaa ykn 'shopping trolley' kee irra naqattu, yeroo gamaafi gamana ilaalaa gabaa sana keessa deemtu, filannoowwankee kan qajeelfaman maraatummaa sooorataa isa ammayyaatiin osoo hintaane kaartaa jiinii abbootii keetii, seeliikee keessa jiraniin kan qajeelfamu yoo ta'ehoo? Nyaata baayoloojiikee wajjin walsimuun 'shopping trolley'kee guutta; kana gochuudhaanis daandii fayyaa gaariirra geessu irra kaatta.

Ammallee ragaadhaan mirkanaa'ee dhumuu baatus, abdiin jira. Qorannoon akka agarsiisutti namoonni, gosa dhiiga isaanii irratti hunda'anii sooratan; fayyaa bullaa'insa nyaataa, ulfaatina qaamaa to'achuufi annisaa qaamaa waliigalaa isaanii irratti fooyya'iinsa akka qaban dubbatu. Bu'aan kun uumamaan yoo ta'uu baatellee, sooranni hammam humna qabaachuu akka danda'u akeeka.

Furmaata nyaataa biroo yaaluun nidanda'amaa? Eeyyen! Dhugumatti addunyaan sooratаа bal'aa qabdi. Mala nyaataa faayidaa qaban biroos nijiru. Qorannoo irratti qorannoo gaggeessuun nidanda'ama. Namoonni baay'een isaanii itti fufiinsa naannoofi faayidaa fayyaa kaasuun nyaata biqiltuu irratti hundaa'e hundaaf ta'u leellisu. Kaan ammoo nyaanni ketogenic, cooma baay'eefi kaarboohayidireetii xiqqaa qabu, kan ulfaatina qaamaa hir'isuufi fayyaa bul'aa'insa nyaataa irratti abdii agarsiisa jedhu. Filannoon kunniin faayidaa kan qaban yoo ta'u, qabxii gorsi gosa dhiigaa adda ta'e kennu hinqaban.

Garuu namni tokko akkamitti waan dhokataa irraa gara qabatamaatti, yaaxina irraa gara hojii qabatamaatti ce'a? Imalli kun barnoota irraa eegala. Namni tokko kitaaba qajeelfama nyaataa ykn soorata walitti dhufeenya gosa dhiigaafi nyaata gidduu jiru yaada kennu barbaaduu qaba. Sana booda, dhimmi nyaata sana jijjiiruu, qophii nyaataa yaaluufi dhiibbaa fayyaafi nageenya irratti qabu taajjabuudha.

Nyaanni nyaattu dhuguma fedhii qaama keetii wajjin kan walsimu ta'uufi dhiisuu isaa dhaabbattee itti yaaddee beektaa? Yeroo meeqa weedduufi waca sirna nyaataa isa ammayyaatiin raafamtee, galaana burjaajiifi mufannaa keessa galtee beekta? Daandiin nyaataa kan yeroo muraasaaf ifee dhaamu osoo hintaane, kan baraa gara baraatti ce'u-ogummaa gosa dhiiga keenyaa, kan yeroon itti hindarbinedha.

Fuulota fuuldura jiran keessatti dhimma kana keessa lixna; Innis, gosa dhiigaa keenya irratti hundaa'udhaan; soorata soorachuu qabnuufi soorata irraa fagaachuu qabnu, qorannoo saayinsii yaadota kana duuba jiru, akkasumas seenaa jireenya namoota dhuunfaa mala kanaaf dhugaa ba'an ilaalla. Karoora nyaataa babbekamoo barbaannee finna, qormaata nyaata alaa binnee nyaachuu ni'ilaalla, akkasumas tooftaalee haala hawaasummaa filannoo nyaataa keenya gaaffii keessa galchuu danda'an keessa naanna'uun niqoranna.

Mee kana yaadi: Nyaata qaamakeef mijatu nyaachaa akka jirtu, sitti dhaga'ame beekaa? Deebiin isaa kan ati yaaddu caalaa sitti dhiyoo ta'uu danda'a; dhiiga sikeessa yaa'u keessatti kan bocame ta'uu danda'a.

Qorannoo kana yeroo itti fufnu, hawwata maqaa babbareedaafi gochima mimmiidhagoodhaan gowwoomfamuu hinqabnu. Kanaa mannaa, bu'uura jabaa himaafi qabiyyee ofkeessaa qaban haabarbaannu. Mee seeneffama soorataa hundee eenyummaa keenyaa wajjin walsimu haasoorannu. Kanaaf, imala nyaataa faashinii ammayyaa fakkaatu bira darbee deemuu, kan jiinii dhiigakee keessatti mallatteeffame soorachuuf qophiidhaa? Minjaalli kaa'ameera, ragaan harka keessan jira; filannoonis kan keessan.

Qorannoo Nyaataa

Seenaan keenya magaalota daandiin isaanii mukaan sararamee, jireenya hawwii guddaan guutame keessatti mul'ata. Kunoo, jiraachuu keessatti, fuula waa'ee fayyaafi soorataa piroofaayilii nama ajaa'ibu qaba. Qilleensi ganama waadaa jijjiiramaa qilleensa'a; jijjiirama ilaalcha dhokataa garuu humna guddaa qabu argachuuf hiixata.

Intala maqaan ishee Saaraa jedhamtu, ogeessa mana kitaabaa umrii giddu galeessaa keessa jirtu, kan asoosama seenaafi dhibee bullaa'uu nyaataatiin rakkattu waliin walbari. Dr. Yonas, oggeessa midhaan nyaataa (nutritionist) hiriyyaan ishee, yeroo baay'ee waa'ee rakkoo fayyaa ishee Saaraa waliin haasa'a ture.

Rakkoon jiru ifa ture—Saaraan dadhabbiin yeroo dheeraa, dhukkuboota adda baafamuu hindandeenyeefi waliigalatti miira gaarii dhabuudhaan rakkachaa turte. Raafamni qaama ishee gorsa nyaataa barame hordofuu isheetiin daran akka burjaajoftu ishee taasiseera. Qaamni ishee kaayyoo ishee wajjin kan wal faallessu fakkaata. Waldhabdeen isaas kan namatti dhaga'amu ture. Dr. Yoonaas yaada furmaataa dhiyeessan; nyaata gosa dhiigaa Saaraa wajjin walsimu akka soorattu gorsan. Fedhii beekuufi fedhii saayinsii akkasumas kan ogummaa aadaa walitti makuun, nyaata Saaraa gosa dhiiga ishee 'O'n walsimuun garaacha ishee madaqsuuf imala jalqaban. Tooftaa, nyaatni tokko tokko gosa dhiiga namaa irratti hundaa'uun qoricha ykn summii ta'uu danda'a kan jedhu irraa madde.

Tooftaan kun of eeggannoo kan qabu ture. Saaraan foon diimaafi soorata fuduraadhaan machaa'e nyaachuu jalqabde; kuduraalee akka raafuufi birookiliis (broccoli) nyaata ishee keessa galchuu eegalte. Kuduraalee buusaa lafeshee miidhan irraa fagaattee, filannoo fayya qabeessa ta'een bakka buuste.

Bu'aan battalumatti argamuu baatus, kan hinhaalamne ture. Torban gara ji'aatti yeroo jijjiiramu humni Saaraa akka daraaraa aduu keessa jiruutti daraaruu jalqabe. Akka jabbii aannan quuftee burraaquu jalqabdeetti. Sadarkaan anniisaashee dabalee, sirni bullaa'insa nyaataa ishee yeroo dheeraaf hubamee ture, jijjiirama agarsiisuu jalqabe; Mallattoon madaa keessaa (inflammation) duraan olka'aa ture amma fooyya'ee haala gaarii irra jira.

Dhimma kana irratti xiinxaluun aartii shakkiifi abdii mul'isa. Saaraan namoota nyaata gosa dhiigaa mormaniin ragaa saayinsii cimaa hinqabu jechuun qeeqamtee jirti. Haata'u malee, ragaan qaamaan namummaa ishee agarsiisu bira darbuun hindanda'amne. Beektonni saayinsii ammayyaa faayidaa isaa irratti falmiin itti fufee yeroo jirutti, muuxannoon ishee humna soorata nama dhuunfaa gosa dhiigaa irratti hundaa'e mirkaneessa.

Seenaan guddaan asitti argamu ogummaa durii falaasama, gosa dhiiga ofii irratti hundaa'uun nyaachuu jedhuuf bu'uura ta'ee wajjin wal qabata. Addunyaa yeroo baay'ee namni dhuunfaa ummata bal'aa biratti bade keessatti sooranni nama dhuunfaa akka danda'amu dubbata. Haalli Saaraa aartii bifa garaagaraa qabu guddaa tokko keessatti fixee tokkodha. Kunis furtuun fayyaa gaarii qaama keenya keessatti argamuu akka danda'u agarsiisa.

Kanaafuu, furtuun milkaa'ina nama tokkoo jireenya nama biraaf tajaajiluu danda'aa? Namoonni akka Saaraa nyaata gosa dhiigaa isaanii irratti naamusa olaanaa irratti hundaa'un warri sooratan, annisaafi fayyaa guutuu kan argatan meeqa ta'u laata? Gaaffii yaadaafi tarii gocha afeerudha. Akka barreessaa seeneffama kanaatti humna tooftaalee fayyaa nama dhuunfaa argeera. Ragaan nu dura jiru walitti dhufeenya gosa dhiigaafi nyaata gidduu jiru gadi fageenyaan akka ilaallu nu jajjabeessa.

Yeroo fuula kitaaba kanaa galagalchitan fedhii beekumsaa imala Saaraa kakaase waliin haatarkaanfannu. Garaagarummaa fedhii keenyaafi pilaanii addaa daandii fayyaa gaariitti nu qajeelchurra haa'imallu. Akkasumas gaaffii gaafachuu, gaafatanii barachuufi hubannoo keenya keessatti guddachuu itti haafufnu. Gosa dhiigaa keenya irratti hundaa'uun naamusaan soorachuu haashaakallu. Dhumarratti wanti nuti barbaannu nyaata qofa osoo hintaane, jireenya mataa isaati.

Ragaa Qaaccessuu: Deeggarsa Saayinsaawaafi Shakkii

Haasaa waa'ee soorataafi fayyaa yeroo hunda jijjiramaa deemu keessatti, yaadni falmisiisaa ta'e tokko furtuun soorata fooyya'aa qajeelfama nyaataa maraa keessa osoo hintaane, gosoota dhiigaa keenya keessa akka jiru agarsiisa. Yaada-rimeen kun deggertoota ciccimoofi shakkitoota sagalee qaban kanqabu yoo ta'u, yaada gosa dhiigaa jalatti kan hundaa'edha. Sirrummaa nyaata kanaa yeroo qorannu, deeggarsa saayinsiifi shakkii namoota marsaa addaan baasuun, waan beeknuufi beekuu qabnu karaa madaalawaa ta'een dhiyeessuuf haacarraqnu.

Sagalee wacaa waa'ee nyaataa irratti ta'u keessaa, sagalee kilolee tokkotu addatti dhaga'ama; Kunis, gosti dhiiga keenyaa galaana walxaxaa filannoo nyaataa keessa deemuuf koompaasii keenya ta'usaa sagalee lallabudha. Yaadni kun qajeelaa ta'us gadi fagoodha: nyaanni gosa dhiigaa wajjin wal simu fayyaa fooyya'aa, balaa dhukkubaa hir'isuufi waliigalatti fayyaa gaarii guddisuu danda'a.

Himata kana saayinsii keessatti hundeessuuf, leelliftoonni qorannoo gosootni dhiigaa adda addaa gosoota nyaataa tokko tokko gahumsaan daakuuf guddataniiru jedhu agarsiisu. Saayinsii keessatti himannaa kana deggeruuf, leelliftoonni saayinsii gosa dhiigaa qorannoo isa; gosni dhiigaa, gosa midhaan nyaataa adda addaa gahumsaan daaku jedhu caqasu. Fakkeenyaaf, yaadni kun, warri dhiiga Gosa 'O' qaban, hidda warra adamsitootaa waan ta'aniif, nyaata beelladootaa pirootiiniin badhaadhe yoo sooratan, namoonni gosa dhiigaa 'A' qaban ammoo, hawaasa qonnaan bulaa irraa waan dhufaniif, soorata biqiltoota irratti hundaa'e irraa caalaatti fayyadamoo ta'u jedha.

Gadi fageenyaan ilaaluuf, leelliftoonni qorannoowwan antijiinoonni gosa dhiigaa, molakiyuulonni gosa dhiigaa murteessan, lektiinii (lectins) jedhaman, gosa prootiinii nyaataa keessatti argamanii wajjin wal nyaatu. Wal-nyaatinsi kun fayyaa garaachaafi marrumaanii irraa kaasee hanga madaa keessaa (inflammation) qaama keessatti mul'atu hunda irratti dhiibbaa uumuu akka danda'u dubbatu. Dhiigni ujummoolee dhiigaa keenya keessa yaa'u koodii soorataa abbootii keenyaa of keessaa qabaachuun isaa seenaa nama dinqisiisudha.

Haata'u malee, qorannoo saayinsii cimaa gaggeessuufi ragaalee qorachuun barbaachisaadha. Qeeqxonni soorata gosa dhiigaa akka jedhanitti, qorannoon guddaan, kan hawwaasa saayinsiitiin gaggeeffame, bu'a qabeessummaa soorata kanaa guutummaatti kan deeggaru akka hinjirre ibsu.

Seenaan milkaa'ina, kan akka intala ishee Saaraa jedhamtuu qorannoo cimaafi bu'aa irra deebi'amee hojjetamuu danda'u malee uummata waliigalaa biratti baafamuu akka hinqabne falmu. Kana malees, ibsi jijjiiramaa soorata keessatti kennamu garmalee salphaafi ragaa nama irratti hundaa'een kan hindeeggaramne ta'uu isaa nifalmu.

Rakkoolee kanaaf deebii kennuudhaan, leelliftoonni soorata gosa dhiigaa irratti hundaa'eef ibsa dabalataa kennu. Qorannoon guddaan gaggeeffame jiraachuu baatus, sirni soorataa, sirna ittisa qaamaafi baayookeemistirii bullaa'insa nyaataa irratti hundaa'a jedhanii falmu. Hawaasni saayinsii soorataa qorannoo bal'aa akka godhu gaafataniiru, qorannoowwaniifi ilaalcha fayyaa faayidaa nyaanni kun qabaachuu danda'u agarsiisan muraasa ta'uu isaanii akeekaniiru.

Falmiin kun ragaalee deeggarsa dabalataa damee adda addaa irraa dhufaniin kan badhaadhedha. Ogeeyyiin immunologistiifi soorataa tokko tokko nyaanni gosa dhiigaa maaykiroobaayoomii (microbiomes) irratti dhiibbaa uumuu akka danda'u falmu-maayikiroo-orgaanizimoota ujummoo bullaa'insa nyaataa keenya keessa jiraatan.

Nyaata gosa dhiigaa adda addaa irratti hundaa'anii nyaachuun maaykiroobiin kunneen madaallii fooyya'aa akka qabaataniifi fayyaa fooyya'aa ta'eef gumaacha akka taasisu yaada dhiyeessuu. Odeessa saayinsii kana yeroo xumurru, hariiroon gosa dhiigaafi nyaata gidduu jiru qorannoo dabalataa akka barbaadu cimsinee dubbanna. Ragaan kun kan wal-xaxee, firii abdachiisaafi karaan hinqoratamne baay'een jiraatus, soorata nama dhuunfaa irratti dhiibbaan inni fiduu danda'u baay'ee guddaa waan ta'eef ifatti kuffisuun hindanda'amu.

Namni tokko akkas jechuun yoo gaafate-gosti dhiiga keenyaa ilaalcha gaarii fayyaaf furtuu yoo ta'e, beekumsa kanaaf carraaquun gatii hinqabuu? Wanta idilee ta'e qofaaf karaalee fayyaa ta'uu dandeenyu bira darbuu dandeenyaa? Gaaffiiwwan kun qilleensa keessa fannifamanii jiru.

Gama soorataatiin maal akka nubarbaachisu hubachuuf imalli keenya dheeraafi nuffisiisaa yoo ta'u, sooranni gosa dhiigaa nama hundaaf qoricha ta'uu baatus, namoota tokko tokkoof ibsaa ta'uu danda'a. Daandii ifaa damee soorataa ibsuuf yeroo carraaqnu, saayinsiin qaama dhaabbataa osoo hintaane, adeemsa tirataa ta'uu isaa haayaadannu. Adeemsi kun yeroo hunda fedhii beekuu, shakkiifi dhugaa hordofuu keessatti guddachaafi jijjiramaa deema.

BOQONNAA

7

Amala Namaa Ujummoo Dhiigaa Keessaa Yaa'u

Kuusaa yaadannoofi hubannoo dhala namaa keessatti, yaada-rimeen iccitii gosa amala namaa, gosa dhiigaa irratti hundaa'e waliin kirrii ykn hidda walxaxaafi falmisiisaa ta'een walitti hidhame baay'ee muraasa. Ka'umsi isaa awwaara yerootiin kan dimismisaa'e ta'us, yaadni kun kan madde burqaa xiinsammuu ammayyaa irraa osoo hintaane, warra dhiiga ujummoo keenya keessa yaa'uun dhala namaa kutaa garaagaraatti ramaduu barbaadan irraa kan maddeedha.

Gosti dhiiga keenyaa amala dhuunfaa keenyaa murteessuu danda'a yaadni jedhu akkamitti sammuu waloo keenya keessa seenuu danda'e? Akkuma gaaffiiwwan saayinsii hedduun itti jalqabu, fedhii beekuufi ilaalcha walduraa duubaan taasifameen jalqabe.

Ka'umsi jalqabaa ti'oorii gosa dhiigaa xiinsammuu nama dhuunfaa kanaa jalqaba jaarraa 20ffaa keessa, Jaappaan irraa eegale. Bara 1927 ture kan namichi maqaan isaa Takeji Furukawa jedhamu, piroofeesara Kolleejjii Barsiisota Dubartootaa Tookiyoo, waraqaa mata duree "Qorannoo Miiraafi Gosa Dhiigaa" jedhuun gosoota dhiigaafi amala nama dhuunfaa gidduu walitti dhufeenyi akka jiru dursa yaada dhiheesse. Kunis kan agarsiisu dhimmi kun taatee aadaa waggoota kurnan hedduudhaaf itti fufeef akka ka'umsaatti hundeeffamuu isaati.

Waggoonni akkuma darbaa deemaniin, yaadni Furukawaa daran xiyyeeffannaa argachaa dhufe. Yaadni jalqabaa namoonni dhuunfaa dhiiga gosa 'A' qaban nama tumsuufi miira dafee kaka'u kan qaban yoo ta'u, kanneen dhiiga gosa 'B' qaban ammoo hawwii quuqama guddaa kan qabaniifi waa kalaquu kan danda'an ta'uu agarsiisa. Namoonni gosa dhiigaa 'O' qaban fedhii beekuufi arjaa akka ta'an; Akkasumas namoonni gosa 'AB' qaban loojikiifi tasgabbaa'oodha jedha. Amalli kunniin kan bocaman amalaa dabalataa biraa irrattidha.

Yeroon yaada gosa dhiiga amala nama dhuunfaa irratti hundaa'e, milkii gurguddoon kan guutame dha. Bara 1930'fi 1940 keessa, waraanniifi jeequmsi hawaasaa uumamus, hawwiin gosa dhiigaafi amalli nama dhuunfaa Jaappaan keessatti xiyyeeffannoo argatee itti fufee ture. Bara 1970moota keessa kitaabonniifi barreeffamoonni amala namaa gosa dhiigaa irratti hundaa'e mari'atan baay'achuu jalqaban. Kun namoota hedduu biratti jaalala argachaa kan dhufe Yoo ta'u, yaadni kun namoota hedduu biratti aadaa fudhatamaa akka ta'uuf carraa gaarii baneera.

Yaada-rimeen kun daangaa Jaappaan bira darbee kan babal'ate yoo ta'u, garaagarummaan aadaafi naannoo adda addaa keessattis dhiibbaa uumera. Fakkeenyaaf, Kooriyaa Kibbaafi Taayiwaan keessatti gosti amala namaa, gosa dhiigaa irratti hundaa'e akkuma Jaappaan baay'ee jaallatamaadha.

Bara ammayyaa kana keessatti yaadonni kun guddachaafi madaqfamanii, gara saayinsii sobaafi bashannanaatti jijjiiramaniiru. Qophiin televijiinii, kitaabonniifi tajaajilli jaalalaa illee ummanni yaada-rimee kanaan hawwatamuu itti fufee jira. Yeroo ammaa kana horoscope gosa dhiigaafi amala nama dhuunfaa baay'ee baramaa dha.

Haata'u malee, qormaanni, falmiifi kallattii jijjiirama akkaataa amalli nama dhuunfaa gosa dhiigaa irratti hundaa'u ittiin madaalamu adda baasan maali? Saayintistoonniifi ogeeyyiin xiin-sammuu yeroo baay'ee yaadota kana ragaa qabatamaa dhabuufi cimina saayinsii dhabuu isaaniitiin qeeqaa turan. Tiyooriin kun ilaalcha dogoggoraa (stereotypes) itti fufsiisuudhaan kan himatame yoo ta'u, bara dukkanaa sana akka meeshaa loogii tokkootti dogoggoraan itti fayyadamaa turaniiru.

Ta'us, namni tokko yaadni qaamni keenya iccitii amala keenyaa hiikuuf furtuu qaba jedhu, hawwata itti fufiinsa qabu ta'uusaa haaluu hin danda'u. Dhuguma cophni dhiigaa keenyaa hundee eenyummaa keenyaa nutti himuu danda'aa? Moo yaadni amala namaa gosa dhiigaa irratti hundaa'u kun fedhii awwaara kaasuu qabnu calaqqisiisuufii?

Falmiin kun itti fufee jira, dhaloonni haaraan yaada kana quba qaban taphaan fakkeessanii "Gosti dhiigaa kee maali?" Jedhanii wal gaafatu, akka waan waa'een amala isaanii dhugaa gadi fagoo tokko tokko mul'isuu danda'u dhiigaa ujummoo isaanii keessa socha'utti ilaalu. Dhumarratti, tarii yaada waa'ee amala namaa gosa dhiigaa keessatti wanti baay'ee namatti tolu dhugaa ta'uu yaadichaa osoo hin taane, waa'ee hawwii hubannoo waloo keenyaafi fageenyarraa walitti dhufeenya uumuu danda'uu keenya kan mul'isudha.

Boqonnaan kun qorannoo gosa dhiigaafi amala nama dhuunfaa gosa dhiigaa irratti hundaa'e kanaa yeroo xumuramu, waa xiinxaluun keessan hin oolu. Haguuggii hubannoo amma qabnu bira darbinee, iccitiiwwan haala amala dhala namaa biroo arguuf eegaa jira?

Gosa Dhiigaan Amala Namootaa Ibsuu

Dhiigni laga jireenyaa kan ujummoo keenya keessa yaa'uudha. Lagni kun jireenya itti fufsiisuu qofa osoo hintaane, akkuma namoonni tokko tokko jedhan hundee amala keenyaa agarsiisa. Yaadni gosti dhiigaa, nama tokkoo amala isaa calaqqisiisuu danda'a jedhu akkuma nama hawwatu, jeequmsaafi qoqqoodinsa kan kakaasudha. Qorannoon kun amala nama dhuunfaa aadaa gosa dhiigaa tokkoon tokkoon isaanii wajjin walqabatu keessa gadi fageenyaan seena, fakkii caalaatti micciiramaa ta'e, kan qoqqoodinsa dhokataa (esoteric) ta'an dhiyeessaa.

Kutaa itti aanu keessatti amala tokkoon tokkoon gosti dhiigaa calaqqisu of eeggannoodhaan xiinxalla. Imalli kun amala tarreessuu qofa osoo hintaane, marsaa walxaxiinsa dhala namaa isaan bakka bu'an hubachuudha. Mee imala argannoo kana haajalqabnu, urjii amaloota adda ta'an kanneen gosa dhiigaa tokkoon tokkoon amala namaa adda ta'eef gumaachan haa mul'isnu.

Gosa dhiigaa A: Qalbeeffataafi Tumsaa

Gosa dhiigaa B: Quuqamaafi qofa-galeessa

Gosa dhiigaa O: Dura bu'aafi onnataa

Gosa Dhiigaa AB: Sababeessaafi iccitaawaa

Gosa Dhiigaa A: Qalbeeffataafi Tumsaa

Namoonni dhiiga gosa 'A' qaban yeroo baay'ee akka haqa qabeessaafi sirna namusaa qabanitti ilaalamu. Uumamaan of eeggannoo kan qaban, amala gurmaa'inaafi fedhii qabaachuufi bal'inaan xiyyeeffannoo guddaa kennuudhaan beekamu. Warri gosa dhiigaa kana qaban, namoota dhuunfaa waliin hojjetaniifi sadarkaa garee keessaatti waldanda'u uumuu ykn namootaa wajjiin walii galuu irratti dandeettii olaanaa akka qabantu amanama.

Yeroo gadi fageenyaan ilaallu, amala namoota gosa dhiigaa 'A' qaban, tooftaan kan guute osoo hintaane, yeroo baay'ee miira itti gaafatamummaatiin kan socha'an ta'uu isaanii argina. Waadaa galan akka waan guddaatti kan fudhatan yoo ta'u, badii yoo rawwatan, amanamummaadhaan itti gaafatamummaa fudhatu. Miirri itti gaafatamummaa kun miira gadi fagoo—kallattii walqunnamtii isaan addunyaa isaanii wajjin qaban qajeelchuudha.

Garuu ragaa waan kana deeggaru akkamii qabna? Dhuga baatii namoota dhuunfaa, kan gosa dhiigaa kana qaban, lakkoofsa hinqabnetu amaloota kanaan adda of baasa. Haata'u malee, qorattoonni saayinsii shakkii keessa jiru; Amalli dhala namaa hedduu walxaxaa ta'uusaa irraan kan ka'e, dimshaashumatti qoqqodiinsa gochuu irraa of eeggannoo taasisaa jedhu.

Amala namoota Gosa dhiigaa 'A' qaban sirritti hubachuun, bakka hojiitti faayidaa qabaachuu danda'a. Hoggantoonni ittigaafatamummaa karooraafi raawwii of eeggannoo qabu itti kennuudhaan fedhii uumamaa dhaabbatichaaf qaban isaan irraa fayyadamuu nidanda'u.

Gosa dhiigaa 'B': Quuqamaa fi Qofa-galeessa

Afoolli naannoo namoota gosa dhiigaa 'B' qaban jiru tokko, akka waan isaanni hafuura bilisaa fudhataniitti ilaalamu. Yeroo baay'ee namoota kalaqaan beekaman, yeroo baay'ee karaa wanti tokko itti hojjatamuun kan hinsakaalamneefi dheebuu waan haaraa uumuu of keessaa kan qabaniidha jedhamanii ibsamu. Namoonni gosa dhiigaa kana qaban, hawwii guddaa kan qaban, fedhii ol anaafi waan haaraatti kan dafanii madaqan jedhamanii ilaalamu.

Amaloota kana yeroo qorannu, namoota daandii xiqqoo ykn qalloo kan kanaan dura namni irra deemee hinbeekne'irra deemuu hinsodaanne tokko argina. Gosti 'B' jijjiirama garagaraatti haala salphaa ta'een dandamachuu waan danda'aniif, marsaa jireenyaa tilmaamamuu hindanda'amne keessa deemuu irratti gahumsa akka qabantu himama.

Ragaan dhuga baatii namoota gosa dhiigaa kana qaban irraa argame amaloota kana kan mirkaneessu yoo ta'u, kanneen shakkii qaban ammoo hariiroo kana mirkaneessuuf ragaan qabatamaan akka hinjirre dubbatu.

Haala qabatamaa lafa jiru kanarratti, haalota haaraatti dafanii madaquufi yaada bal'aa maddisiisuuf namoota gahee qaban qacaruuf yeroo barbaadan namoota gosa dhiigaa B qaban faayidaa guddaa dhaabbata sanaaf kennuu danda'u jedhamee tilmamama. Fedhiin isaanni kalaqaaf qaban, dameewwan kalaqaa badhaasa qaban irratti dhaabbata isaanii keessatti akka qabeenya gatii guddaa baasuutti ilaalamuu danda'u.

Gosa dhiigaa 'O': Dura bu'aa fi onnataa

Namoonni gosa dhiigaa 'O' qaban yeroo baay'ee akka geggeessitoota ofitti amanamummaa qabanitti ilaalamu. Namoonni kun, miira nama kamiyyuu osoo hinmiidhin kallattiifi amanamummaadhaan namoota biroo wajjin walitti dhufeenya qabaachuu isaaniitiin beekamu, akkasumas akka namoota uumamaan kaka'umsa qabaniifi dandeettii namoota biroo of keessaa kakaasuu qabaniitti ilaalamu.

Fuula ofitti amanamummaa kana jalatti, Gosti 'O' hafuura arjummaafi dandeettii anniisaa daangaa hinqabne akka qabantu himama. Amaloota kana keessatti, namoonni kun amala hawwii guddaa qabaachuu qofa osoo hintaane of kennoo ta'uu isaanii hubanna. Seenaan amala namoota dhuunfaa Gosa 'O' amaloota kanaan beekaman baay'ee ta'us, leensiin saayinsii, sirrii ta'uu amaloota kanaa irratti gaad-didduu shakkii kaa'a.

Amalli kun namoota hundaa gosa 'O' qaban bakka bu'uufi dhiisuu isaa gaaffii keessa haagalu iyyuu malee, gama hoji-irra oolmaa qabatamaatiin, amala hoggansaa Gosa dhiigaa 'O' ejjennoowwan yaada qeeqaafi ilaalcha barbaadaniif akka gaariitti akka mijatan isaan taasisa. Humna isaaniifi sochiin keessaa isaanii milkaa'ina garee kanaaf human sochoosu ta'ee tajaajuluu danda'a jedhamee amanama.

Gosa Dhiigaa AB: Sababeessaafi Iccitaawaa

Dhumarratti amala namoota gosa dhiigaa 'AB' qaban irratti xiyyeeffanna. Namoonni kun yeroo baayyee iccitiidhaan kan guutamanidha. Akkasumas, yaada isaanii hubachuun rakkisaadha. Isaan akkaataa adda addaatiin akka yaadan, yaadaanis xiinxaluu akka danda'anitti ilaalamu. Amalli isaanii qabbanaa'oofi dhiibbaa kam jalatti kan qindaa'inaan hojjechuu danda'aniidha.

Yeroo xiin-sammuu gosa 'AB' keessa xinnoo gadi siqnee ilaallu, amala gosa namaa lama keessatti argina, isaanis amala gosa 'A' jijjiirama miiraafi gosa 'B' haalota haaraatti dafanii madaquu danda'uu isaaniiti. Amala lamaan kana qabaachuun isaanii, rakkoon yeroo isaan mudatu, karaa adda addaatiin hubatanii akka ilalan kan isaan dandeessisu yoo ta'u, kunis furmaata gaarii akka ta'an isaan taasisa.

Haa ta'u malee, akkuma gosoota amaloota dhiigaa biroo, amala nama gosa dhiigaa 'AB' irraatti kan hundaa'ee, ragaa saayinsii cimaa argachuun rakkisaadha. Haala Qabatamaa keessatti, dandeettiin amala gosa dhiigaa 'AB' gahee karoora tarsiimowwaa baasuufi yaada qeeqaa barbaadan keessatti faayidaa qabaachuu danda'a. Amalli isaanii tasgabbaa'aan gareewwan keessatti akka humna tasgabbeessuutti akka tajaajilan isaan dandeessisa.

Amaloonni gosa dhiigaa kunneen, dhuguma hundee namummaa keenyaa qabatamaatti agarsiisu moo fedhii of beekuuf qabnu kan calaqqisiisaniidha? Amalli keenya jiinii bayoloojii keenyaan malee, toora muuxannoofi filannoo keenyaan kan bocaman miti jechuudhaa?

Tokkoon tokkoon ti'oorii kunneen, ofii keenya dhugaatti hubachuu yoo barbaanne, leensii keessatti of ilaallu waan ta'aniif, gaaffilee kana irratti gadi fageenyaan haaxiinxallu. Imalli of argachuu dhuma kan hinqabne yoo ta'u, tarii, dhumarratti, wanti hunda caalaa barbaachisaa ta'e of argachuuf carraaqii nuti taasisnu ta'uu danda'a.

Gosa dhiigaa qabiyyee hawaasummaa keessatti: Ilaalcha Aadaa.

Aadaa dhala namaa wal-xaxaa ta'e garagaraa keessatti taatee nama hawwatu tokko jira, kunis gosoota dhiigaafi amala namaa gidduutti walitti dhufeenyi jiraachuutu amanama. Gochi kun hawaasa adda addaa keessatti hundee kan gadi fageeffatee qabu yoo ta'u, sheekkoo afoolaa caalaa, jireenya guyyaa guyyaa irratti, hariiroo hawaasummaa irratti, filannoo hojii irrattifi hariiroo jaalalaa irratti illee dhiibbaa geessisaa jira.

Walitti dhufeenyi gosa dhiigaafi amala namaa gidduu jiru, gosni dhiigaa namaa, yaadaafi miira isaanii irratti dhiibbaa akka qabu agarsiisa. Yaada-rimeen kun saayinsiidhaan kan hinmirkanoofne ta'us, aadaa tokko tokko keessatti dhiibbaa guddaa kan qabu yoo ta'u, xiiqii mallattoo urjii warra dhihaa wajjin wal fakkaatuun waan as ba'e fakkaata.

Gadi-fageenya amantaa kanaa hubachuuf, warreen ijoo ta'an adda baasuun barbaachisaa dha. Yaadni isaas tokkoon tokkoon gosti dhiigaa, jechuunis A, B, AB fi O—amaloota dhuunfaa adda ta'an akka qabantu dubbatama. Fakkeenyaaf, gosti 'A' yeroo baay'ee of eeggannoofi xiyyeeffannoo bal'inaan kennuu wajjin kan walqabatu yoo ta'u, gosti 'B' ammoo kalaqaafi kaka'umasa hojii qabaachuu wajjin kan walqabatudha.

Hundeen yaada-rimee kanaa bara 1920moota keessa Jaappaan irraa kan ka'e yoo ta'u, hojii piroofeesara Takeji Furukawa, kan gosootni dhiigaa miira hojjettoota madaaluuf gosoota dhiigaa fayyadamuuf yaada dhiheesse. Yeroo booda yaadni kun bakka hojii bira darbee babal'atee gara dammaqiina aadaa bal'aa ta'etti ce'e. Kaadhimaa walitti fiduu irraa kaasee hanga akkaataa guddisa ijoolleetti dhiibbaa uumuu jalqabe.

Yaada kana bal'ifnee yoo ilaallu, sirni ilaalachaa kun kan aadaa duwwaan adda baafame ilaalamu osoo hintaane karaalee hedduun amala nama dhuunfaa iddoo garagaraatti ramaduufi hubachuuf yaalan keessaa tokko ta'uu isaa agarsiisa. Qoosaa afran qoricha durii irraa kaasee hanga agarsiisa gosa Maayers-Briggs, barbaacha uumama namaa ramaduu tattaaffii addunyaa maraati.

Mul'anni gosa dhiigaa, addunyaa keessatti baay'ee babal'ateera. Keessumaa biyyoota Baha Eeshiyaa kan akka Jaappaaniifi Kooriyaa Kibbaa keessatti hidda gadi jabeeffatee jira. Hawaasa kana keessatti gosti dhiigaa mata duree marii, wabii warra wal jaallatan, waliif ta'uu isaanii, ittin mirkaneessan, qaama sagantaalee televijiiniifi tarree gaazexaa kan gosa dhiigaa tilmaamni itti raawwatamu, kan akka horoscope fakkaatu ta'uun isaa baramaadha.

Yaada-rimeen kun namoota hedduu biratti fudhatama qabaatus, namoonni yaada dogoggoraa barame kaasan hinjiran jechuun rakkisaadha. Qeeqxonni amala gosa dhiigaa wajjin walqabatu yeroo baay'ee ifa hintaaneefi namoota baay'eedhaaf hinhojjetu jechuun falmu. Akkasumas balaa loogii gosa dhiigaa sanyummaa ykn loogii saalaa wajjin walqabatee dhufu irratti of eeggannoo godhu. Gosti loogii kun amala namoota dhuunfaa dantaa dhuunfaa isaanii osoo hintaane, gosa dhiiga isaanii irratti hundaa'uun yeroo murtaa'u ykn ilaalcha wal fakkaatu qabaachuu danda'u.

Tarii ati Gosa 'A', of eeggataafi amanamaamoo gosa 'B', kalaqa jaallatufi hafuura bilisaa baafatudha? Moo tarii ati 'AB', nama rakkoolee walxaxaa salphaatti keessa darbuu danda'udha? Tarii milkaa'inni akka hogganaa tokkootti argatte sababaa gosa 'O' ta'uu kee irraa kan madde ta'uu danda'aa? Gaaffiiwwan kun, kan nama hawwatan ta'us, salphaa ta'uufi, ammas walxaxiinsa eenyummaa namaa nu yaadachiisu.

Golgaa guddaa aadaa addunyaa keessatti, gosoota dhiigaa akka murteessaa amala dhuunfaa keessatti hiika argachuuf fedhii dhalli namaa qabu kan calaqqisiisuudha. Innis of hubachuu keenya boqonnaa malee hordofuu keenyaaf ragaadha, tarii immoo weedduu walxaxaa uumamaafi kunuunsaa keessatti salphaa ta'uu hawwuu keenya yaadachiisa.

Ragaan saayinsii walitti dhufeenyi gosa dhiigaafi amala namaa gidduu jiru sirrii ta'uu isaa kan haalu ta'us, dhiibbaan aadaan geessisu kan hinhaalamneedha. Innis leensii addaa ofii keenyaafi namoota biroo ittiin ilaallu, qajeelfama amala hiikuufi seeneffama namoonni baay'een eenyummaa isaanii itti maxxansan of keessaa qaba. Egaa, hariiroo walxaxaa samiifi iccitii gidduu jiru yeroo keessa deemnu, sammuu banaafi ija dammaqinaan, seeneffama aadaa badhaadhaa ilaalcha addunyaa keenyaa halluu itti godhu yaada keessa galchinee haalaallu.

Saayinsii Amaloota Dhiigaa: Dhugaa Moo Dogoggora?

Gosoonni dhiigaa yeroo dheeraaf yaada namaa keessatti bakka hawwataa qabatanii turaniiru-mallattoo ijaan hin-mul'anne ammoo eenyummaa keenya bocuuf humna qabu. Yaalii hubannoo waaa'ee gosa dhiiga namaa barbaaduu keessa, dhiigni iccitii dhiiga ittichuu danda'u qofa osoo hintaane, furtuu iccitii amala nama dhuunfaa hiikuuf gargaaru ta'uutu barame. Ta'us, adeemsichi hojii qama keenya keessaatti raawwatu irra gara tilmaama xiinsammuutti godhamu, riqicha yaada (hypotheses) qofa osoo hintaane, bu'ura jabaa qaawwaa ragaa amansiisaa kan barbaaduudha.

Haala kana keessattidha maalummaa murteessituu, "Iccitii Gosa Dhiigaa: Miira Sanyummaan Gamatti" kan jedhu kan qorannu. Yaadni kun dhimma barbaachisummaa guddaa gaafatu qofa osoo hintaane, sochii hawaasummaa keenyaafi ilaalcha dhuunfaa keenyaa irrattis bu'aa laayyoo hintaane qaba. Giddu-galeessa falmii kanaa kan ta'e, namni tokko yeroo baay'isee aaru, amala isaa irratti dhiibbaa uumuu danda'a kan jedhudha. Yaadni kun bu'uura kan hinqabne yoo ta'e, yaada dogoggoraafi loogii kumaatamaan lakkaa'aman fiduu danda'a.

Yoo feete, addunyaa gosti dhiigaa egeree nama tokkoo irratti dhiibbaa geessisu yaadi. Carraan hojii, hariiroofi jireenyi hawaasummaa A, B, AB ykn O irratti hundaa'uu danda'a. Seenaan kun asoosama saayinsiis miti; aadaa tokko tokko keessatti dhugaa jiru kan calaqqisiisu yoo ta'u, amantiin akkasii dhiibbaa kan qabudha. Haata'u malee, amantiiwwan kun bu'aa saayinsii malee fudhatama yoo argatan hiika akkamii qabaachuu danda'u? Loogiin gosa dhiigaa sanyii ykn loogii saalaa wajjin walqabatee jiraachuu danda'aa?

Qormaata kana mo'uuf qorannoo saayinsii cimaa gochuu qabna. Furmaanni isaa hariiroo hin mirkanoofne cimsuu osoo hintaane, odeeffannoo jabaa, ragaa irratti hundaa'e tamsaasuudha. Malli kun hariiroo gosa dhiigaafi dhuunfaafi ija qeeqaa gidduu jiru irratti qorannoo gadi fageenya qabu gaafata.

Furmaata kana hojiirra oolchuuf, ogeeyyii jeneetikii irraa kaasee hanga ogeeyyii xiin-sammuutti gareewwan adda addaatiin qorannoo bal'aa gaggeessuun barbaachisaadha. Sana booda barreeffamoonni hawwaasa saayinssin ilaalaman irratti hundaa'an argannoo isaanii babal'isuun suuta suutaan sheekkoo dhugaadhaan bakka buusu. Duulli barnootaa ummataaf beekumsa dabalataa kan kennu yoo ta'u, falmii saayinsiitiin hiika dhaqqabamaa ta'een guutame dhalcha.

Malli kun maal jechuu akka ta'e ragaan seenaa amantaa saayinsii sobaa biroo keessatti argamuu danda'a. Fakkeenyaaf, taatee 'phrenology' kan namni tokko bu'aa mataa isaa irratti argamu irraa adda baasuu danda'u haalaallu. Yaada-rimeen kun yaada cimina saayinsii irratti kan hundaa'eedha-gosa dhiigaafi amala nama dhuunfaa irraa hordofamuu danda'a.

Garuu dhuguma, dhugaan hamma ija qamadii geessu as keessa yoo jiraate hoo? Furmaatni ykn filannoon biraa ilaalamuu qabu jiraa? Falmii gama hundaan madaaluun barbaachisaadha. Fakkeenyaaf, gosa dhiigaafi namummaatti amanuun of tuulummaa irratti dhiibbaa xiinsammuu geessisuu danda'aa? Karaalee kana qorachuun bu'aa ykn dhiibbaa amantiin xiinsammuu namaa irratti qabu hubannoo gadi fagoo argachuuf nu dandeessisa.

Mee addunyaa hidhaa kana jalaa bilisa baate yaadi. Isaannis bakka dubbisuufi barreessuu dhabuun saayinsii itti olaantummaa qabudha. Namoonni dhuunfaa akka walitti qabama amala addaa osoo hintaane, akka uumama addaafi roga hedduu qabuutti ilaalamu. Addunyaa akkasii keessatti hundeen amalli nama tokkoo kan murtaa'u dhiiga ujummoo dhiigaa isaa keessaa yaa'un osoo hin taane, muuxannoowwaniifi filannoowwan hedduu ta'an kanneen seenaa jireenyasaa of keessaa qabaniin ta'uu qaba.

Xalayaa ykn qindeessaa salphaa qofa miti! Namummaankee inni dhugaan muuxannookee keessatti hinharkifamuu? Sana booda imala argannoo walxaxiinsa hafuura namaa kabajuufi yaada-rimeewwan salphaa ta'aniin haajalqabnu.

Xumura irratti, saayinsii miira nama kakaasu keessa gadi fageenyaan yeroo seennu, dhugaa wajjiin dhaabbachuudhaan kana gochuu qabna. Seenaan walitti dhufeenya gosa dhiigaafi namummaa qabsoo dhala namaa of ibsuuf qabsoo bara baraa ta'ee akka fakkeenya gaddisiisaatti tajaajila. Kana malees, seenaa hawwataa deeggarsa qabatamaa malee fudhatamuun akka sababa of eeggannootti tajaajila. Kanaaf, karaa hawwata iccitii fi barbaachisummaa ragaa kabaju uumuuf itti gaafatamummaa qabna. Sarara amantiifi beekumsarra waliin dhaabbanna.

Gosa Dhiigaa: Qorannoo Amala Nama Dhuunfaa

Muuxannoo dhala namaa keessatti, jireenya namoota dhuunfaatu yeroo baay'ee, qorannoo keenyaaf hubannoo argachuuf carraaqqii goonu waliin baay'ee walfaakkaata. Kanaafuu, mee golgaa minjaala hawwataa irratti iccitii taphaa gosoota dhiigaafi amala namaa ujummoo dhiigaa namaa keessa yaa'u haamul'isnu.

Teessuma lafaa magaalotaa ilaalaa; naannoo sochiin namaa akka dha'annaa onnee keenyaatti, dhaabbataan sochiin garaa garaa keessatti taasifamu. Bakka kana keessatti namoota dhuunfaa adda addaatu nu mudata. Tokkoon tokkoon isaanii gosa dhiigaa callisee isaan waliin deemu, hiriyyaa imala isaanii kan ijaan hinmul'anne waliin jireenya ammayyaa keessa naanna'aa jiru.

Weedduu adda addaa kana keessaatti, nama maqaan ishee Maayaa jedhamutu, ogeessa hawwii guddaa qabduufi gosi dhiiga ishee O fi, nama maqaan isaa Hiroshi jedhamu, artis-tii hubannoon guutame, kan gosi dhiiga isaa A arganna. Akkasumas nama maqaan ishee Soofiyaa jedhamtu, gosa dhiigaa B'fi, nama Elii jedhamu, ogeessa fiiziksii yaadaa, gosi dhiiga isaa AB qabu haalaallu. Wiirtuu qorannoo keenyaa irratti gaaffii miira namaa kakasu tokko haalaallu; dhiigni ujummoo dhiigaa Maayaa, Hirooshii, Soofiyaafi Elii keessa yaa'u jireenya isaanii keessatti amaloota adda addaa calaqq-isiisaa-walqunnamtii isaanii, hawwii isaaniifi waldhabdee isaanii irratti dhiibbaa geessisu qabaa?

Gaaffii kanaaf deebii argachuuf, seenaa isaanii haaqorannu. Tokkoon tokkoon namaa akkamitti gufuuwwan jireenyaa akka isaan mudatu sakattaana. Mee Maayaa nama gosa dhiigaa O qabduu kun dandeettii hoggansaa garee isheef gooteen, xumura pirojektii isaanii irratti qabxii ol aanaa galmeessisite ilaalaa. Hiroshiin nama gosa dhiiga A qabu, wantoota hubannoon ilaaluun isaaa, yeroo wanti walxaxaan isa mudatu, hojii aartii miira keessa utuu hinseeniin sirnaan akka hojjatuuf isa gargaara. Soofiyaan ammoo, kan gosa dhiigaa 'B' qabdu, miira walabummaafi akka salphaatti wayitti madaquun ishee, sagantaa hawaasummaa yeroo qindeessitu akka salphaatti akka geggeesituuf ishee gargaara. Dhuma irratti Elii, nama gosi dhiiga isaa 'AB' ta'e, dandeettii waa xiinxaluufi kalaqaa isaa argannoo saayinsii bu'ura qabu lafa qabsiisu keessatti isa gargaara.

Bu'aan isaas akka uumama isaaniitti adda adda. Pirojektiin Maayaa milkaa'ina guddaa kan argate yoo ta'u, ofitti amanamummaa gosa dhiigaa O qabaachushetu gargaare. Agarsiisni aartii Hiroshi ammo gadi fageenya miira isaa mul'isa, amaloota gosa dhiigaa A wan of keessaa qabuuf ta'innaa? Sagantaan Soofiyaan qinddeessitu haalaan miidhagaa ta'e, kun ammo dandeettiin ishee, gosa dhiigaa B ta'ushee mirkaneessaa laata? Qorannoon Elii qabxii olaanaa galmeessisiira, gosa dhiigaa AB qabaachuun isaa akka inni waa gadi fageenyaan xiinxalu isa taasise laata?

Haata'u malee, asitti altokko dhaabbannee yaaduu qabna! Bu'aa ba'iin kun dhuguma calaqqisiisa gosa dhiiga isaaniiti moo bu'aa muuxannoo ykn ogummaa dhuunfaa, dandeettiifi filannoo isaaniidha? Ragaan fuula keenya dura jiru, muuxannoo namoota dhuunfaadha. Seeneffama isaa keessatti hawwaataa fakkaatus, saayinsii keessatti hiikaa hinqabu. Daandii kanarra eeggannoodhaan tarkaanfachuu wayya-muuxannoo namoota dhuunfaan oofamnee dogoggorsuu irraa of haa eeggannu.

Gosa Dhiiga 'A'	Gareewwan keessatti nama tokkummaa itichuufi walii galtee fidu. Miira itti gaafatamummaafi amanamummaadhaan nama oofamu. Miira'aafi qilleensa miiraan nama socho'u. Of eeggataa, qixaa'aafi wantoota xixiqqootiif xiyyeeffannoo kan kennu
Gosa Dhiiga 'B'	Nama kalaqaa, waan haaraa uumuu jaallatuufi seeraafi duudhaa hawaasaan kan hindaangeffamne. Waan jaallatu kan hojjetu, sochiin isaa battalaafi naannoo jirutti kan madaquu danda'u. Yeroo rakkinniifi wantootni hineegamiin mudatan nama hinjijjiiramneefi cimee dura dhaabbatu. Damee kalaqaa keessatti nama mataa ta'ee tajaajiluudha
Gosa Dhiiga 'AB'	Namoota yaada wal qixxummaadhaaf dhaabbatan akkasumas yeroo rakkinni mudatu namoota dura dhaabbachuu danda'an. Qorattoota, namoota kaayyoodhaan socho'anifi haalota wal xaxoo qalbiidhaan namoota xiinxaluuf gahumsa qaban. Uumama lakkuu kan qaban, jechuunis gosa dhiiga A irraa amala miiraafi gosa dhiiga B irraa ammoo amala haalotatti madaquu kan dhaalan. Dhimmoota xiinxalaafi yaada bilchaataa barbaadan irratti namoota murteessoo ta'aniifi barbaachisan
Gosa Dhiiga 'O'	Dura buutotaafi dhimmoota hooggansaatiif kan dura mul'atan. Ajaja dabarsuu kan danda'aniifi namoota kaanis kakaasuu kan danda'an. Kayyoodhaan namoota socho'aniifi namoota kaaniifis kan yaadan. Dhimmoota murteefi milkaa'ina kaayyoo tokkoo barbaadan irratti namoota hundee ta'anii tajaajilan

Jechoota kana mooraa tasgabbaa'aa Yunivarsiitii Edith Cowan, bakka qorannoon saayinsii fayyaa shakkiidhaan guutameefi walqixa dhugaa dheebote irraa yeroon barreessu, imalli gara hubannootti godhamu gonkumaa akka dhuma hinqabne na yaadachiisa. Tokkoon tokkoon seenaa, tokkon tokkon qorannoo kanaa, kutaa hibboo qofa osoo hintaane; kutaa seeneffama guddaa namummaa keenya itti argannudha.

Dhiigni keessa keenya jiru waa'ee amala keenyaa dhugaa hasaasaa? Moo do'ii jireenya keenya keessatti mul'achaa jiru kana argu qofaadha? Deebiin gaaffii kanaa ammallee awwaara qulqullaa'uu dhabuun haguugamee jira. Haata'u malee, tattaaffiin qulqulleessuuf taasifamu tattaaffii kabajamaafi barbaachisaadha. Marsaa qorannoo keenyaa kana yeroo xumurru, sossobbii deebii salphaatiin harka hinkenninu. Garuu seeneffama nu ibsuu, gaaffii keessa galchuufi, qorachuu itti fufna. Gabatee beekumsaa fannoo gaaffii keessatti qulqullaa'ee, adeemsa kana irraa kan ka'e ofii keenyaafi waliif hubannoo gaarii qabaanna.

BOQONNAA

8

Burqituu Wal Simannaa Saalaa

Mi'eessituun miira jaalalaa kakaastu maal akka isheen taate yaaddee beektaa? Tarii wal simannaan jaalala keenyaa urjii keessa ykn gadi fageenya xinsammuu keenyaa keessa osoo hintaane, dhangala'aa ayyaana qabu kan hidda keenya keessa qaxxisu, dhiigaan, yoo ta'e hoo?

Toorota jireenya dhala namaa darban keessatti, dhiigni, dhiibbaan inni wal simannaa saalaafi jaalala irratti qabu gadi fageenyaan itti siqamee hinlaalamne. Haata'u malee nuti ammoo hanguma gadi fageenyan iccitii wal simuu jaalalaa qorachaa deemnu, mil'uuwwan matadurее keenyaan wal qabatan adda addaa nutti mul'achaa deemu. Mee dhimma ijoo kanaan wal qabatu tokko irratti haa haasofnu.

Hiriyaa jaalalaa barbaaddachuu/argachuun ulaagaalee hedduu kan akka amala yookiin eenyummaa, fedha waloo, akkasumas miidhagina qaamaa fa'a of keessaa qaba. Haata'u malee, ulaagaawwan kana duubaan sagalee balleeffatee ulaagaan inni guddaan addunyaa jaalalaa keessa jiraatu tokko, kan sichi beekamtiin kennamuufii qabu yoo jiraate hoo?

Wal simannaan jaalalaa dhimma onneedhaan wal jaallachuufi sammuudhaan wal hubachuu qofa irraa finiina qabxiin jedhu dogoggora qabaa? Kanumaafuu, saayinsii akka daawwitiitti qabadhee, yaada haaraa tokko isiniif dhiyeessuun barbaada. An akka qorataa saayinsii ogeessa fayyaatti, akkan gaaffii gaafadhu, qorannoo taasisufi wantoota baratamoo bira ce'ee akkan mil'adhuttin qarame. Kanaafuu amaloota kunneen dhimma keenya kana irratti yoon fayyadame maal rakkoo qaba?

Mee yaadi. Namoonni hedduun yeroo hirriyaa jaalalaa isaanii filatan, wantoota qabatamoo akka mil'uu, tuttuqaafi, waliin dubbii fa'a irratti hundaa'u. Garuu dhimma kana caalaa, yaadni jaalalleewwan tokko tokko wal simannaa gosa dhiiga isaaniirraan kan ka'e mi'aan jaalalaa isaanii dabaluun dhugumaan kan nama ajaa'ibsiisudha. Suuta! Suuta! Yaada koo kana akka yaada bishaan hinkaasneetti bira darbuu keetiin dura, hiikkoo eenyummaa keenyaa afaan baayoloojiitiin kennamu mee yaadadhu. Gosni dhiiga nama tokkoo; Amala dhuunfaa isaa, dhukkuboota muraasaaf saaxilamuu danda'uufi gosoota nyaataa inni filachuu qabuu wajjin akka wal qabatu beekamaadha. Mee addunyaa itti gosni dhiigaa, jaalalaafi wal hubannoo namoota lama gidduutti dabalu tokko yaadi.

Walitti dhufeenya qabxiiwwan kanaa caalaatti cimsuudhaaf, mee hariiroo jaalalaa kee kanaan duraa kan daran jabaa tureefi laafaa ture yaadadhu. Milkaa'inni yookiin kufaatiin hariiroo jaalalaa sun, fedha waloo dhabuufi wal simachuu dhabuu miira keenyaa qofatti sababamuu danda'aa? Moo tarii sababa cimaa baayoloojii keenya keessaa, gosa dhiigaa ta'uu danda'a laata?

Dhimmi kun waa'ee dhimma hariiroo jaalalaa addunyaa fayyaa keessa naannessuu osoo hintaane, dhimma hariiroo namummaa keenya hubachuufi adeemsa yaadaa keenya qixeessuudha. Dabalataanis, fedha keessoo keenyaatiif gosni dhiiga keenyaa karaa milkii akeekuu danda'uusaa dhimma waliif ibsuuti.

Mee kana sammuukee keessatti yaadi, jaalalleen lama, kan waa maraan wal siman garuu jaalalli isaanii akka damaraa masqalaatti kan hin ifne yaadi. Tarii sababni ifni sun dhibuu; gosni dhiiga isaanii, kan wal hinsimne ta'uusaa ta'innaa laata?

Ammoo karaa biraatiin jaalalleewwan amala garagaraa qaban, ammoo sababa gosni dhiiga isaanii uumamaan waliif ta'uuf kan waliin akka damaraa masqalaa ifanii jaalalaan jiraatanis yaadaan qabi.

Miira guutuudhaan wanta kana hubachuuf akka tolutti, akka yaada saayinsiidhaan dhiyaate tokkootti qofa ilaaluu dhiisnee, akka yaada wal simannaa jaalalaa gadi fageenyan hubachuuf dhiyaateetti haafudhannu. Hariiroowwan jaalalaa gosa dhiigaa hundee godhachuudhaan yookiin yaada kanatti fayyadamuudhaan uumamuufi hanga dhumaatti waliin jiraachuu danda'an mee yaadi. Kanaafuu egaa, walii wajjin galaa saayinsii qabannee, adeemsa kana akka waliin adeemnu isin affeeraa, sarara itti jaalalliifi saayinsiin itti wal kiphan ilaaluudhaan haaeegallu jechuun barbaada. Sababnisaas, addunyaa hariiroo dhala namaa keessatti, wanti hunduu sababaafi hidhata dhiigaa waan qabuuf.

Hawwatamummaa Dhiiga Keessatti: Tiyooriifi Ragaa

Adeemsa hawwatamummaa hubachuufi iccitiiwwan isa hordofanii dhufan baruu keessatti, qaroo saayinsii keenya murteessaa jireenya keenyaa, "Dhiiga", irraa guca qabsiifannee haakaanu. Yaadni ka'umsa keenyaa, gosni dhiigaa, inumaa falaasama sanyii keenya caalaa, hariiroo jaalalaa keessatti qabxii waan kamuu caalaa dhiibbaa qaba kan jedhudha. Garuu yaadni kun addunyaa saanyinsii keessatti hoo hangam bishaan kaasa?

Qabxiin yaada keenya kakaase tokko, gosni dhiiga keenyaa, antiijiinotni tokko tokko seelota dhiiga diimaa keenyarra jiraachuu yookiin jiraachuu dhibuunsaanii hariiroo jaalalaafi keemistrii eenyummaa keenyarratti jijjiirama fiduu isaanii irraa ka'uudhaani. Dhimmi kun, yaada gosni dhiigaa, akkuma ashaaraa quba keenyaa tokkoon tokkoon dhala namaaf kan dhuunfaatti uumamaan kennameefi fayyaa, akkasumas amala dhuunfaa irratti dhiibbaa qabaachuunsaa waggootaaf wal falmisiisaa akka ture kan of faana tirachiisudha.

Yaada kanaaf ragaa dhiyeessuuf, addunyaa dhugeeffannowwan aadaafi qorannoowwan saayinsii keessa haasochoonu. Fakkeenyaaf, Jaappaan keessatti, gosa dhiigaatiin jaalalaaf wal hawwuun gadi fageenyaan hundee godhachuu isaa irraan kan ka'e, Sab-qunnamtiiwwan jaalalleewwan irratti wal argan irratti gosni dhiigaa akka ulaagaa ijootti ilaalama. Haaluma kanaan addunyaa bahaa keessatti ammoo, Hooroskoppiin wal simannaa hariiroo jaalalaatiif ulaagaa ijoo ta'ee fudhatama. Garuu wantootni kun hundee saayinsii hoo of keessaa qabuu? Kana gadi fageenyaan baruuf, qorannoowwan maal akka nuuf lallaban ilaaluu qabna. Akka qorannoowwan jedhanitti, gosootni dhiigaa tokko tokko dhukkuboota tokko tokkoof saaxilamoofi antiijiinootni dhiiga keenya keessaa; sirna ittisa qaama keenyaa irratti dhiibbaa geessisuufi kun ammoo deebiidhaan amala dhuunfaa keenyaa irratti akka dhiibbaa geessisuu malu kaa'u. Garuu egaa qorannoowwan kanarraa gara dhimma hawwatamummaatti ce'uun, ragaa qabatamaa guutuu ta'e tokko nu feesisa.

Ammoo, yaadotni wal falmisiisoo ilaalamuu qabanis nijiru. Namootni yaada/ tiyoorii gosa dhiigaatiin wal hawwachuu qeeqan, gosni dhiigaa hariiroo jaalalaa wal simsiisuu keessatti ga'e inni qabuuf ragaa ba'uuf hir'inni daataa qabatamaa ta'e jiraachuu dhabuu kaasu. Dabalataanis, wal simannaan hariiroo jaalalaa dhimma wal xaxaa kan dhiibbaa hawaasummaa, xiinsammuufi jireenya naannoo keessaan dhufu ta'uufi kunis ammoo gosa dhiigaa qofaan wanta ibsamuu hindandeenye ta'uu akeeku. Faallaa kanaan, namootni yaada/ tiyooricha deeggaran ammoo gosni dhiigaa, qofaasaa hariiroo jaalalaatiif sababa ta'uu dhiisullee, shoora olaanaa akka taphatu eeru. Fakkeenyaaf, gosni dhiiga keenyaa firoomoonota (Pheromones) qaama keenya keessaa irratti dhiibbaa akka geessisuu danda'an dubbatu. Maarree egaa kun tarii, mallattoo keemikaalaa tiyoorii sana dhugoomsu, kan gadi fageenyaan qoratamuu qabu ta'uu hinmaluu laata?

Akka yaadaatti, yaadichi kan nama deemsisu ta'us ragaa dabalataa kan barbaadudha. Ragaawwan barruu aadaafi barteewwaniin dhiyaatan hundee haata'aniyyuu malee; tiyooriin akka kanaa gadi fagaatee dhaabbachuudhaaf saayinsii qabatamaafi gadi fageenyaan qoratame qabaachuu qaba. Adeemsa hawwatamummaa hubachuu keenya kanarratti, jaalalli albuuda halluuwwan hedduu calaqqisiisu ta'uu yaadachuun barbaachisaadha.

Gosootni dhiigaa; qorannoo keenyaaf mil'uu murteessaa ta'us, wantoota hedduu onnee namaa bocanis ilaaluuf nidirqamna. Kanaafuu, Daandii argannoofi qorannoo keenya kana irratti, ija saayinsiifi muuxannootiin carraawwan argannoo hedduu nutti mul'achuu danda'aniif qophii haataanu.

Qorumsa Wal Simannaa: Gosa Dhiigaa Jaalala Keessatti

Ganna tokko, biyya Tookiyoo keessatti, namootni lama mana dhugaatii callisa bareedaa qabu keessatti, minjaala jalaan jilbi isaanii wal rigaa wal fuuldura taa'anii wal ilaalu turan. Miikaan, durba hojiinshee diizaayin giraafiksii ta'eefi jireenya keessatti madaala nama jaallattu akkasumas wantoota xixiqqoo tokkoon tokkoon adeemsa jireenyashee keessatti xiyyeeffannoo kan laattu yoo taatu, amalli ishee kunis kitaabota manashee akka isheen itti tooraan keessuufi kaalsii lukashee wal fakkeessitee akka isheen itti qixeeffattee uffattu keessatti kan mul'atudha.

Fuuldurashee ammoo dargaggeessi taa'ee jiru Keenjiidha. Keenjiin ammoo amalaan nama suuta dubbatuufi hojiidhaan ammoo baayooloojistii ta'edha. Akkasumas uumama isaatiin nama dhimma uumamaa irratti gaaffii gaafatuufi iccitii uumamaa baruuf nama carraaqudha.

Waliin dubbiin namoota kana lamaan gidduu fiilmii jaallatan irraa hanga yaadannoowwan ijoollummaasaaniitti waliin haasa'aa; copha jaalalaa waliin muuxachaa suuta itti fufe. Hariiroodhaaf wal arguun isaanii guyyaa jalqabaa ta'us; walitti dhufeenyi isaanii garuu akka nama wajjin guddatanii ture.

Yeroon isaanii miidhagduufi haalli isaanii kan namatti tolu ture. Miikaafi Keenjiin haasaa isaanii gidduutti, dhimma ulaagaa hariiroo jaalalaa tuffatanii darban osoo kaasanii, Miikaan gaaffii tokko kaaste. Innis, "Gosti dhiiga kee maali" kan jedhu ture. Akkuma bakkota addunyaa hedduu keessatti urjii horoskoppii walii namootni lama wal gaafatan, Jaapaan keessatti ammoo gosa dhiigaa wal gaafatu. Keenjiinis, seeqa xiqqoo booda; "Gosti dhiigaa koo O'dha" jedhee deebise. Yeroo kana fuulli Miikaa ni'ife! "Kan kiyyas akkasi" jettee gammachuudhaan dubbatte. Battaluma sanatti, hariiroon hundee baayoloojii gadi fagoo of keessaa qabu tokko lamaansaanii gidduutti uumame.

Yeroo sana booda, waliin dubbiin isaanii; jalqaba hariiroo yeroo fagoo ta'e. Kun hunduu taatee akka tasaati moo sababni hundee qabu tokko waan duubaan jiruufi laata? Lamaan isaanii eenyummaa namni tokko gosa dhiiga isaarraa ka'uudhaan qabaachuu malu kaasaa taphatan. Akka fakkeenyaattis namni gosa dhiigaa O qabu hangam akka ofitti amanamummaa qabuufi faana ofii dha'uu jaallatu, ija addunyaa dhuunfaasaaniitiin wal ilaalaa, kaasanii haasa'an. Garuu an akka qorataa saayinsi fayyaa tokkootti, hiika dimshaashaan waa'ee amala gosa dhiigaan kennamu kanarratti shakkii waanan qabuuf, hiika saayinsii, kan ragaa irratti hundaa'en filadha.

Haata'u malee dhimma Miikaafi Keenjii kana yeroon qalbiin ilaalu, yaadni waa'ee amala gosa dhiigaan wal qabatee ka'u dhugaa ta'uu malaa laata yaadni jedhu sammuu kiyyatti dhufe. Gosni dhiigaa wal fakkaataa dhoksaadhaan hiddoota qaama isaanii keessa fulla'u, aadaafi duudhaa ce'ee wanta lachuu isaanii walitti hidhe ta'uu malaa? Maarree egaa, kitaabni kun, daandii dhugaa waan kana dudduuba jiru ifatti baasu ta'a jechuudha.

Tokkoon tokkoon fuulota kitaaba kanaa irratti hidhata hariiroowwan jaalalaafi gosa dhiigaa gidduu jiru niargitu. Dabalataan, Duudhaafi amantii ija tokkoon ilaalaa, ija tokkoon ammo, dhiigni akkamiin akka fedha garaafi onnee keenyaarraan dhiibbaa geessisu ilaalla.

Maayikirooskooppii jalatti, seelota dhiiga diimaa namoota adda addaa lama yoo ilaalle, jaalalaan waliif ta'uu yookiin ta'uu dhiisuu isaanii baruu dandeenyaa? Miira'aa ta'uun nama gosa dhiiga A qabuufi Kalqa jaallachuun nama gosa dhiiga B qabuu yoo walitti dhufe, waliif ta'uufi ta'uu dhabuu isaaniitiif ragaan qabatamaa argamuu danda'aa? Wanti kun hangam baayooloojii keessattii hundee qaba? Caalaatti ammoo, aadaafi duudhaa keessatti hoo, hangam dhugeeffama?

Daandii keenya kanarratti, addunyaa wal hubannoofi hariiroo gadi fageenyaan wal hubachiisuuf, seenaa akka kan Miikaafi Keenjii kana isiniif qoodaa walii wajjin deemna. "Garuu akkamitti copha dhiigaa tokkoorraa jaalalli calalamee ba'uu danda'aa?" Jettanii gaafachaa jirtu ta'a! Kanas kan wajjin gadi fageenyaan ilaallu ta'a.

Qorannoo keenya kana keessatti, ilaalchota ragaa laaboraatooriifi akka dhuunfaatti ammoo onnee irraa madde akkan dhiyeessu gamanumaa waadaa seenuun barbaada. Akka hubannoon wal simannaan jaalalaatiif qabnu haaromutti, ragaawwan jiran gadi fageenyaan nixiinxalla, niqaaccessinas. Haata'u malee, dhugaa tokko nibeekna, innis Jaalalli; icciti-idha. Iccitii sana barbaadutu walitti nu fida. Kana jechuun gaaffiin nuti waa'ee jaalalaa gaafannu, hanguma deebii isaa nuti barbaadnu sanaa murteessaadha jechuudha. Dhugumaan jaalala keessatti, dhiigni, sanyii ofii caalaa walitti nu dhi-yeessaa? Kana walumaan fuulota kitaaba kanaa itti aanan keessatti kan ilaallu ta'a.

Hariiroo Jaalalaa Gadi Fagoo Ta'anrratti Qorannoo

Magaalaa bareedduu Firiimeental, kan dhiha Awustraaliyaa keessatti argamtutti, dhayiin galaanaa seeqa daa'immaniifi haasaa namoota gabaa deemanii olii gad dambaliisaa jira. Achuma, gabaafi foolii bunaatiin naannoo urgooftee jirtu sana gidduutti kaafteeriyaa argamtutu jira. Kaafteeriyaa sana keessa ammoo narsii kunuunsaafi jaalala beektu, Juuliyaa jedhamtuufi baayooloojistii galaanaa, kan hojiinsaa dhok-saawwan bishaan garbaa faana maashoo beekumsaatiin bu'uu ta'e, kan Aleeks jedhamu wal fuuldura taa'anii argamu.

Hariiroon jaalala isaanii, hariiroo baratamaa jaalalaa miti. Kana jechuun, Juuliyaan nama waan qabatamaatti amantu yoo taatu, Aleeks ammo nama yaadasaa keessaan addunyaa gara fuulduraatti itti aanee bishaan keessaafi irratti arguu malu yaadaa ooludha. Akkuma amala isaanii kana eenyummaan isaaniis addaa adda. Juuliyaan hiddi sanyii ishee Xaaliyaan yoo ta'u, Aleeks ammoo warra abbaa lafaa Awustraaliyaa, dhalataa Niyoongaar keessaa nama ba'edha.

Juuliyaan nama gosa dhiigaa AB qabdu yoo taatu, hojiinshee narsummaadhaanis dhimmootni gosa dhiigaan wal qabatanii dhufan yeroo baay'ee ishee mudatu, dabalataan dhimma gosa dhiigaa nama raajeffattudhas. Aleeks ammo nama gosa dhiiga A qabu yoo ta'u, hojiisaatiinis waan wal hinqabanneef waa'ee dhimma gosa dhiigaa nama badaa itti hinyaadneefi erga Juuliyaadhaan wal baree dhimma kana nama suuta suuta hubachaa dhufedha. Walitti dhufeenyaafi hariiroo isaanii kan adda taasisu tokko, dhimmasaanii mala addaan to'achuu isaaniiti. Jechuunis Juuliyaan, addunyaa amala gosoota dhiigaa Aleeksiin kan wal barsiiste yoo taatu, kana keessattis namootni gosa dhiigaa AB qaban, namoota hariiroo cimsuu ykn dippiloomaasii beekaniifi wantoota madaalchisanii ilaalan akkasumas wantoota harkaa qaban irratti ammo itti gafatamummaa fudhatan akka ta'an itti himti.

Maarree jarri lachuu, walii wajjin, gosni dhiiga isaanii akkamiin akka walitti dhufeenya yookiin hariiroo jaalalaa isaanii irratti dhiibbaa akka geessisuu danda'u qalbeeffatan. Adeemsa isaanii keessattis deebiin isaan argatan ajaa'iba ture. Innis suuta suuta haasawa keessa, amala walii isaanii (kan gosa dhiiga isaanii) walirratti agarsiisuu jalqaban. Yeroo juuliyaan wanta jiru wal simsiistee waan gara fuulduraa akeektu, Aleeks ammo mudaa tokko malee karoora torbanii salphaatti kaa'a. As keessattis, amala walii walirraa fuudhanii keessatti wal argan. Inumaa adeemsa sana keessatti wal falmii tokko malee yaada ijaarsaa walii kennaa akka deemanis qalbeeffatan.

Anis akkuman gadi fageenyaan dhimmasaanii kana qorachaa adeemeen, wantoota gurguddoo inni mallattoo ta'ee nutti mul'isu arguun eegale. Jechuunis hangamuu hariiroon jaalalaa isaanii wal kabajuufi wal hubachuu irratti haa hundaa'uyyuu malee; saxaxniifi eenyummaan baayoloojii isaanii hoo hariiroo isaanii kanarratti hangam dhiibbaa geessisee jira laata, gaaffiin jedhu nakeessa deddeebi'e. Gosa dhiigaatiin michoomuufi hariiroo uummachuun akkuma jirutti ta'ee, dhugaan tokko garuu ifa. Innis muuxannoofi hariiroon dhala namaa dhimma sanaa ol ta'uusaati.

Hariiroo jaalalaa Juuliyaafi Aleeks akkuman xiinxalaa deemeen, gaaffiin tokko sammuu naseente. 'Saxaxni baayoloojii nuti maatii keenyarraa dhaalle namoota jaallannuufi itti siqnu irratti dhiibbaa hangamii qaba laata?' kan jedhu ture. Kana jechuunis, tarii dhangala'aan dhuka lafee keenya keessaa maddee nu jiraachisu, dhiigni, onnee jaalalaa keenyaafis sababa jiraachuu ta'uu malaa laata?

Akka qorataa saayinsi ogummaa fayyaatti, kanan leenji'eefi baradhe ragaawwan qabatamoo ta'an fayyadamuudhaan deebii quubsaa ta'e argachuu irratti xiyyeeffachuufi. Garuu hariiroowwan akka kan Juuliyaafi Aleeks kun wantoota qabatamoo ta'anii bira ga'amuu hindandeenye na yaadachiisa.

Duuniyaa qorannoo keenya kanarratti, jaalalli wanta ijaan arginuufi dhageenyu qofa akka hintaane yaadaan qabachuun barbaachisaadha. Jaalalli, afooshaa itti miirri, muuxannoofi gosni dhiigaa osoo hinhafiin bakka itti wal ga'anidha.

Wal simannaan gosoota dhiigaa dhugumaan hundee hariiroo ta'uu danda'aa? Moo quunnamtiidhaan dhala namaa uumamaan jirutu dogoggoraan akka wal simannaa gosa dhiigaatti hubatame? Yeroo waa'ee hundee jaalalaafi wal simannaa kana haasofnu, gaaffiin nuti of gaafachuu qabnu tokko 'Dhugumaan, wanti hunda keenya walitti nu fidu maalidha?' kan jedhudha. Dhiiga waliin qabnu moo yaadannoowwan waliin dabarsinedha? Gaaffiiwwan kana yeroo deebisuuf kaanu, wanti dagachuu hinqabne tokko jaalalli; iccitii herregaan bira ga'amu osoo hintaane, tarkaanfii jireenyaa muuxannoodhaan bira ga'amuun feesisu ta'uusaati.

Boqonnaa itti aanutti yeroo qaxxisuuf jennu kanatti, baayoloojii qaama keenya keessaa kan namootaa wajjin walitti nuhidhu, wal nu hubachiisuufi wal nu jaallachiisu yaadaan haaqabannu.

Gosa Dhiigaafi Saal-Quunnamtii: Jette-Jettee Saayinsiirraa Calaluu

Addunyaa itti adda addummaan dhala namaa keessa fulla'u kana keessatti, ilmi namaa wantoota irra deddeebiin godhamaniifi wantoota wajjiniin walitti dhufeenya/hariiroo uumuu danda'u akka filatu beekamaadha. Kunis amaluma uumamaati. Mataduree hariiroo dhala namaa qorachuu gaafa eegallu, daandiiwwan jette jetteefi himamsaan bocaman irratti of arguun keenya waan hinoolle. Kana keessatti ammoo amantaan gadi fageenyaan hundee dhaabbatee jiru tokko gosti dhiigaa wal hawwachuu saal quunnamtii (Dhiiraafi durba gidduutti) dhiibbaa qaba kan jedhudha.

Kana ammoo gadi fageenyaan akkuma keessa seennuun, jette jetteewwan akka haqa saayinsaawootti yeroo hubataman arguu dandeenya ta'a. Dhimmi gosootni dhiigaa, amala saal-quunnamtiifi filannoo hiriyaa jaalalaa irratti dhiibbaa qaba jedhu kun, yeroo hedduu wal falmisiisaadha. Dabalataan ammoo daandii kanarratti; hubannoon saayinsiifi jette jettee walitti waan makamuuf, nama dhimma kanaaf haaraa ta'eefi baruu barbaadu yeroo hedduu deebii quubsaa malee ofirraa deebisa.

Mee hawaasa gosa dhiigaa (A, B, AB fi O) akka ulaagaa hariiroo jaalalaatti fudhattu tokko yaadi, haala kana keessatti maaltu ta'a jettee yaadda? Sababa gosa dhiigaa nama tokkoon loogiin namarratti, akkasumas sanyii tokkorratti hintaasifamuu? Gaaffiin kun akkuma jiruutti ta'ee, fuula keenya yeroo kallattii furmaataatti galagalchinu ammoo, daawwitii ragaa qabatamaafi ilaalcha loogii irraa bilisa ta'e qabaachuun barbaachisaadha. Sababnisaa, ulaagaawwan dhugaa saayinsii keessaa jiru yoo guunnedha, kan nuti jette jetteewwan naannoo dhimmoota gosoota dhiigaafi saal-quunnamtii jiru balleessuu dandeenyu.

Tarkaanfiiwwan adeemsa kanaaf nu barbaachisan, keessaa barnoootni isa hangafaafi murteessaa ta'uunsaa beekamaadha. Addunyaa jenetiksiifi baayoloojii keessatti, barnoota Saalaa (hubannoo namni saalquunamtii irratti qabu dabaluu) yoo masakne, beekumsa namni dhimmicha irratti qabu dabaluufi ragaawwan hundee hinqabne dhabamsiisuuf sirriitti nu gargaara. Dabalataanis, fooramoota hawaasaa qopheessuudhaan, jette jetteewwan dhabamsiisuufi beekumsa saayinsii babal'isuun nidanda'ama. Garuu tarkaanfiiwwan kunneen akka furmaata fiduu danda'an ragaa maalii qabna? Qorannoowwan walitti dhufeenya amala namaafi gosa dhiigaa irratti taasifaman hedduu yoo ilaalle, ragaa hundee qabu hinmul'isan.

Gama biraan ammoo barsiisota dhimma fayyaa hawaasaa irratti kennamanii milkaa'an yoo ilaalle, dhimma keenya kanaaf furmaata ta'uu danda'uu laata? Nu jechisiisa. Kana keesatti, teeknooloojii faydamuudhaan odeeffannoowwan haqaafi ragaa qabatamaa irratti hundaa'an tamsaasuun akka qabxii tokkootti fudhatamuu danda'a. Miidiyaaleen hawaasaa, Appilikeeshinootni, akkasumas marsariitiin (website) meeshaalee ittiin hawaasa bal'aa biraan dhugaa mataduree keenya kana waliin wal qabatan irratti tamsaasuu dandeenyu goonee fudhachuu dandeenya.

Kun akka kanaan jirutti, gaaffii tokko of gaafachuun barbaachisaadha. Nuti akka hawaasaatti amantaawwan dogoggoraa dhimma kanarratti qabnu hurgufannee dhiisuudhaafi ragaa qabatamaa dhimmicha irratti jiru ammoo fudhachuudhaaf qophiidhaa?

Kun namoota gosa dhiigaa, jaalalaafi hariiroo jaalalaa isaaniitiif hundee godhatanii hubataniif akka hinliqimfamne nan beeka. Garuu ammoo dhugaa saayinsii duubaafi keessa jiru yoo itti siqnee hubanneefi fudhannedha, kan nuti caalaatti eenyummaa namummaa keenyaafi wantoota hariiroo namoota biraa wajjin nuuf uuman hubachuufi caalaatti jaallachuu dandeenyu. Matadureen kun walumaagalatti, ijjibbaata nuti addunyaa saayinsiifi jette jettee walirraa adda baasuu keessatti guyyuu numudatu calaqqisiisa. Kun ammoo kan nutti agarsiisu, dhiibbaawwan kanneen baayoloojii keenyaafi hawaasa keenyarraa qaqqaban, akkaan bal'ina waan qabaniif; salphisnee tarree tokko qofa jalatti hubachuun rakkisaa ta'uusaati.

Xumurarratti, kan nuti baruu qabnu, dhimmi saal-quunnamtiifi gosa dhiigaa kun; waa'ee jette jetteefi saayinsii walirraa adda baasuu qofa osoo hintaane; dhimma adda addummaa keenya hubachuu, muuxannoo keenya bal'isuufi waliin qooddachuufi hidda keenyaan olitti, wantootni akka namaatti walitti nu hidhan jiraachuu isaaniiti. Egaa, hundee mataduree keenyaatti as haadeebinu, jechuunis jaalalliifi hawwatamummaan hariiroo jaalalaa gosa dhiigaa keenyaan hinmurteeffamu kan jedhutti jechuudha.

Addunyaa ragaa qabatamaa malee qoqqoodinsi heddummatu keessatti, mata dureen kun waamicha ragaa qabatamaatiif taasifamu ta'ee akka fudhatamu abdiin qaba. Jette jettee jiru irra ceenee, dhugumaan wantoota walitti nu fidaniifi tokko nu taasisan akkasumas, gadi fageenya eenyummaa keenyaafi naamummaa keenya nu hubachiisan irratti akka xiyyeeffannun hawwa.

BOQONNAA

9

Haadhummaafi Haadha Ta'uu: Iccitii Gosa Dhiigaa

Ulfaa'uufi Ulfa hubachuuf salphaadhumatti, qabxiilee, maaltu ta'uuf deema laata, kan jedhuufi namoota kanaaf hinqophoofne ammoo rifachiisu, gidduu deddeebi'uu jechuudha. Qabxiilee kanneen keessaa inni murteessaan tokko gosa dhiigaati. Maaliif? Sababnisaas, gosti dhiigaa haadha daa'ima dee'uuf deemtu irratti dhiibbaa geessisuu irra darbee lubbuu haaraa gadameessashee keessa jiru biras waan qaqqabuufi.

Kanaafuu kaayyoon keenya, dhimmi gartuu dhiigaa haad-haafi mucaa gidduutti hubatamummaa akka argatu taa-sisuudha. Kanarrattis, dubbistootni adeemsa yeroo ulfaa fayya qabeessaafi nagaa ta'e akka qabaatan gargaaruurra darbinee, dhalachuu daa'imaa sodaa kamuu irraa bilisa ta'e akka qabaatan agarsiisuuf kan yaallu ta'a.

Daandii keenya kana eegaluuf, hidhannoo beekumsaafi ragaalee qabatamoo jiran qabaachuu qabna. Daandii kanarrattis hubannoon gosa dhiiga keenyafi kan hiriyaa (jaalalaa) keenyaaf qabnu murteessaadha. Dabalataanis, daa'imni tokko dhalachuun dura; dhimma wal simannaa gosa dhiigaa irratti, ogeessa fayyaa mari'achiisuun barbaachisaadha.

Hayyee! Egaa dhimma keenya kana bal'inaan ilaaluu haa'eegallu. Bal'inaan ilaaluun maaliif barbaachisa? jechuu maltu ta'a. Sababnisaa, xaxama gosa dhiigaafi murteessituu Rh dabalatee rakkoowwan isaaniin wal qabatee dhufuu maluu mil'achuufi yeroo ulfaatti tarkaanfiiwwan dursinee fudhachuu qabnu baruu waan qabnuufi. Dabalataanis, Beekumsa Qorannoo da'umsa duraafi tajaajiloota talaallii kan akka immiyuunooguloobuliinii qabaachuun faayidaa guddaa qabaata.

Kanas, tokkoon tokkoon isaanii gadi fageenyaafi of eegganmoodhaan xiinxalaa adeemna. Gosti dhiigaa dhala namaa, seelota dhiiga diimaarra (kan nuti maatii keenyarraa uumamamaan dhaallu) jiraachuu ykn jiraachuu dhibuu antiijinootaatiin kan murteeffamudha. Mataduree waa'ee "Ulfaan" wal qabatu jalatti ammoo, antiijiinootni murteessoofi mataa ta'an, gosoota dhiigaa ABO dha. Akkasumas murteessituu Rh dha.

Saxaxni dhiigaa, gartuu hangafaa afuritti addaan qoodama. Innis, A, B, AB fi O yoo ta'an, kunneenis antiijinoota adda isaan taasisan mataa isaanii kan qabaatan ta'u. Gama biraatiin murteessituun Rh ammoo, jiraachuu (Rh+ eyyentaa)'fi murteessituun Rh dhabamuu (Rh- mitihee) kan agarsiistudha.

Yeroo adda addummaan murteessituu Rh haadhaafi mucaa (garaa keessa jiru) gidduutti mul'atu; keessumaa yoo haati murteessituu Rh- mitihee qabaattee, mucaan garaa keessaa ammoo murteessituu Rh+ eyyentaa qabaate, of eeggannoofi dammaqinaan ilaalamuu qabdi.

Tarii yoo mucaan lubbuun hindhalatiin garaa keessa jiru, antiijiinii hidda dhiigaa haadhaa wajjin wal hinsimne yoo qabaate hoo? Yeroo kana mudannoon dhukkuba daa'ima dhalatuun wal qabatee dhufu kan heemooleetikiidhaan (haemolytic disease of the newborn, HDN) wal qabatu arguu dandeenya ta'a. Haala kana keessatti sirni ittisa qaamaa haadhaa seelii dhiiga diimaa mucaa garaa keessa jiruun wal faccisuu jalqaba. Kun ammoo dhibeewwan jajjaboo akka aneemiyaa (hir'ina dhiigaa), jaayundisii (Jaundice)'fi mucaa garaa keessa jirurraan dadhabuu onnee geessisuu danda'a.

Soogidda beekumsaa xiqqooshee bakka kanatti dabalataan firfirsuuf, gulantaa humna ittisa qaamaa haadhaa to'achuufi yeroo yeroodhaan immiyuunooguloobuliinii Rh (D) haadhaa hordofuun, mucaa garaa keessa jiruu wajjin wal simachuu dhabuudhaan rakkoo dhufu hambisuun nidanda'ama. Adeemsi yaalaa kun, guyyaa ulfaa'uu irraa eegalee gaafa naannoo torban 28ffaa kan kennamuufi de'umsa booda kan kennamu yoo ta'u; kunis daa'imni haaraa dhalatu miidhaa fayyaa kamuu irraa bilisa akka ta'u gaachana ta'ee tajaajila.

Namni tokko Gaachanni kun jabaatee tumamuufi qophaa'uusaa yoom itti amanamummaadhaan hubachuu danda'a? Gaaffileen kun kan isaan deebi'an, yeroo qorannoon maatii, (gosa dhiigaa isaanii adda baafachuu dabalatee jechuudha), akkasumas mil'annaan antiijinoota isaanii yeroo taasifamu ta'a. Akkasumas altiraasaawundiifi amniyooseenteesisiin nagummaa mucaa garaa keessaa daandiiwwan nutti mul'isan ta'anii kaa'amu.

Haata'u malee, hangamuu hordoffiin taasifamu, wantootni hineegamne tokko tokko mudachuu malu. Tarii yoo murteessituun haadhaa Rh'n ishee mitihee (-) ta'ee, hordoffii yaalaa immiyuunooguloobuliinii Rh (D) osoo hinfudhatiin hafte, yookiin ammoo wal simachuu dhabuu Rh haadhaafi daa'ima hindhalatiin jiruu yoo xiqqoo turee tibba ulfaa keessa barame, yaadda'uun hinbarbaachisu. Sababinsaas, mudannoowwan akkasii jiraachuu malu. Yaala tiraanisfiwuuzhinii gadameessaafi mucaan dafee akka dhalatu gochuun furmaata rakkoo tasaa armaan olii nuuf ta'uu nidanda'a.

Murteessituu Rh: Gadi Fageenyaan

Baayoloojii dhala namaa gadi fageenyaan hubachuudhaaf wantootaafi hidda uumamaasa walitti hidhu itti siqnee ilaaluun murteessaadha. Hiddoota kanneen keessaas, murteessituun Rh adda duree yoo ta'u, keessumaa ammo dhimma ulfaan walqabatee ka'u keessatti shoora olaanaa qaba. Rh gadi fageenyaan xiinxaluun, xaxama inni qabuufi fageenya inni qabu nutti haa agarsiisuyyuu malee akkaataa itti to'annus nutti niagarsiisa.

Xaxamaafi maalummaa Rh sirriitti hubachuudhaaf jechootaafi hiikkoowwan murteessoo muraasa wal hubachiisuun dirqama taati. Isaan keessaa warra murteessoo daandii keenya kanarratti nu gargaaran eeruufis; Antijinoota,

Antibodii, wal simachuu dhabuu Rh, dhukkuba heemoliitikii daa'ima reefuu dhalatuu (HDN), Immiyuunooguloobuliinii Rh (D) fi qorannoo da'umsa duraa fa'a akka ijootti jechoota beekuu nu barbaachisaniidha.

Antiijiinootni, wantoota humnaafi dammaqinsa ittisa qaama keenyaa kakaasanidha. Ija biraan yoo ilaallu ammoo, alaabaa seelii dhiiga diimaa ta'uudhaan maalummaa seelichaa kan ibsanidha. Sirna Rh keessatti, antiijiniin murteessaan antiijiinii 'D' jedhama. Dhiiga namaa keessa yeroo jiraatan dhiigni sun Rh+ eyyentaadha jechuudha. Yoo dhiban ammo dhiigni sun Rh- mitiheedha jechuudha.

Gama biraan yoo ilaalle, humnootni ittisa qaamaa (Antibodies), waardiyyaa qaama keenyaati. Yaa'insa dhiiga keenyaa akka waardiyyaatti eeguudhaan antiijiinootni alaa dhufan akka qaamaan wal siman ykn qaama keessaa dhibaman taasisu. Yeroo namni dhiiga Rh- mitihee qabu tokko dhiignisaa, dhiiga nama Rh+ eyyentaa qabuuf saaxilamu sirni ittisa qaamaasaa Rh ittisa qaamaa (Rh Antibodies) uumuu jalqaba. Adeemsi kunis Sensitizeeshinii (sensitization) jedhamuudhaan beekama.

Wal simachuu dhabuun Rh kan mudatu, yeroo haati dhiiga Rh- mitihee qabdu, daa'ima Rh+ eyyentaa qabu ulfooftee jirtu yoo ta'u, daa'imni yookiin mucaan hindhalatiin garaa keessa jiru sun ammoo dhiiga Rh+ eyyentaa sana abbaa isaarraa yeroo dhaaludha. Egaa yeroo akkasii qaamni haadhaa ittisa qaamaa (antibodies), Rh+ eyyentaa daa'imaarraa of qolachuuf antibodii oomishuu eegala. Kun ammoo dhukkuba HDN yookiin dhukkuba heemoliitikii daa'ima reefuu dhalatuuf saaxila.

Dabalataanis seelota dhiiga diimaa daa'ima garaa keessa jiruu mancaasuudhaan dhukkuboota akka aneemiyaa, jaawundisiifi haalota tokko tokko keessatti ammoo dad-habbii onneefi dhangala'aa kuufachuu ykn dhiita'uu qaamaa qaqqabsiisuu danda'a.

Qorichi ykn talaalliin Immuyuunooguloobuliinii Rh (D) jedhamu, haadholii dhiiga Rh- mitihee qaban wal'aanuuf kan nu gargaarudha. Qorichi kun of keessaa ittisa qaamaa Rh+ eyyentaa waan qabuuf osoo sirni ittisa qaama haadhaa Rh+ eyyentaa ulfa garaashee keessaatiif deebii hinkenniin wal'aana. Qorannoon da'umsa duraa fayyaa haadhaafi ulfa garaa keessaa to'achuufi hordofuudhaaf kan gargaarudha. Kunis, gosa dhiigaa baruu, ittisa qaamaa ilaaluu, haalota tokko tokko keessatti ammo altiraasaawundiifi amniy-ooseenteesisii dabalachuu kan malu yoo ta'u, kunneenis fayyummaa daa'ima garaa keessaa baruufi mallattoon dhuk-kuba HDN yoo jiraate baruuf kan gargaaranidha.

Mee oyiruu ykn maasaa bal'aa tokko bakka itti abaaboon gosa adda addaa ta'an dhaabamanii, wali-wajjin daraaranii lalisan yaadi. Dhimmi ulfaan wal qabatus egaa yoo murteessituun Rh sirnaan hordofameefi to'atame kanaan wal fakkaata. Abbaan maasaa ykn oyiruu sanaa yoo cimaa ta'e, tokkoon tokkoon biqiltuuwwan isaa, wal-irratti dhiibbaa osoo hingeessisiin akka guddatan akkuma eegu jechuudha. Garuu ofeeggannoo hunda gochuu irratti osoo argamnuu, yoo sirni ittisa qaama keenyaa keessummaa haaraa tahe gara qaama keenyaatti dhufe yoo faccisuu eegalehoo?

Mee yaadi, yeroo waraanni nagaan boqochaa jiru tokko weer-artuu haaraa argee loltootni bakka bakka qabatanii faccisuu eegalan. Wal simachuu dhabuu Rh jechuunis egaa kanuma akkasiiti. Jechuunis qaamni haadhaa seelii dhiiga mucaa garaashee keessaa akka weerartuu alagaatti simachuu danda'a. Yeroo kana daa'imni xiqqaan gadameessa haadhasaa boraafatee taa'u sun maqaasaatiin waraanni seelota gidduutti akka gaggeeffamaa jiru beekaa? Daa'imni hindhalatiin jiru sun beekuu baatuyyuu, sirnootni ittisa qaama haadhaa garuu ofeeggannoodhaan faccisuuf dhaabbatanii eegu.

Utuu waraanni eegamu sun, seelota alaa dhufan jedhaman sanaa wajjin hineegaliin immuyuunooguloobuliinii Rh (D) of dura buusuudhaaf nagaa buusuuf yaalii taasisuun barbaachisaadha. Kanuma keessa egaa namni "lolliifi wal morkiin antiijinootaafi ittisa qaamaa gidduu qaama keessatti adeemsifamu kun mucaa garaa keessa jiru miidhuu danda'aa?" jedhee yaadda'u hindhibu ta'a. Gaaffiin kun hundee maaliif akka murteessituu Rh hubachuun barbaachiseefi haadholii da'umsa eeganiif kana baruun maaliif murteessaa akka ta'e nu akeekkachiisa.

Wal simachuu dhabuu Rh gadi fageenyaan hubachuudhaaf, akka fakkeenyaatti mee doonii xiqqoo dambalii galaanaa cimaa walakkaatti qabamtee jirtu tokko yaadi. Sirni ittisa qaama haadhaa as keessatti bubbeefi qaqqawweessaa yoo ta'u, seelotni Rh+ eyyentaa daa'ima garaa keessa jiruu ammoo doonii sana ta'u. Yoo kan gidduu galee dhimma sana furu jiraate malee carraan dooniin sun dhidhimuu bal'aa ta'a jechuudha.

As keessatti immiyuunooguloobuliiniin Rh (D) baraartuu donii sana gara nagaatti qajeelchuufi bubbee sana jalaa oolchu ta'ee fudhatamuu danda'a. Wal'aansa qorichaa sirna qabu argachuudhaan, daandiin fayyaatti geessu soqamuu danda'a. Addunyaa kunuunsa daa'ima hindhalatiin garaa keessa jiru keessatti ammoo, wantoota jiran salphisanii hubachuun dhaabbii jabaa mudannoo kanarratti akka qabaannu nu taasisu. Kana gochuudhaanis jechootaafi adeemsota wal xaxoo adeemsa wal'aansaa keessa jiran irra aanuudhaan tasgabbiifi qulqullinaan wanticha akka hubannu nu taasisa.

Adeemsa kana keessa, yaadni tokkoon tokkoon nuti kaasnu, qabxiileen ofeeggannoo fudhatamuu qaban jennee nuti eerru, jireenya dubbisaa wajjin karaa tokko yookiin karaa biraa wal simaa deema.

Seenaawwan namoota Rh'n isaanii wal hinsimnee kaasaa, muuxannoo isaanii waliin dubbiifi jechamoota isaanii keessa cuubbachaa hubannoo gadi fagoo mataduree keenyarratti kan taasifnu ta'a. Haqa Rh dhaan walqabatee jiru kaasuu qofa osoo hintaane wantoota isa waliin wal qabatanis akka fakkeenyaafi yaada ka'umsaatti qabannee kan adeemnu ta'a.

Adeemsaafi turtii yeroo 'ulfaa' keessatti, Rh'n shoora olaanaa taphata. Itti dhiyaannee gadi fageenyaan yeroo hubachaa deemnu ammo gosti dhiigaa, addatti ammo murteessituun Rh, seenessa dhaalaa nuti maatii keenyarraa dhaallu keessatti ga'een isaanii laayyoo miti. Inumaa, qabxiiwwan murteessoo fayyummaa haadhaafi mucaa irratti dhiibbaa guddaa qabu.

Walsimannaa Jireenya Haadhaafi Ulfaa: Qorannoodhaaf

Magaalaa callistuu Edithvale, kan dambaliin qarqara lageewwan ishee sagalee jireenyaa haaraa asaasu keessatti, qabxiin murteessituun barbaachisummaa guddaa walsimannaa gosa dhiigaa, fayyummaa haadhaafi mucaa garaa haadhaa keessa jiruuf qabu tokko mul'attee turte. Qorannoon sun anaaf akka tarkaanfii qorannoo qofa osoo hintaane, hubannoo an baayoloojii dhala namaatiif qabu mudannoo jijjiire ture.

Hundee qorannoo keenyaa kan turan shamarree yeroo jalqabaatiif haadha ta'uudhaaf deemtu Eemilii jedhamtuufi mucaa garaashee keessa jiru turan. Eemiliin hojiisheetiin dubaree barsiiftuu taateefi seeqa nama hawwatu qabdu, ammo gosa dhiigaa O- mitihee kan arjaa waloo yeroo hedduu jiraachuu dhabuusaatiin beekamuufi gosoota dhiigaa A, B'fi antiijinoota Rh of keessaa dhabuudhaan beekamu qabdi.

Qormaatni kun kan jalqabe yeroo Eemiliin gara buufata fayyaa dhufuudhaan qorannoo dahumsa duraa taasistu ture. Eemiliin kan mana yaalaa dhufte, ergaa ulfooftee ji'a sadii booddeedha. Yeroo sanatti, bu'aaleen qorannichaa akka agarsiisanitti; ittisni qaamaa (antibodies) dhiiga Eemilii keessatti ijaaramuu kan jalqabanii turan yoo ta'u, kunis kan agarsiisu ulfi (mucaan garaa ishee keessaa) gosa dhiigaa Rh+ eyyentaa kan abbaa isaarraa dhaale akka qabu akeeke. Seenaa yaalaa Eemilii darbe yeroo qorannu, kanaan dura manatti ulfi irraa bahee, osoo mana yaalaa hindhaqiin akka hafte arganne. Argannoon kun wal simachuu dhabuu Rh akka mudatu kan agarsiise ta'uurra darbee daa'imni garaa keessa jiru ammo rakkoof saaxilamuu akka malu dhimmicha irratti tiriikaa ibse.

Rakkoo kana furuufis gareen tokko tooftaa ajaa'ibaa tokko soqe. Kunis, bu'aaleen qorannoo dhiigaa Eemilii ittisootni qaama ishee keessaa sadarkaa isaan irra jiran itti dhiyeenyaan hordofuufi daa'imni garaa ishee keessa jiru ammo dhukkuba aneemiyaatiif akka hinsaaxilamne sakatta'uu of keessaa qaba ture. Dabalataanis, gareen wal'aansa fayyaa tokko ammo dhiiga karaa gadameessaa kennuufiif kan qopheesse yoo ta'u, kunis ragaa humna argannoofi sadarkaa ogummaan fayyaa irra ga'e kan mul'isu ture.

Ulfi Eemilii kunuunsaafi yaala fayyaa yeroodhaan waan argateef, dhukkubni heemoliitikii daa'imashee irraa baraaruun danda'ameera. Yeroo daa'imni sun dhalatu gammachuu guddaatu ture, haata'u malee xiqqoo miidhamuunsaa akka jirutti ta'ee garuu fayyaafi dhukkuba kamirraayyuu bilisa ta'ee, keessumaa wal simachuu dhabuu Rh irraa bilisa ta'ee, gara addunyaa kanaa dhufuunsaa waan nama gammachiisu ture.

Mudannoo kana booda egaa, mil'uuwwan adda addaa dhufuu eegalan. Dhimmi Eemiliifi mucaashee, wal simannaan dhiigaa; haadhaafi mucaa garaa keessaa, nagaadhaan wajjin jiraachuu isaaniitiif hangam akka ga'ee taphatu kan agarsiisu ture. Akkasumas barbaachisummaa wal'aansa dahumsa duraafi haadholiin Rh dhiiga ofiifi daa'ima garaa keessa jiruu sakatta'uu akka qaban kan addeessedha.

Egaan, barruuleen tokkichi kun muuxannoo maatii tokkorra kan caaluudha. Yaada bal'aa waa'ee gartuu dhiigaa walitti fiduun, jette jettewwan waa'ee sanyiifi gosummaatiin dhokatanii kan turan, keessumaa ulfaan wal qabatee, kan boqonnaa haaraa fidudha. Kun ammoo madaala gammachuu walitti dhufeenya haadhaafi daa'imaa ijaan hinmul'anne; garuu hidda dhiigaa keenya keessatti katabamedha.

Argannoowwan kunneen akkuma ibsamaa deemaniin dubbistoonni kitaabakoo kanaa, keessa isaaniitti tarii "Yeroo meeqa laata kan gosi dhiiga keenyaa, madda dhukkuba deebiyee nu miidhuu kan ta'anii turan?" Jedhanii of gaafachuu malu ta'a. Gaaffiin kun ammoo guyyaa guyyaan jiruu keenya keessatti wantoota ajaa'ibaa adeemaa oolan ija keenya dura naqa.

Daandii hubannaa keenya walsimannaa gosa dhiigaa kana keessatti karaa salphaa ta'e filachaa as geenyee jirra. Osoo jechoota gurguddoo namaaf hingalleen mataa wal hincabsiin, osoo hiikni dhimma nuti dubbachuu barbaadnees nu jalaa hinboora'iin jechuudha. Keyyatoota gaggabaaboofi gaaffiiwwan murteessoo waliin dabalaa, dhikkifata jireenya namootaa akka fakkeenyaatti dhaggeeffachaa as qaqqabne.

Seenaa qofa osoo hintaane; kishaafee fayyaatiin jireenya Eemilii, keessumaa sodaashee, nama deebi'ee of utubu ta'uusheefi gargaarsa cichoomina qabu kan ogeeyyiin fayyaa isheef taasisan arginee jirra. Jechoota keenyaan fakkii rakkoo mudachuufi irra aanuu kaasnee, halluu jireenya mul'isaniin xumuraa as geenye. Walii galattis, barbaachisummaa gosootni dhiigaa jireenya keenya keessatti qaban addeessaa; itti fufnee ammas haadhaafi daa'ima (Ulfa) garaa keessaa akka matadureetti fudhannee; gadi fageenyaan xiinxaluu itti haafufnu.

Jeeneetiksii Haadhummaa: Dhiigaan Olitti

Addunyaa haadhummaa, kan qaamni haadhaa bakka uumaafi bulchaa ta'ee jiraachisu keessa, jeeneetiksiin eenyummaa gadi fagoo-haadhaafi mucaa walitti firoomsudha. Mata duree keenya kana keessatti, barbaachisummaa gosoota dhiigaa irra ceenee, himamsa jeeneetiksii jiru kan waliin ilaallu ta'a. Akkasumas qabxii walitti dhufeenya haadhaafi mucaa karaa hedduutiin murteessu, DNA waliin xiinxalla. "Dhiibbaawwan jeeneetiksii mataduree gosoota dhiigaa keessa fiduun maaliif barbaachise?" jedhee kan gaafatu yoo jiraateef; walitti dhufeenya haadhaafi mucaa (ulfa) garaa keessaa gadi fageenyaan itti dhiyaannee qorachuuf akka ta'e beekamuu qaba. Kaayyoon keenya tokkoofi tokko, innis;

mil'uu dhimma gosa dhiigaa irratti qabnu dabaluudhaan, fuuncaa jeeneetiksii haadhaafi ilmoo ishee walitti hidhu balballoomsuudha.

Mataduree kana gadi fageenyaan yeroo qorachaa deemnu, ulaagaaleen madaallii keenyaa sadii ta'u. Isaanis; 1) dhiibbaa jeenetikiin yeroo ulfaa geessisuu danda'u, 2) dhiibbaa inni fayyaa keenyarratti geessisuu malu 3) dhiibbaa inni walitti dhufeenya haadhaafi mucaa gidduutti gama xiinsammuufi miiraan geessisuu malu jennee kaa'uu dandeenya.

Gosti dhiigaa, wal simannaafi adeemsa dhiiga laachuufi fudhachuu irratti dabalataan, dhiibeewwan jenetiksii kan guddinaafi fayyaa qaamaa waliin wal qabatan waliinis; walhidhata niqaba. Lamaan isaanii guddina mucaa gadameessa keessa jiruuf kan gumaachan yoo ta'u, wal simannaa yookiin rakkoo haadhaa waliin mucaan gadameessa keessa jiru qabaachuu maluufis sababa ta'uu malu.

Ammoo wantoota kana lamaan yeroo wal dorgomsiisnu, bu'aan nuti argannu akkasuma garaagarummaa niqabaata. Kana yeroo jennu, akka fakkeenyaatti, yeroo gosti dhiigaa bakka tokkotti calalamee jechuunis gara murteessituu Rh yookiin gosoota A, B, AB fi O'tti adda baafamu; Murteessitootni Jenetiksii ammoo gosaafi bakka adda addaatti faca'uudhaan mul'atu. Kana jechuun agarsiiftota jiinii, kan maatii irraa dhaalamaniifi ammoo wal xaxoo ta'anii kan eenyummaa mucaa garaa keessa jiruu irratti dhiibbaa geessisanis nidabalata jechuudha.

Ulaagaaleen wal madaallii olitti caqasnee turre maal agarsiisu? Jennee kan gaafannu yoo ta'e; mil'uuwwan adda addaa dhaala jeeneetiksii kan daa'ima garaa keessaa irratti dhiibbaa geessisuu danda'an kan nutti agarsiisan yoo ta'u; kunis ammoo halluu ija daa'imaa wantoota murteessanirraa hanga dhukkuboota isaan itti saaxilamuuf salphaa ta'uu malan fa'a of keessatti qabata. Dabalataanis, haqa walitti dhufeenyaa, jenetiksiin haadhaafi mucaa hidda dhiigaa tokkoon kan walitti dhufe qofa osoo hintaane, hiddoota eenyummaa/abboota durii irraa kan hanga yoonaa qaqqabe ta'uu addeessu. Barbaachisummaan wantoota kanaa barruulee barnootaa yookiin keenyan laaboraatooriiwwanii irratti har'a osoo babraadnee ni'arginaa? Natti hinfakkaatu.

Kanaafuu egaa wantootni kun rakkoowwan fayyaa nu mudachuu malaniif kan nu qopheessan qofa osoo hintaane, hiddoota eenyummaa ta'anii walitti nu hidhan gadi fageenyaan akka nuti hubannu kan nu gargaaranidha. Tarii namni tokko Dhiibbaaleen jeeneetiksii kunneen karaa kamiin haadhaafi haadhummaa irraan dhiibbaa geessisuu danda'u? jedhee gaafachuu mala. Gaaffiin kun, bu'aa dhiibbaan jenetiksii simannaa, sodaafi abdii nuti yeroo lubbuu haaraa gara addunyaa kanaatti dhufu eegnu irratti; yaada akka kenninuufi xiinxallu nu taasisa. Jechootaafi fakkeenyota sasalphoo addunyaa jenetiksii keessa jiran doonii taasifannee, yeedaloo argannoofi walaloo mil'uu haaraa lallabu qabannee fullaana. As biratti, keeyyatni tokko, qabxii guddaa ibsiti. Kana jechuunis; haadha ulfa baattee, kan dhalachuu daa'imashee eegduufi jenetiksii, kan afuura jireenyaa daa'imasheetti afuurfattu gidduutti waliin dubbii taasifamu qalbiidhaan dhaggeeffanna. Maarree egaa itti fufnees walii wajjin, Jeeneetiksii hidda haadhummaa sooruuf beekamtii laachaa, ammoo; walitti dhufeenya jireenyaa inni haadhaafi mucaa gidduutti bocu qalbeeffachaa mataduree itti aanutti ceena.

Hiddoota Dhiigaa Walitti Nu Hidhan

Uumama miira keenyaa hubachuudhaaf deemsa taasisnu keessatti, dhiibbaawwan akka dhuunfaatti nurratti argaman keessaa kanneen ijaan nurratti mul'atan caalaa kanneen murteessoo ta'an warra ijaan hinargamneefi hidda dhiigaa keenya keessa awwaalamanii jiranidha. Tokkoon tokkoon fuulota kitaaba kanaa itti aansitee dubbistu keessatti, dhaalli keenya (kan dhiigaan abbootarraa dhaalle) isa beeknuun olitti hangam akka miira keenya irratti dhiibbaa qabu niargita.

Dhikkiffanni onnee haadhaa, daawwitii jireenyaa mucaashee ta'ee yeroo socho'u argita. Qorannoo hidhata jireenyaa kana keessatti wantootni murteessoo nuti arginu jaalala haadhaafi hidhata jenetiksii kanneen waliin ta'anii qabbana tokko jalatti "maatii" nu jechisiisan argina. Mee hiddoota dhiigaa keenya, kanneen iccitiiwwan jaalalaa dhaalaan nu bira qaqqaban baatanii jiran yaadi. Tarii ati amalli kee dhimmoota akkasii nama shakku ta'uu dandeessa ta'a. Shakkii kanaaf ammoo deebii akka ta'utti ragaawwan quubsaa kanneen abaaboo saayinsiifi muuxannoowwan haadhaa irraa cuunfaman itti aananii siif dhiyaatu. An as biratti, akka qorataa ogeessa saayinsii fayyaatti, ragaawwan qabatamoofi ragaawwan miiraan dhiyaatan wal bira qabuudhaan qabxiiwwan namummaa keenya walitti fidan dhiyeessuudhaaf dirqaman qaba.

Mee, beekumsi, amantaawwan baratamoo hawaasaa keessaa si baasu akka si eegaa jiruutti yaadi. Kana yoon jedhu; bulbula jeeneetiksiifi miira mil'achaa, hiddoota haadhaafi mucaa walitti hidhan kanneen dhaalaafi miira of keessaa qaban ilaalla. Kitaabni kun; kitaaba, yaada duumessaa mataduree jaalalaafi dhaala irratti qabnu saaqee biiftuu gulantaawwan jaalala haadhaa adda addaa ifatti baasuuf waadaa seenudha. Kanas kan taasisu ammoo dhangala'aa hidda qaamota keenyaa keessa tamsa'u, dhiigaani. Bakka kanatti egaa, bakki saayinsiifi miirri ifaan ifatti dhugaa wantoota kana duuba jiru baasuuf itti walargan. Addunyaa haadhummaa keessatti, dhaalli eenyummaa (haadharraa gara mucaatti darbu), dhimma jabaa sanyiifi gosaan ol ta'edha.

Tarii, ati kan kana dubbisaa jirtu haadha yookiin mucaa yookiin dubbisaa dhimma kana beekumsa walii galaatiif baruu barbaadu ta'uu dandeessa ta'a. Maarree egaa, beekumsootni fuulota kitaaba kana keessatti kana booda katabamanii jiran, shakkii tokko malee beekumsa ati dhaala sanyii ofii ykn gosaa irratti qabdu jijjiiruudhaaf jiru.

Tokkoon tokkoon boqonnaa jiran keessatti, addunyaa waloo namummaa keessatti hariiroo haadhaafi mucaa gidduu jiru itti siiqnee gadi fageenyan seenaa nutti agarsiisan kan mil'annu ta'a. Yaadota amantaawwan hawaasaa keessatti baratamoo ta'aniin faallaa ta'an arguu dandeessa ta'a; kunneen ammoo shakkii tokko malee, caalaatti namummaa keenya kan nu hubachiisaniifi walitti nu hidhan ta'u. 'Dhaalli miira haadhummaa, tilmaamaan waan kaa'ame moo, dhugumaan abboota keenyarraa kan dhaalamudha?' Gaaffiiwwan akka kanaatiif ammoo, muuxannoowwan haadhaafi mucaan walii wajjin qabaataniifi odeeffannoo callisaan (uumamaan) haadhaafi mucaa gidduu tamsa'u ilaalcha keessa galchuudhaan gabaabsinee kan deebisnu ta'a.

Tokkoon tokkoon fuulota kitaaba kanaa keessatti ilaalcha keessan calaqqisiisaa ammoo, gaaffii gaafattanin isin affeeruu barbaada. Sanyii dhaaluufi qooddachuu jechuun maal jechuudha? Uumamni jenetiksii keenyaa akkamiin jaalala haati keenya tokkoon tokkoon keenyaaf qabdu irratti dhiibbaa geessisuu danda'a? Gaaffiiwwan kunneen, ayyaana dhuunfaa keenya dabalatee hariiroowwan uumamaan qabnuuf deebii quubsaa akka kenninu kan nu taasisanidha. Deebii kana deebisuuf, jechootniifi jechamootni akka sirriifi quubsoo ta'anitti filannoodhaan katabamanii argamu. Kunneen keessattis, dhikkifata haadhummaa kan miira gammachuufi hundee keenya nu yaadachiisu argina. Jechamootaafi waliin dubbiiwwan jiran keessatti ammoo kanneen muuxannoofi miiraan saayinsiitti lubbuu horan ni mil'anna. Kanneen hunda keessa darbineetu, egaa kan nuti yaadotni wal xaxoo ta'an qabatamoo ta'uu isaanii; akkasumas kanneen tiyooriidhaan taa'anii turan ammoo, akka dhuunfaatti akka ittiin jiraannu mirkaneessinu.

Kitaabni kun kaayyoonsaa, daandii himuu qofa osoo hintaane akeekuudhas. Dabalataan ammoo, haadholiin; carraawwan Jenetiksiitiin dhufaniifi rakkinoota dhaalli fidee dhufuu dandamachuun akkamiin akka irra aanan ilaalla. Dhiigaan tokko ta'uun maal akka ta'e baruufi ilaalcha dhimma kanarratti qabdu jijjiiruuf qophaa'i. Baga gara mataduree "Iccitii Gosa Dhiigaa: Kallattii Miiraatiin Hubachuu" jedhutti nagaan dhuftan. As keessatti, gadi fageenya jaalala haadhaafi haqa hundee namummaa keenyaa keessatti dhaalli hangam akka dhiibbaa qabu kan waliin ilaallu ta'a. Haa eegallu.

BOQONNAA

10

Kutaa Seenaa: Taateewwan Sanyii

Seenaan dhala namaa aadaa, amantiifi baayoloojii kan agarsiisudha. Yaada-rimeen sanyii, hawaasa keessatti hidda gadi fageeffate, seenaa walxaxaafi waldhabdee hedduu qaba. Garuu yaadni kun yoom jalqabe? Galmee qaroomina dhala namaa durii keessatti waa'een sanyii baay'ee xiqqaadha. Sababni yaada kanaa ammoo, hawaasni namoota biroo bifa, afaaniifi aadaatiin garaagarummaa guddaa qaban yeroon wan walquunnaman xiqqaa ture.

Hariiroo haaraa kana keessatti ture kan sanyiifi yaadni sanyii jalqabame. Qaroominni durii kan akka Giriikiifi Roomaa ka'umsa teessuma lafaafi amala isaanii irratti hundaa'uun namoota ramadanii turan. Haata'u malee, gosootni kun hedduu waan ta'aniif olaantummaa ykn gadi aantummaa wajjin kan wal hinqabanne turan.

Giriikiin tokko lafa isaanii bira darbee afaan warra 'barbarians' dubbachuu danda'a; Haata'u malee, kun garaagarummaa baayoloojii osoo hintaane, garaagarummaa aadaafi afaanii ture. Qorattoonni Awurooppaa bara qorannoo isaanii keessatti, ummatoota abbaa lafaa ta'an addunyaa guutuutti argaman qunnamaniiru.

Asirratti milkaa'ina barbaachisaa ta'e arganna. Kana jechuun saayinsii sobaa isa ilma namaa sanyii adda addaatti ramaduu yaalee ture; Gochi kun hundeen isaa taksonomii Kaarl Liinaas kan jaarraa 18ffaa keessa, uumama ramaduu barbaade irraattidha. Mee yaadi, boca bara sanaa-kan "sanyii shanan" dhala namaa agarsiisu. Fakkiiwwan kun amma baay'ee sirrii akka hintaaneetti kan ilaalaman ta'us, yeroo tokko yaada saayinsii akka fakkeenyaatti ilaalaman turan. Isaanis sadarkaa yaada garee irratti dhiibbaa uumuu jalqaban, ilaalcha ardiilee hunda keessatti dhiibbaa uumuun mul'isuuf gargaaran.

Yaada-rimeen sanyii aadaa adda addaa keessatti guddachaa dhufeera. Awurooppaanonni gulantaa olaanaa kan uuman yoo ta'u, aadaan biroo sadarkaa walxaxaafi yeroo baay'ee jabaa hintaane qabu turan. Bakkeewwan Afrikaafi Eeshiyaa hedduu keessaa, fakkeenyaaf Itoophiyaa keessatti halluu gogaa caalaa gosaan wal hiruun hawwaasummaa keessaatti gahee guddaa taphataniiru.

Kanaafuu, hiikni ammayyaa sanyii hoo? Qorannoon jeneetikii jaarraa digdamaffaa keessa godhame akka agarsiisutti, baayoloojii keessa bu'urrii sanyii hinjiru jechuun nidanda'ama; Jeneetikiin ilmaan namootaa addaa addummaa isaaniirra wal fakkeenya isaanii ibsa. Ta'us dhugaan hawaasummaafi siyaasaa, sanyii keessatti ammallee humna kan qabuufi eenyummaa keenyaafi muuxannoo keenya gadi fageenyaan kan bocudha.

Waggoota dhiyoo asitti, jijjiirama waaraa waa'ee sanyii irratti hubattee ilaalteettaa? Sochiiwwan haqaa hawaasummaa gama sanyii irratti dhiibbaa waaraa kan geessisan yoo ta'u, dhugaawwan hinmijoofne fuuldura dhaabbannee hawaasa haqa qabeessa ta'eef akka hojjennu nu godha.

Falmiiwwan wal xaxoo ta'an, kan yeroodhaa gara yerootti dhohaa jiran, osoo hinfuriin, jijjiirama sanyii kana irratti mari'achuun hindanda'amu. Fakkeenyaaf, sanyummaa saayinsii jaarraa 19ffaafi jalqaba jaarraa 20ffaa keessa koloneeffannaa, garbummaafi yuujeeniksii (eugenics) akka sababaatti itti fayyadamaa turan. Seenaa dhala namaa keessatti boqonnaawwan dukkanaa'oon kun bu'aa amantii keenyaafi beekumsa nuti irratti hojjechuuf filannu akka ilaallu nu dirqisiisu.

Barri kun yeroo tilmaamni yeroo dheeraaf ture irra deebiin madaalamuu gaafatuudha. Sochii mirga uummata siiviilii Ameerikaa keessa ture ilaali. Qabsoon kun seera jijjiiruu qofa osoo hintaane bu'uura yaada sanyummaa morme.

Namni tokko akkamitti hundee seenaa walxaxaa akkasii of keessatti qabachuu danda'a? Tarii deebiin isaa waan mudaa hinqabne hordofuu osoo hintaane baay'inaafi walitti hidhamiinsa seeneffama namaa beekuu keessa ta'uu danda'a.

Adeemsa seenaa kanaa yeroo keenyu, akka armaan gadiitti of gaafachuu qabna-kan darberraa maal baranne? Akkamitti beekumsi kun egeree keenya akka bocu heyyamna? Moo addunyaa qabiyyeen amala nama tokkoo halluu gogaa isaa caalaa barbaachisaa ta'e ijaaruuf yaalaa jirra?

Imalli seenaa sanyii keessatti taasifamu karaa baay'ee walxaxaadha, hubannoo keenya yeroo bal'isu, loogii keenya immoo dhiphisaa dhufee jira. Kun imala qorannoo gadi fagoo fuuldura keenya jiruuf sababa guddaa ta'ee kan agarsiisudha. Fuula kitaaba kanaa yeroo galagalchinu, seenaa keenya darbe hubachuudhaan, egeree qoqqoodamuu osoo hintaane, tokkummaa namummaa waloo keenya keessatti ibsame bocuu dandeenya jennee abdii qabannee adeemna.

Gosa Dhiigaafi Akaakuu Sanyii: Afaanfaajjii Saayinsawaa

Tilmaama walxaxaa waa'ee gosoota namaa hiikuuf hojjennu keessatti sarara baayoloojiifi hawaasaa irra deemna. Karaa tokkoon, wanti saayinsiidhaan safaramuu danda'u, hundee qabatamaa ta'e kan uumama keenyaa—dhiigni ujummoo dhiigaa keenya keessa yaa'u, gosa isaatiin adda baafamuu danda'u jira. Gama biraatiin immoo ijaarsa hawaasummaa sanyii, yaada qaroomina boceefi qoqqoodinsa sanyii facaasetu jira. Mallattoowwan adda ta'an lamaan kana qorachuudhaan hubannoo akkamii argachuun danda'ama? Tokko ibsa jeneetikii ifa ta'e irratti hundaa'e kan biraa kan saayinsiin ibsuuf rakkate caalaa maaliif fuula hawaasummaa keenya irratti dhiibbaa xiqqaa qabaata?

Gosoonni dhiigaa jechuunis baayoloojii dhugaa irratti kan murtaa'u, antijiinoonni seelii dhiiga diimaarra jiraachuufi dhabamuu isaaniitiin murtaa'a. Kun waan salphaa ta'us barbaachisaadha. Kunis garaagarummaa jireenyaafi du'a yeroo kunuunsa yaala hatattamaa gidduu jiru jechuu danda'a. Gosoonni kunniin, sadarkaa idil-addunyaatti A, B, AB fi O jedhamuun kan beekaman yoo ta'u, daangaa, afaan ykn aadaa osoo hinlaalin guutummaa sanyii namaa keessatti ibsamaniiru. Warreen kun wanta waloo addunyaa maraa, gama jireenya dhala namaa kan saaxilamummaa keenyaafi barbaachisummaa waliif qabnu keessatti nu tokkoomsu bakka bu'u—hundumaafuu, dhiigni loogii tokkollee hinbeeku.

Faallaa kanaatiin, sanyiin bu'uura jeneetikii ifa ta'e akkasii hinqabu. Ilmaan namootaa garaagarummaa mul'ataafi aadaa hubachuu irratti ga'umsa kan qaban ta'us, qorannoon jeneetikii akka agarsiisutti wal fakkeenyi dhala namaa yeroo baay'ee garaagarummaa isaan gidduu jiru caalaa guddaadha. Yaada-rimeen sanyii, kalaqa hawaasummaa, mala ittiin namoota qoqqoodan, seenaa keessatti jijjiiramaa dhufe kun, yeroo baay'ee waan bu'aa hamaa fidedha.

Gosa dhiigaafi sanyii yoo wal bira qabne, garaagarummaa bu'uuraa qaba. Gosoonni dhiigaa ulaagaalee ifa ta'an, lakkoofsaan murtaa'uu danda'aniifi qoratamuu danda'an irratti hundaa'uun ramadama. Gama biraatiin, sanyiin yeroo baay'ee haala ilaalcha seenaa hawaasaafi yerootin garaagarummaa qabaachuu danda'u irratti hundaa'a. Ta'us, asitti wanti ajaa'iba fakkaatu hinjiruu? Gosoonni dhiigaa akka fakkeenya addaa dhala namaatti ilaalamuu danda'u. Gosti tokkoon tokkoon isaanii adda ta'anis, dhiigni namaa, tokkoon tokkoon isaanii hojii barbaachisaa wal fakkaatu raawwatu.

Haaluma walfakkaatuun, ilaalchi namaa garaagarummaa aadaafi qaamaatiin kan badhaadhe yoo ta'u, nuti garuu namummaa keenyaan tokko taanee jirra. Wal cinaa yoo ilaalamu garaagarummaan jiru guddaadha. Gosti dhiigaa gosa kamiyyuu osoo hinlaalin dandeettii sababeeffannaa, sammuu ykn gatii irratti dhiibbaa hinqabu. Haata'u malee, gosti sanyii tokko muuxannoo jireenya hawaasaa, carraafi wal'aansa irratti dhiibbaa guddaa qabaachuu danda'a.

Chaartiiwwan gosa dhiigaa daree keessatti argaman ilaali, kunis tilmaama sana ijaan arguuf si gargaara; Chaartiiwwan kunniin mijachuu arjooma dhiigaa agarsiisu. Asitti wanti sadarkaa fakkaatu hinjiru. Lubbuu baraaruuf qajeelfama qabatamaa qofaadha. Amma immo seenaa sadarkaa sanyii ilaali, kan loogiifi saayinsii sobaa keessatti liqimfaman, kanneen loogiifi walqixxummaa dhabuu mirkaneessuuf itti fayyadaman yaadi. Garaagarummaan isaanii wal bira qabamee yeroo ilaalamu baay'ee ifaadha.

Walbira qabamuun kun maal argisiisa? Gosoonni dhiigaa baayoloojii keenya keessatti wantoota barbaachisoofi kaayyoo qaban yoo ta'an, sanyiin ammo ijaarsa hawaasummaa dhala namaa cunqursuuf itti fayyadamnu ta'uu isaa mul'isu. Kunis dhimmoota eenyummaa, fayyaafi haqa hawaasummaa irratti dhiibbaa bal'aa qaba.

Yeroo ammaa kana barbaachisummaan gosoota dhiigaa gosa wal'aansa namaa wajjin walsimuun galmaan gahuu dandeenyu irratti kallattii haaraa fideera. Gidduu kanatti sanyiin humna falmisiisaafi kan humna guddaa qabuu, kan siyaasa irraa kaasee hanga eenyummaa dhuunfaa hunda irratti dhiibbaa geessisu ta'ee itti fufee jira. Kanaafuu, kun gatiiwwan naamusaafi wantoota dursa kenninu irratti akka xiinxallu nu hinkakaasu? Malli garaagarummaa sanyii namaa karaa sirriifi saayinsaawaa ta'een hubachuuf nu dandeessisan osoo jiranii, maaliif yaada-rimee sanyii, hiika dogoggoraafi hambaa gaddisiisaa ta'e kanatti maxxanna? Qabiyyeen amala nama tokkoofi dhiigni isaanii halluu gogaa isaanii ykn hidda dhalootaa isaan jedhan caalaa hiika guddaa kan qabu, egeree isaanii tilmaamuun ni danda'amaa?

Dhumarratti, mariin waa'ee gosa dhiigaafi gosoota sanyii irratti taasifamu bu'uura amantii keenyaafi caasaa hawaasa keenyaa akka ilaallu nu dirqamsiisa. Akkas jennee akka gaafannu nu akeeka: Saaxilamummaa baayoloojii waliin qabnufi wal-irratti hirkattummaa keenya beekuun caalaatti addunyaa waliif yaadufi tokkummaa qabu guddisuu nidanda'aa?

Seenaan sanyii walxaxaafi bara baraan seenaa dhala namaa keessatti harka dhaabbataa saayinsiifi garaa kutannoo warra walqixxummaafi dhugaa barbaadaniin suuta suutaan hiikamaa jira. Kitaaba kana dubbissuu yeroo itti fuftu, walfakkeenya keenya hubachuufi garaagarummaa keenya kabajuudhaan bareedina dhala namaa hunda kabajnee akka walittii firoomsinu abdii namatti hora.

Sirna Koloniifi Dhiigaa: Seenaa Hinhimamiin

Qaxxaamuraa seenaa keessatti, kan darbe jalqabbii ta'eefi kan ammaa kan darbu ta'e keessatti, bara impaayeroonni akka bineensota gurguddootti ardiilee hunda keessatti babal'atan sanatti duubatti deebinee ilaalla. Gosoonni isaanii daldalaafi abuurradhaan marfaman, dheebuu qabeenyaafi lafaaf qabaniin gara iddoo fagootti oofaman. Bara injifannoofi ol'aantummaa sana keessatti seeneffamni baay'ee hinhimamne halluu gogaa isaanii irratti osoo hintaane, hundee hidda dhiiga isaanii irratti hundaa'uun godhamee ture.

Jaarraa 19ffaa keessa wayita aduun dachee warra Britain irraa hindhiineefi qircannaan ardii Afrikaa bifa biraa qabsiisee turetti, argannoon laaboraatoorii biyya Viyeenaa keessatti argame sun bu'aa ba'ii guddaa saayinsii fayyaa keessatti argame keessaa isa tokko ture. Namni Karl Landsteiner jedhamu, maqaa seenaa ogummaa fayyaa keessatti adda dureen beekamu, sirna garee dhiigaa ABO, kan iccitii dhiigaafi dhiiga dabarsuu furu ifoomse.

Garuu addunyaa humnoonni koloneeffattootaa sararatanii kaa'atan keessatti kun maal jechuudha? Koloneeffattootni kun waljijjiirraa aadaafi hawaasummaa, biyyeefi cirrachaa, biyyoota, gosaafi mootummoota durii keessatti hundee gadi fageeffatanii bocamanii turan. Hojiin qajeelchaa Landsteiner gosoota dhiigaa irratti hojjete, akkamitti ilaalcha koloneeffat-tummaafi olaantummaa sanyii irratti shoora guddaa taphate?

Kutaawwan baqaqsanii yaaluu magaalota gurguddoo Awurooppaa keessatti, dhangala'aan lubbuu namootaa baraaruu danda'u, 'gadi aanaa' jedhaman kanneen Impaayera Roomaa keessa turan gidduutti yaa'uun isaanii akka tasaa ta'ee? Saayinsiin gosoota dhiigaa baayoloojii waliigalaa namootaa keessatti, godaansa qoqqoodinsa impaayeraa irraa baay'ee adda ta'e, firii addunyaa maraaf ta'e kennuu danda'a turee?

Booda, jeequmsi waraana addunyaa keessatti uumame, gosa dhiigaa hubachuun barbaachisaa ta'uusaa argisiiseera. Dirree waraanaa dhiiga saboota lakkoofsa hinqabneen laaqame keessatti jireenyi loltuu tokkoo qulqullina uffata isaa irratti osoo hintaane, gosa dhiigaa ujummoo dhiigaa isaa keessa yaa'u irratti hundaa'a.

Imalli keenya durii irraa gara yeroo ammaatti yemmuu nu fidu: Beekumsi kun har'a maal fayyada? Hundeen koloneef-fannaa goge ykn gara koloneeffannaa haaraatti jijjiiramuu danda'a, garuu barumsi baayoloojii waloo keenyaa akkuma yeroo kamiyyuu barbaachisaa ta'ee jira. Baankiin dhiigaa addunyaa ammayyaa, loogii irraa bilisa, sanyii ykn gosa nama arjoome irratti hundaa'uun loogii hingodhan. Gosti dhiigaa, halluu gogaa osoo hintaane, dhangala'aan lubbuu namaa kennu kun nama tokko irraa gara nama biraatti akka dhangala'u murteessa.

Maarree, walqixxummaafi haccuuccaan sanyii ammaayyuu haala ammayyaa keenya keessatti maaliif guddaa ta'ee mul'ata? Hawaasni saayinsii leensii ifaafi haqa qabeessa sanyii namaa waliigalaa ittiin ilaallu nuuf hinkenninee?

Mee yeroo muraasaaf maal jechuu akka ta'e haalaallu. Addunyaa gosa dhiigaa hubachuun sanyii caalaa hiika guddaa qabaachuu isaa beeku kana keessatti jijjiirama akkamiitu godhamuu danda'a? Garaagarummaan kunuunsa fayyaafi ilaalcha dogoggoraa arjooma dhiigaa irratti hawaasa adda addaa keessatti mul'atu, ammas ciminaan ilaalamaa jiraa?

Haata'u malee, gaaffiin kun, kan itti fufuufi kan hinboqonneedha: gama baayoloojii keenyaa kana akka qajeelfama bu'uuraa walqixxummaatti fudhachuuf qophoofnee jirra moo ijaarsi durii kan koloneeffannaa irraa dhalatan sammuu waloo irratti gabbatanii itti fufu? Seenaa dhiigaa, ilaalcha koloneeffataatiin yoo ilaalle, barjaa walxaxaa dhala namaa keessa lixna. Asitti seeneffama hojiifi beekumsaa, guddina saayinsii akka meeshaa cunqursaafi bilisummaatti qoranna.

Seenaa koloneeffannaafi dhiigaa hinhimamnetu nu eega. Seenaan kun seeneffama seenaa miidhagaan guutame. Wanti nu tokkoomsu hundi yeroo tokko ilaalcha nu qoqqooduuf barbaadaniif golgaa ture. Amma mee firii kana hiikuu haajalqabnu. Dhiigni kun dhiiga diimaa badhaadhaa seenaa sanyii namaa keessatti boqonnaa haaraa barreessuu danda'u nutti mul'isa.

Sanyiifi Saayinsii Keessatti: Bara Dukkanaatii Hanga Bara Ammaatti

Jijjiiramni jaarraa 20ffaa yeroo xumuramuutti, addunyaan keenya jijjiirama guddaa keessa turte. Dhiiga namaa, gosoota isaa, amaloota isaafi bu'aa isaa irratti hubannoon gadi fageenya qabu, saayinsii ogummaa fayyaafi yaada hawaasummaa jijjiiramaa mormutu ture. Waggoota jaarraa 19ffaa hir'achaa dhufan keessatti tarkaanfiin guddaan kan argame ta'us, dhiibbaan dhugaa argannoowwan kun qaban, jaarraa haaraan kun yeroo mul'atu qofa. Sirni garee dhiigaa ABO yeroo argamu, garaagarummaa irra darbee akkaataa itti qaamni namaa hojiisaa hojjatu gadi fageenyaan dinqisiifachuuf bu'uurri kaa'ame.

Maddi beekumsa kanaa jalqaba irratti harka qajeelchitoota akka namicha Karl Landsteiner ture, garuu warren sagalee jijjiiramaa dhageessisaan, guddina saayinsii fayyaa keessaatti isa qofa hinturre. Kaan immoo hojii inni jalqabe kanarratti kan bobba'an si'a ta'u, tokkoon tokkoon isaanii weedduu hubannoo yeroo hundaa jijjiiramaa jiruuf gumaacha godhanii jiru. Haata'u malee, namoota jijjiirama tirannaa hordofan kana biratti addunyaan keenya marsaa saayinsii sobaatiin qabamtee turte; Barumsi kun yeroo dheeraaf bu'uura alaafi sadarkaa bu'uura hinqabneen dhala namaa qoqqooduuf carraaqaa ture.

Jalqabni jaarraa 20ffaa wallaalummaa irraa gara hubannootti ce'umsa godhame guddaa ture. Landsteinerfi Alexander Wiener bara 1937tti qorannoo gosa dhiigaatiin 'Rh factor' argachuun isaanii barruulee barbaachisaa kan biraa walxaxiinsa dhiiga namaa agarsiisudha. Mul'anni kun gama arjooma dhiigaa qofa osoo hintaane, jijjiirama suuta suutaan jireenya hawaasummaa keessattis hiika guddaa qabu ta'e. Argannoon akkasii osoo kanaan dura beekamee akkamitti haala hawaasaa jijjiiruu danda'a jettee dhaabbattee yaaddee beektaa?

Ergasii, kanneen akka raabsa gosa dhiigaafi diyaagiraamii dhaala murteessituu Rh akka ragaa callisaa guddina saayinsii ta'anii tajaajilaniiru. Dhiigni ujummoolee dhiigaa keenya keessa yaa'u namummaa waloo keenyaaf ragaa akka ta'e nu yaadachiisu. Beekumsi kun akkuma babal'achaa deemeen aadaafi naannoo gidduutti garaagarummaan simannaafi hojiirra oolmaa isaa mul'achaa dhufe. Kutaalee addunyaa tokko tokko keessatti gosti dhiigaa aadaa jijjiiree, qorannoo dhuunfaa irraa kaasee hanga riferalaa hunda irratti dhiibbaa uumuu danda'eera. Kana keessattis, dhiiga fudhachuufi fayyaa haadholii akkasumas daa'imman isaanii kan reefu dhalataniif gargaarsa fayyaa barbaachisaa ta'ee itti fufeera.

Hiikkaan ammayyaa argannoowwan kanaa baay'ee walxaxaadha. Waggoota dhiyoo asitti barbaachisummaan gosoota dhiigaa aadaa keessatti fudhatama guddaa argateera. Kitaaboonnifi barreeffamoonni soorata gosa dhiigaa, namummaafi wantoota biroo wajjin walqabsiisu heedduutu barreeffamee jira. Himannaan kun yeroo baay'ee deeggarsa saayinsii cimaa kan hinqabne ta'us, baayoloojiin keenya eenyummaa keenya ilaalchisee dhugaa gadi fagoo mul'isuu danda'a jedhu yeroo hunda akka hawwatamu argisiisa.

Haata'u malee, jijjiirama hubannoo kana keessa yeroo deemnu qormaataafi falmii garaagaraatu nu mudata. Sanyii namaa 'foyya'aa' ta'e bocuuf seera bu'uuraa jeneetikii hojiirra oolchuuf kan yaale Yuujeniksiin seenaa keenya keessatti boqonnaa gaddisiisaadha. Beekumsi saayinsii safuu wajjin garaagarummaa naamusaa hinqabne gara jabummaa dubbatamuu hindandeenye fiduu akka danda'u yaadachiisa. Bara ifaa jedhamu, jaarraa 21ffaa keessattillee, sagaleen gochaalee hamaa kanaa ammallee galma saayinsii ammayyaa keessatti sagalee dhageessisaa akka jiru beekuun si ajaa'ibsiisaa?

Sochiin argine kun maal jechuudha? Yeroo tokko seenaa saayinsii keessatti yaadannoo qalama diimaan jala sararame kan ture, dhiigni O-mitihee, arjooma addunyaa maraa, mallattoo of kennuu lubbuu baraaru ta'eera. Namni kamiyyuu, sanyiifi gosa, sooreessaafi hiyyeessa jedhee osoo hinqoqqoodin, wal qixa tajaajuluun, qoqqoodinsa sanyiitti bishaan naqeera. Namni tokko yoo waan kana gadi taa'ee xiinxale, qajeelfamni waloo dhiiga keenyaa kun, durii kaasee qajeelfama hawaasa keenyaa utuu ta'era ta'e hoo? Biyyi lafaa kun, yeroo har'aa kana, hammam adda ta'uu danda'a laata?

Imalli saayinsii sobaa irraa gara saayinsii gosa dhiigaa irratti hundaa'etti taasifamu kan injifannoofi balaa qabudha. Daandiin beekumsaa sarara qajeelaa osoo hintaane, daandii kallattii hundaan gufuun guutame ta'uu yaadachuun, sheekkoo ammallee mul'achaa jiruudha. Beekumsa keenya fooyyessaa hundaaf itti fayyadamuuf humna godhannee karaa qaxxaamuraa irra dhaabbanna.

Yeroo hunda, haftee wallaalummaa yeroo tokko nu qoqqooduu barbaade irraa of eeggannee, dhiiga tokko nu taasisu ogummaadhaan haaqorannu. Mee amma fuula kitaaba kanaa galagalchinee, yaadota durii yeroon isaaniirra darbe dhiifnee, gara fuulduraatti tarkaanfannee, iccitii gosa dhiigaa keenya isa damee sanyii bira darbu, dhalli namaa garaagarummaa isaatiin itti kabajamutti haatarkaanfannu.

Ijaarsa Sanyii Bara Ammayyaa Keessatti; Eessa dhaabbanna?

Kittaa dhala namaa walitti hidhan keessatti, firoonni lakkoofsa hinqabne walitti dhufanii suuraa jireenya waloo keenyaa uumu. Tokkoon tokkoon firii eenyummaa keenyaa, afaanoota dubbannu irraa kaasee hanga aadaa nuti kabajnutti, haala adda ta'een bakka nubu'u. Haata'u malee, dhala namaa walitti hidhan keessaa, seenaa keessatti fiixeen tokko harkifamee kan ture yoo ta'u, yeroo baay'ee hanga bullukoon isaa ciccitutti ture: innis yaada-rimee sanyiidha.

Sanyiin, ijaarsa hawaasummaa dhugaa saayinsii irratti bu'uura hinqabne ta'uun beekama. Sirna gita amala qaamaa, kan akka halluu gogaafi bifa fuulaa irratti hundaa'uun namoota gareetti qoqqooduuf kan uumamedha. Amaloonni kun kan dhaalaman ta'anis, garaagarummaa halluu gogaa nama qofa kan bakka bu'an yoo ta'u, garaagarummaa baayoloojii addaa hincalaqqisiisan.

Yaada-rimeen sanyii seenaa keessatti loogii sanyiifi jal'inaaf sababa ta'uuf itti fayyadamaa tureera. Hundeen impaayera kanaa bara mootummoonni impaayera biyyoota alaa koloneeffataniifi sadarkaa aangoo gareewwan murtaa'an kanneen biroo irratti akka ol'aantummaa qaban kan heyyamu irraa kan dhufedha. Gitoonni gosaa kun bu'aa gadi fagoo kan qaban yoo ta'u, sadarkaa hawaas-dinagdee, barnootaafi bu'aa fayyaa kutaalee jireenyaa biroo hedduu irratti dhiibbaa geessisu.

Mee addunyaa jeneetikii gadi fageenyaan haaqorannu. Ragaa ba'oota keessaa amaloonni qaamaa armaan olitti ibsaman garaagarummaa armaan olitti tarreeffaman qofa akka ta'e ibsameera. Jalqaba jaarraa 21ffaa irratti kan xumurame

Pirojektiin Jiinoomii namaa, ilmi namaa hundi **DNA 99.9%** akka qabu mirkaneessee jira. Kana malees, walfakkeenyi jeneetikii kun daangaa sanyii hundaarra darbee jira.

Bu'uura bal'aa kana keessatti, gosootni dhiigaa garaagarummaa sanyii irratti faallaa seeneffama dirqisiisaa ta'e dhiyeessu. Gosoonni dhiigaa mallattoolee seelii dhiiga diimaa irratti argaman kanneen sanyii irraa adda ta'aniifi kaayyoo wal'aansa fayyaa kan akka dhiigaafi qaama namaaf barbaachisoo ta'aniin adda baafamu. Mallattoowwan kun hojiimaatni akkasii milkaa'uuf arjoomaafi fudhataa giddu-utti kan walsimu ta'uu qabu, barbaachisummaan kun yaada qoqqoodinsa sanyii kamiyyuu ni balaaleeffata.

Mee gosti dhiigaa, addunyaa keenya keessatti dhiibbaa akkamii akka qabu ilaali. Dhukkubsataan dhiiga fudhachuu baay'ee barbaadu, qananiin loogii raawwachuu hindanda'u; ulaagaan barbaachisaa ta'e gosti dhiigaa, kan dhiiga isaa wajjiin walsimu jiraachuu qofa. Haala kanaan nama isaaf dhiiga arjoomuuf barbaaduun, tokkummaa dhala namaa, sarara sanyiifi gosaarra darbu agarsiisa, kunis walitti hidhamiinsa baayoloojii keenya kan mul'isudha.

Haata'u malee, yaadni dogoggoraa barame tokko bishaan taliila booreessaa jira. Namoonni tokko tokko amma iyyuu ragaan saayinsii faallaa isaanii ta'us, waa'ee olaantummaa ykn qulqullummaa sanyii tokko tokkoo amantii yeroon isaa irra darbeetti cichanii itti maxxananii jiru. Hiikni dogoggoraa qorannoo jeneetikii, yaadota dogoggoraa kanaaf akka boba'aatti tajaajiluu danda'a; kunis saayinsii sobaa, sanyii, bifa adda addaatiin akka deebi'ee ka'u taasisuu danda'a.

Kanaafuu, humni jireenya keenyaa isa hunda caalaa bu'uuraa ta'e, jechuunis dhiigni keenya—walqixxummaan dhugaa ta'e kun, soba kana fuuldura ba'ee mormuuf dirqama hinqabuu? Beekamtiin kun ijaarsa qoqqoodinsa heyyamu dhiisnee akkaataa itti sanyii namaa walootiif dursa kenninu irratti jijjiirama fiduu danda'aa? Caasaan dhokataa sirna sanyii, hawwaasummaa keenya akka murteessaniif heyyamuu mannaa, hiika qabatamaafi murteessaa gosoota dhiigaa yoo fudhanne hoo? Hawaasa namoonni dhuunfaa halluu gogaa isaaniitiin osoo hintaane, qulqullina dhiiga isaanii lubbuu baraaruun gatii itti kennaman yaadi. Mul'anni kun haaromsaa yaadaa qofa miti; hundee baayoloojii keenyaa irratti kan hundaa'edha.

Haasaan naannoo sanyiifi gosa dhiigaa walxaxaa ta'uun isaa beekamaadha. Gosoonni dhiigaa mataan isaanii haala raabsa ummataa irraa bilisa miti; Kun yeroo tokko tokko miseensota gosaa wajjin waldhabdee uumuu danda'a. Mariiwwan kanaaf yaada-rimee dogoggoraa sanyii akka dhugaa baayoloojiitti osoo hincimsin, walxaxiinsa jiru hubachuun, bifa mijataa ta'een dhiyeessuun murteessaadha.

Falmiin kun jiraatus seenaa keessatti bakka guddaarra jirra. Kiyyoo qoqqoodinsa sanyummaafi nam-tolchee sanyii keessatti kufnee jirraa? Moo ilaalcha caalaatti ifa ta'e fudhachuuf kaanna? Jireenyaafi fayyaa keessatti wantoota barbaachisoo ta'an waliin walqabatee walitti dhufeenya dhiigaa kanneen hintaane deggeruu dandeenyaa?

Bara ammayyaa keessa yommuu deemnu dhiigni waloo keenya namummaa waloo keenyaaf ragaa ta'uu jabeessinee hubannaa haaqabannu. Beekumsa kana akka meeshaatti fayyadamnee haftee danqaawwan sanyii cabsinee bakka isaaniitti hawaasa qajeeltoowwan walqixxummaa, tokkummaafi walkabajuu irratti hundaa'e haaijaarru. Sababni isaas copha dhiigaa hunda keessatti dandeettiin fayyisuu waan jiruuf. Daandii kam akka hordofnu filachuun nurra jira. Daandii fayyisuu ogummaa saayinsiifi gara laafina hafuura namaa waloo keenyaatiin qajeelfamu haafilannu.

BOQONNAA

11

Taatee Gosa Dhiigaa Idila-Addunyaa

Jalqaba jaarraa 20ffaatti laaboraatooriiwwan Viyeenaa tasgabbaa'oo ta'an keessatti, boqonnaan tokko mul'ate; Argannoon kun waljijjiirraa aadaafi sochii hawaasummaa ardiilee gidduutti taasifamu boce. Saayintistiin fedhiin beekuuf qabu xiiqii naamusa isaa wajjin walsimu, Karl Landsteiner, gosoonni dhiigaa jiraachuu isaanii addunyaaf ifa godheera. Hojiin isaa inni guddaan garee dhiiga namaa hubachuuf bu'uura guddaa kaa'eera; Kunis addunyaa ogummaa fayyaa keessatti fedhii beekuu qofa osoo hintaane, hubannoo gara aadaa idileetti akka tarkaanfatu isa taasiseera.

Imalli Landsteiner ganamaa, bara 1900moota keessa godhe, maaliif dhiiga namaa dabarsuun tokko tokko milkaa'ee, kaan immoo balaadhaan akka xumuramu nama hubachiisee; ajaa'ibsiise. Sirna garee dhiigaa ABO argachuun isaa iccitii jiraachuufi du'uu irratti cilaancila ifaa yoomuu dhaamuu hindandeenye ibse. Argannoon guddaan kun damee ogummaa fayyaarratti jijjiirama fiduu qofa osoo hintaane, hawaasni gosoota dhiigaa akka leensii amala, walsimsiisaafi eenyummaatti akka fayyadamu karaa saaqef.

Akkuma waggoonni darbaa deemaniin, addunyaan jeequmsaafi jijjiiramaa sadarkaa jireenyaa, seera aadaa irra deebi'ee akka ilaalu karaa saaqef. Waraanni addunyaa lammaffaa, babal'achuun qunnamtii addunyaafi uumamuun miidiyaa hawaasaa xiyyeeffannoo hawaasaa amala nama jijjiire. Karaa qaxxaamuraa jijjiirama kana irratti ture gosootni dhiigaa kan akka koompaasii hawaasummaatti as ba'ee mul'ate.

Bara har'aa kana, namni tokko shira gosoota dhiigaa marsee jiru jalaa miliquu hindanda'u. Sagantaaleen bashannanaa tokko tokko, keessumaa Baha Eeshiyaatti, gosa dhiigaa nama tokkoo irratti kan xiyyeeffatan maaliifi jettee yaaddee beektaa? Biyyoota tokko tokko keessatti piroofaayilii jaalalaa walsimsiisuun gosa dhiigaa akka ulaagaa bu'uuraa hiriyaa gaa'elaa ta'uu danda'aniif kan ibsu maaliifi? Miirri namaa tokko akka tasaa gosa A, B, AB ykn O ta'uu isaatiin walqabatee yoo ilaalamu maal jechuudha?

Yeroo deebii barbaannu; Barbaachisummaan hubannoo seenaafi fedhii beekumsaa yeroo ammaa kanaaf hunda caalaa barbaachisaadha. Eessaafi akkamitti hawwiin gosoota dhiigaa akka jalqabe osoo quba hinqabaatin, namni tokko galaana tilmaamaa keessa koompaasii malee naanna'ee hafa. Barbaachisummaan hojii Landsteiner ga'umsa saayinsii isaa qofa osoo hintaane hambaa aadaa hineegamne, kan namoonni dhuunfaa akkamitti ofii isaaniifi namoota biroo itti ilaalan irratti dhiibbaa uumuu itti fufee jira.

Kanaafuu, yaada-rimeen ogummaa fayyaa kun akkamitti gara taatee aadaa kanaatti guddate? Deebiin isaas, eenyummaa barbaaduu ilmaan namootaa addunyaa maraafi barbaachisummaa miira ofii barbaaduu keessa jira. Gosoonni dhiigaa, dhiibbaa amala nama dhuunfaafi fayyaa irratti qaban, haala dhokataa fakkaatuun, bifa addaa tahen hawaasa ibsu. Fakkeenyaaf, Jaappaan keessatti yaadni 'Ketsueki-Gata' jedhu baay'ee hidda gadi fageeffatee waan jiruuf, namoonni michummaa, hariiroo hojiifi jireenya jaalalaa barbaaduuf yeroo baay'ee gara gosa dhiigaatti galagalu. Kitaabonni, agarsiisni televijiiniifi taphoota viidiyoolee yeroo baay'ee taphattoota gosa dhiiga isaanii kan argisiisu si'a ta'u, akka waan hundeen nama tokkoo qubee tokko keessatti calalmuu danda'uutti ilaalu.

Kanaafuu, humna amala baayoloojii salphaan namoota miliyoonaan lakkaa'aman dandeettii ijaan ilaaluudhaan booji'uuf qabu ilaali. Garuu yaadonni kun dhugaadha moo sheekkoo waliigalaa nuti bashannanaaf filannu qofaadha? Yeroo rakkoo cimaan addunyaa mudachaa jiru kanatti dhimmi kun barbaachisaa kan ta'e maaliifi? Deebiin isaa ifaa ta'us gadi fagoodha. Barbaachisummaa aadaa gosoota dhiigaa hubachuudhaan, waa'ee amala namaafi daayinamiksii hawaasummaa irratti hubannoo gadi fagoo argachuu dandeenya. Addunyaa walxaxaa ta'e keessatti sirna uumuuf waa'ee seenaa ofitti himnu baranna. Yaada-rimeen saayinsii fakkaatanii akkamitti jireenya mataa isaanii fudhachuu akka danda'an, akkaataa nuti waliin wal qunnamnu bocuu akka danda'an hubannoo arganna.

Dhiibbaa gosootni dhiigaa aadaa irratti qaban keessa yeroo seennu seenaan kun hangam akka nama hawwatu dagachuu hindandeenyu. Seenaan kun ogummaa saayinsiitiin kan mallatteeffame, dogoggoraan kan itti fayyadamaniifi dogoggoraan kan hubatame yoo ta'u, dhumarratti namoota miliyoonaan lakkaa'amaniin akka madda bashannanaa, eenyummaafi walitti dhufeenyaatti kan hammatamedha. Kitaabni kun seenaa kana qorachuuf, humna argannoon jaarraa tokko dura argame hubachuuf, akkasumas ilaalcha namaa bal'aa ofii keenyaafi waliif qabnu irratti dhiibbaa waaraa inni qabu hubachuuf affeerraadha.

Omishaafi Tajaajila Gosa Dhiigaa Irratti Hundaa'an

Magaalaa Tookiyoo yeroo hunda tasgabbaa'aa taate, bakka barjaan barreeffamaa gurguddaan yeroo hunda balaqqeessa'uufi sirbi gonkumaa secondi tokkof hindhibamne keessa; gabaan hawwii beekumsaa ta'es achi jira. Iddoon gabaa kun mallattoo baayoloojii seelii keessummeessituu, gosa dhiiga isaanii irratti maxxanfameedha. Gabaan kun daandii magaalaa guddoo Jaappaan keessatti namoonni baay'een keessa jiraatan irratti qofa kan daangeffame miti; galaana kan diriirsu, karaa hedduu irratti kan mul'atu yoo ta'u, fayyadamtoota addunyaa maraa hawwachuu danda'a. nutis egaa yaadaan; Shubbisa daldalaafi aadaa baay'ee walxaxaa kana keessatti of arganna.

Ka'umsi taatee kanaa inni guddaan namoota dhuunfaafi jaarmayoota araada qaban kanneen carraa bu'aa argamsiisuu barbaadaniidha. Jarri kun seenaa keenya kana keessatti taphattoota ijoodha, walitti hidhamiinsa dhiigaa arkiteektoota indaastirii kan yaada-rimee gosa dhiigaa, daataa jireenya guyyaa guyyaa keessatti caasessanidha. Qaamonni kun gosoota saayinsii gara dhagaa bu'uuraa eenyummaa dhuunfaatti jijjiiraniiru, jijjiirraan isaanii kun ammoo qoricha soorata dhuunfaa wajjin walsimu irraa kaasee hanga bu'aa bareedinaa hiika gosa dhiigaa wajjin walqabatee jiruun walsimsiisudha.

Wal'aansoon isaan mudatu roga hedduu qaba. Akkaataa oomishaaleefi tajaajiloota hawwataa ummanni gosoota dhiigaatiin qabu qofa osoo hintaane, qorannoo saayinsiifi ilaalcha naamusaa dandamatan uumuu danda'an irratti hawwatu. Hawwatamni nama dhuunfaa irratti hundaa'ee hojjatamu humna guddaa kan qabu yoo ta'u, waadaan oomisha "siif qofa" gosa dhiigakee irratti hundaa'e hojjatame, kan jedhu nama hawwata. Haata'u malee, wantoota armaan olitti ilaalle keessaa, rogummaafi hiikni wareegama kanaa hangam walxaxaa akka ta'e gaaffii kaasa.

Haalli qormaata kana ittiin dandamatan oomisha irraa gara oomishaatti garaagarummaa qaba. Malli kun amantaa aadaa waa'ee gosa dhiigaa fayyadamuu irraa kaasee hanga mala baayooteknooloojii ammayyaa fayyadamuu hanga wantoota fedhii dalagaa qama keenyaa guutu jedhaman uumuutti. Duulli daldalaa of eeggannoodhaan kan qophaa'u si'a ta'u, saayinsii, amantaa sobaafi malawwan xiyyeeffannaa dhaggeeffattoota isaanii hawwachuuf gargaaran walitti makuudhaan kan qophaa'anidha.

Bu'aan hojiiwwan kanaa wal makaa kan ta'e yoo ta'u, tokko tokko garee deeggartoota olaanaa kan horatan yoo ta'u, kaan immoo yaadicha hubachuu waan isaan rakkiseef, keessatti hirmaachuu irraa kan of qusatan ta'uun isaanii beekamaadha.

Odeeffannoon gurgurtaafi itti quufinsa maamiltootaa akka iccitii mootummaatti eegamus, ragaaleen oduu afaanii fedhiin wantoota gosa dhiigaa irratti hundaan qophaa'aniif akka dabalaa jiru agarsiisa. Fakkeenyaaf, nyaanni gosa dhiigaa irratti hundaa'un sooratamu, ragaan saayinsii quubsaan bu'a qabeessummaa isaa deeggaru dhibus hordoftoota argachuu itti fufeera. Gama biraatiin tajaajilli wabii gosa dhiigaa seenaa milkaa'aa hiriyoottan gaa'elaa walsimsiisaa himoogilobiinii qabu jedhamee yaadamu irratti milkaa'aa jira.

Qorannoo armaan olii erga xiinxallee booda, hubannoo gadi fagoo nuuf kenna. Addunyaa barbaachisummaan eenyummaafi kan of ta'uu, humna daldala ammayyaa waliin walqunnamu ibsa. Saayinsii sobaa miira dhuunfaafi to'annoo yeroo nuuf kennu fudhachuuf fedhii qabaachuufi dhiisuu keenya gaaffii keessa galcha. Akkasumas waa'ee haala baayoloojiifi akkamitti ti'ooriiwwan cimsuu akka danda'an gaaffii naamusaa kaasa.

Bal'ina kana mata duree ijoo kitaaba keenyaa wajjin yeroo wal qabsiifnu, gosoota dhiigaa daldalaaf oolchuun akkaataa hawaasa keessatti hubachuuf yaallu fakkeenya tokko qofa ta'uu hubanna. Seenaa dhala namaa bal'aa saayinsiifi aadaan karaa hineegamneefi yeroo baay'ee ibsamuu hindandeenyeen walitti hidhaman keessa dhokataadha.

Mee dhaabbannee haayaadnu. Gabaa oomishaaleefi tajaajiloota gosa dhiigaa irratti hundaa'an calaqqee qalbii waloo keenyaa yoo ta'e, addunyaa ammayyaa keessatti eenyummaa barbaaduun keenya maal jedhama? Bakka sirrii ta'etti hiika argachuuf yaalaa jirraa moo seenaa ogummaadhaan nuuf gurgurame keessaa bitachaa jirra?

Boqonnaawwan itti aanan keessatti dhiibbaa gochoonni kun sadarkaa dhuunfaafi hawaasa irratti qaban qorachuun gadi fageenyaan gara gaaffii kanaatti nilixna. Hariiroo dal-dalaa, saayinsiifi eenyummaa keenya gidduu jiru qoranna; Akkasumas, gosoota dhiigaa irratti xiyyeeffachuun keenya miira miidhaa hinqabne ta'uu isaa ykn hafuurri namaa baay'ee akka hawwu kan argisiisu ta'uu isaa qoranna. Abdiin koo kanuma. Akka qorataa saayinsii ogummaa fayyaa tok-kootti imalli fuula kana keessa taasifamu odeeffannoo qofa osoo hintaane, yaadnifi mariin sochii qabu akka uumamu ni kakaasa. Sababni isaas dhuguma waa'ee ofii keenyaafi addunyaa keessa jiraannu gaaffiifi hubannoo barbaadu-udhaan baranna.

Loogii Gosa Dhiigaa: Loogii Haxxummaa (Subtle Bias)

Kittaa hawwaasummaa keessatti, lafa namoonni garaagaraa walitti dhufan keessatti, bifa loogii xiqqaa fakkaatu garuu walqixa loogii haxxee ta'e tokkotu jira. Kun loogii sanyii, saalaa ykn amantii yeroo baay'ee dubbatamu osoo hintaane, loogii dhiiga namoota dhuunfaa keessa naanna'udha. Sunis loogii gosa dhiigaa irratti hundaa'eedha.

Gosti dhiigaa ijaan kan hinmul'anne ta'us, mi'a ilaalcha dogoggoraa namoonni baay'een hinbeekne qabatee deema. Kitaabni kun fakkeenyota gosti dhiigaa nama dhuunfaa A, B, AB ykn O jireenya, carraafi gahee hawaasummaa isaa irratti dhiibbaa hinmalle geessise qorata. Kaayyoon inni guddaan gaaddidduu gosti loogii kun jala jiru irratti ibsaa ibsuudha. Kunis dubbistoonni loogii jireenya hawaasummaa keenya keessatti mul'atu beekanii akka dhabamsiisan taasisa.

Addunyaa yaada sadarkaafi garaagarummaa dhala namaa kana keessatti yaada-rimeen loogii gosa dhiigaa guutummaatti asoosama yoo ta'uu baate kan yeroon isaa darbe fakkaachuu danda'a. Haata'u malee, ilaalchi dogoggoraa akkasii dhiibbaa guddaa kan qabuufi namoota dhuunfaa lakkoofsa hinqabne karaa dhokataafi dhokataa hintaaneen kan miidhudha. Mul'anni kun kan murtaa'u qabiyyee amala isaaniitiin osoo hintaane antijiinoota seelii dhiiga diimaa irratti argamaniini.

Namoonni gosa dhiigaa 'O' qaban badii tokkoof ilaalcha of eeggannoo akka qabaatu, warri "A" ammoo akka of eeggannoo hinqabneefi ofittootti ilaalamu. Yaadonni kun dhugaa caalaa sheekkoo irratti kan hundaa'an yoo ta'u, murtoo jireenya jijjiiru akka fidan; Isaan keessaa carraa hojii argachuu irraa kaasee hanga hariiroo jaalalaafi, boqonnaawwan seenaa dukkanaa'oo illee hanga addunyaa namaan guutame kan Yuujeenikii (eugenics), dirqiin maseensuu (forced sterilisation) murtootti geessu turan.

Dhimma kana sirnaan baruuf seenaa Hinaa, shamarree dandeettii qabdu, kan Kooriyaa Kibbaa 'Seoul' keessatti argamtuu tokko ilaalla. Ulaagaa barumsaafii dandeettii hundaa guuttus, lafa hojii isheetti guddina argachuu hindandeenye. Hiriyoonni ishee sababa gosa dhiigaa ishee B ta'ef-akka waan isheen waa fageessitee tiilmamuu hindandeenyetti hasaasu; sababiin isaas namoonni gosa dhiiga ishee fakkaatu qaban, dandeettii waa fageessanii tilmamuu hindanda'an jedhamee waan yaadamuf. Oduun Hinaa taatee adda baafamee ilaalamuu miti; Seenaa aadaafi ardiilee Eeshiyaa hunda keessatti ilaalchi loogii dhokataan kun babal'achaa akka jiru kan mirkaneessudha.

Kun loogii dhokataa ammo guddaa ta'e kan callisee itti fufuudha. Murtiin bu'uura hinqabne akkasii yaadafi murtoo keenya irratti dhiibbaa akka geessisu yeroo heyyamnu namoota dhuunfaa akka Hinaa qofa osoo hintaane, dandeettii hawaasa keenyaas ni ukkaamsina. Gosoonni dhiigaa addaaaddummaa keenyaa madda qoqqoodinsa osoo hintaane madda ciminaafi kalaqaa keenyaa ta'uu qabu.

Fuula kitaaba kanaa keessa yeroo deemnu komachuu qofa osoo hintaane, kallattii hubannoofi jijjiirama bira darbee argachuu barbaanna. Ka'umsa amantiiwwan kanaa qoranna, himannaa saayinsii sobaa isaan cimsan nisaaxilla, sagalee namoota jijjiirama hubannoo leellisan nicalaqqisiifna. Af-gaaffii, qorannoo haalaafi qorannoo etnograafiitiin hariiroo walxaxaa gosa dhiigaafi eenyummaa gidduu jiru ni hiikana.

Walxaxiinsa uumama namaa kan akka amala dhuunfaafi bifaatti ilaallu wal makaafi salphisuuf fedhii uumamaa qabnu kan calaqqisu daawwitii qofaa? Yookiin jiraachuun keenya hawaasa baay'ee keessatti fedhii akka qabnu kan agarsiisu ta'uu danda'aa? Gaaffiiwwan kun yeroo nu mudatan dubbistootaaf akka waamichaatti tajaajila. Mallattoolee alaa dhiiga isaanii keessatti argaman osoo hintaane hawaasa, akkasumas namoota dhuunfaa gochaafi amala isaaniitiin murteessu cimsuu keessatti dammaqinaan akka hirmaatan waamicha godhamuudha.

Yeroo gara fuulduraatti tarkaanfannu humna beekumsaafi barnootaa haayaadannu. Sababni isaas loogii kana dhabamsiisuuf golee dukkanaa irratti ifa ibsuu qofaan abdachuu dandeenya. Tattaaffii kana keessatti kitaabni kun, kitaaba qofa osoo hintaane, ifa ta'uu qaba. Addunyaa caalaatti haqa qabeessaafi ifa ta'etti geessu-bakka hidhanni dhiigaa halluu ijaa bira darbee diriiru of keessaa qaba.

Hawaasa Gosa Dhiigaa; Tokkummaafi Qoqqoodinsa

Dhala namaa gargar qoqqooduuf, yaada-rimeen hawwataa fakkaatu ammoo hamaa ta'e-hawaasummaa gosa dhiigaa irratti ijaarameedha. Yaada-rimeen kun jalqaba irratti ifa ta'uu baatus, leensii gita hawaasummaa murtaa'e tokko ittiin ilaallu ta'a. Mul'ata kana qulqulleessuuf jalqaba 'hawaasa gosa dhiigaa' jechuun maal jechuu akka ta'e ibsuu qabna. Salphaatti yoo ilaalle, garee hawaasummaa amala waloo gosa dhiigaa irratti hundaa'eedha, yeroo baay'ee miseensonni gosa dhiigaa wal-fakkaataa kan qaban yoo ta'u, amala waloo akka qaban ykn sababa haala baayoloojii kanaan muuxannoo jireenyaa walfakkaataa akka qabanitti amanu.

Hawaasni kun aadaa adda addaa keessatti dandeettii eenyummaa ofii adda baasuu kan qaban yoo ta'u, kunis gosti dhiigaa tokkoon tokkoon isaanii amala dhuunfaa isaanii kan ibsu ta'uu agarsiisa. Qaamolee gurguddoo hawaasa kanaa galmeessuun tuuta amantaa walxaxaafi walitti hidhame mul'isa. Fakkeenyaaf, Jaappaan keessatti yaada-rimeen 'ketsuki gata' jireenya hawaasummaa wajjin kan walqabatudha; Kanarraa kan ka'e, gosti dhiigaa hariiroo namoota biroo wajjin qaban, hojiifi hiriyummaa isaanii keessatti amala dhuunfaasaanii akka tilmaamu yaadama.

Gosa dhiigaa isaanii, fuula walquunnamtii hawwaasummaafi hojiiwwan bohaartii isaanii irratti tarreessuun waan baratamedha. Yaadni kun ammayyaa fakkaachuu danda'us, ka'umsi isaa sochii Yuujeniksii (eugenics) jalqaba jaarraa 20ffaa irraa eegalee ta'uu danda'a; Gosti dhiigaa sababoota hedduu olaantummaafi gadi aantummaa garee namoota adda addaa biratti babal'atan keessaa tokko ture. Waaqayyoof galanni haata'u, addunyaan kun baay'inaan gochaalee jibbisiisoo akkasii bira darbitee jirti; Haata'u malee, hafteen yaada gosa kanaa hawaasa hidda dhiigaa jalatti gurmaa'ee keessatti jijjiirama dhoksaa gochuu hindhiisne. Hiika keeyyatichaa haala bal'aa ta'een yoo ilaalle, hawaasni kun akka maay-ikiroo-orgaanizimoota wal-qunnamtiifi wal-hubachuu barbaadanitti ilaalamuu danda'a. Akkuma seenaa keessatti namoonni gosa, saba ykn amantii irratti hundaa'uun walitti dhufan, dhiigni meeshaa biraa hawaasni gosoota sanyii bira darbee ittiin ijaaramanii eenyummaa isaanii ittiin mirkan-eessan ta'eera.

Yaada-rimeen kun, hawaasummaa keessatti bal'inaan dhimma itti ba'amaa jira. Namni dhiiga gosa O qabu tokko yeroo balaan hatattamaa mudatu arjooma gaafatamuu ykn namoota biroo kan dhiiga isaa wajjiin wal fakkaatuu wajjiin akka caalaatti dhihaatu itti dhaga'amuu danda'a. Gama biraatiin, kanneen gosa dhiigaa AB qaban, jechuunis gosa dhi-igaa addunyaa irratti baay'inaan hinargamne ta'uu danda'u.

Haata'u malee, yaadni hawaasni gosa dhiigaa ilaalchisee qabu dogoggorsaafi ilaalcha dogoggoraa itti fufsiisuu danda'a. Ragaan saayinsii gosoota dhiigaa amala nama dhuunfaa waliin walqabsiisu akka hinjirre hubachuun barbaachisaadha. Namoonni dhuunfaa gosa 'A' uumamaan gurmaa'oodha, ykn warri dhiiga gosa 'B' qaban uumamaan ofittoo ta'uu isaanii amanuun bu'uura kan hinqabneefi murtii haqa qabeessa hintaaneefi loogii uumuu danda'a.

Kanaafuu dhiibbaa dhugaan kun, nama dhuunfaafi hawaasa irratti qaban maal jechuun ni danda'amaa? Nu tokkoomsu moo nu qoodu? Deebiin isaa dhiiga ujummoo dhiigaa keenya keessa yaa'u keessa osoo hintaane, akkaataa kutaalee kana hiikuufi hojii irra oolchuuf filannu keessa jira. Gosti dhiigaa nama tokkoo, iccitiifi yaada dogoggoraatiin haguugamee jiru waa'ee; amala isaa, abjuu isaa, dandeettii isaa homaa hindubbatu. Namni tokko, Akkuma sanyiifi koorniyaa agarsiisuuf carraaquun mallattoolee kana utuu agarsiise hoo? Jireenyi hawaasummaa keenya caalaatti wal-simsiisaa ta'aa? Moo mala haaraa qoqqoodinsaa barbaanna?

Mee seenaa nama Emeka jedhamu, kan sararri mitihee dhiigaa AB (negative blood type B) isaa isa hube ilaalla. Yeroo baay'ee hawaasa keessatti akka alagaa tahee itti dhagahama ture. Muuxannoon Emekaa hawaasa gosa dhiigaa kana keessatti adda baafamuu akka danda'u, akkasumas tokkummaa namoonni dhuunfaa muuxannoo waliinii qaban yeroo wal argan uumamuu danda'u calaqqisiisa.

Seenaan Emekaa kun kan isaa qofa miti; addunyaa qoqqoodisa irratti bobba'e keessatti walitti dhufeenya barbaaduu wajjiin walitti hidhaminsa qaba. Kanaaf hawaasni gosa dhiigaa jalatti gurmaa'ee jiru, akka billaa qara lama qabuutti tajaajila-amaloota baayoloojii waliin qaban irratti hidhata uumuu kan danda'an ta'us, garuu qixaan haguuggii tokkummaa namaa cicciruu kan danda'udha. Qaamolee kana walitti fiduudhaan dhiibbaa hawaasa gosa dhiigaa jalatti gurmaa'an irratti ilaalcha addaa fiduu dandahu. Kaaniif yeroo madda deeggarsaa ta'an, gariif immoo wal'aansoo walooma hawwaasaa barbaadu'rra aanuu qabu bakka bu'u.

Gabaabumatti, kun qorannoo gareewwan baayoloojii irratti hundaa'an qofa osoo hintaane; haala dhala namaa calaqqisiisa. Walitti dhufeenya amaloota gadi fagoo, hiika qaban irratti hundaa'e barbaaduufi garaagarummaa nu keessa jiru akka humna walootti hubachuuf waamicha godhamuudha. Addunyaa qabiyyeen amala namaa asxaa gosa dhiiga namaa dimismisaa'efi tokkummaan dhala namaa antijiinootaan osoo hintaane, namummaa waliin qabnuun akka murtaa'uf haa carraaqnu.

Gosa Dhiigaafi Fayyaa Addunyaa: Ilaalcha Uummataa

Walxaxiinsa fayyaa addunyaa yeroo qorannu seeneffama haasaa barame kan sanyiifi gosa irratti hundaa'e bira darbe arganna. Innis seeneffama xiyyeeffannoo gara gama baayoloojii keenyaa kan qorannoo salphaa hintaane, garuu walqixa barbaachisaa ta'e: Gosa dhiigaati. Dhangala'aan barbaachisaan kun sarara jireenyaa-qaama keenya keessa yaa'u qofa miti; Dhangala'aan kun fayyaa hawaasaafi kunuunsa fayyaa addunyaa keessatti waan barbaachisaadha.

Tiyaatira guddaa ogummaa fayyaa addunyaa keessatti, gosootni dhiigaa akka fedhii wal'aansa yaalaa qofa osoo hintaane, adeemsa lubbuu baraaruufi qorannoo saaxilamummaa dhukkubaaf gahee guddaa qabu. Yaadni kun guddaa ta'us dinqisiifannaan isaa xiqqaadha-gosti dhiigaa imaammata fayyaa addunyaa tokko tokkoofi kunuunsa yaalaa hatattamaa irratti jijjiirama guddaa fiduu danda'a, sanyii osoo hinlaalin.

Bu'uurri dubbii kanaa barbaachisummaa dhiiga waliif dabarsuu, addunyaa guutuu keessattidha. Yeroo rakkoon ykn balaan tasaa uumamu garaagarummaan jireenyaafi du'a gidduu jiru, dhiiga walsimu qabaachuu irratti hundaa'a. Fakkeenyaaf, mee gosa dhiigaa O- mitihee fudhadhaa; arjoomaa maraa kan dhukkubsaataa hundaaf gargaaruu danda'u, tokko haalaallu. Duula dhiiga arjooma addunyaa guutuu irratti taasifamu keessatti namoonni dhiigaa O-mitihee ta'an, yeroo hundaa jalqaba irratti barbaadamuun isaanii raga tokkodha.

Erga gadi fageenyaan xiinxallee booda, akkamitti raabsiin gosa dhiigaa sirna eegumsa fayyaa hawaasaa irratti dhiibbaa uumuu akka danda'u seenaa dirqisiisaa arganna. Fakkeenyaaf, naannoo dhukkubni busaa itti baay'atutti, gosti dhiigaa O baay'achuufi carraan dhukkuba busaa cimaan qabamuu gad-aanaa ta'uu gidduutti walitti dhufeenyi dinqisiisaa tokko jira; Kunis faayidaa fooyya'iinsa uumamaa akka qabu agarsiisa. Ragaan oduu akkasii raabsa gosa dhiigaa hubachuun fayyaa uummataa adda ta'e ilaaluu keessatti gahee guddaa qabaachuu akka danda'u ibsu.

Haata'u malee, seenaan kun rakkina hinqabu jechuu hindandeenyu. Namoonni tokko tokko gosoota dhiigaa irratti garmalee xiyyeeffachuun, kutaalee kunuunsa fayyaa barbaachisoo ta'an kan biroo, kan akka rakkoo hawaasa-dinagdeefi kunuunsa fayyaa argachuu balleessuu danda'a jedhanii falmuu danda'u. Ilaalchi kun sirrii ta'us, barbaachisummaa dhimma gosa dhiigaa hinhaalu. Kanaa mannaa imaammata eegumsa fayyaa hawaasaa haala gaariin ilaaluu gaafata.

Falmii faallaa akkasii kanaaf deebii kennuudhaan, mala fayyaa gosa dhiigaa irratti hundaa'e leellisuun yaada tokko akka hinagarsiifne ifa gochuun barbaachisaadha. Beekumsa kana mala fayyaa bal'aafi kallattii hedduu qabutti walitti makuudha. Daataan gosa dhiigaa, ragaalee naannoo biroo wajjin yoo fayyadamnu, bu'a qabeessummaa tattaaffii fayyaa addunyaa fooyyessuu malee hir'isuu hindanda'u.

Kana malees, qorannoowwan dhiheenyatti godhaman gosoota dhiigaafi dhukkuboota tokko tokko gidduutti walitti dhufeenyi nama ajaa'ibsiisu akka jiru argisiiseera; Kunis seenaa sanatti walxaxiinsa marsaa biraa dabalata. Fakkeenyaaf, qorannoon akka agarsiisutti saffisi dhukkuba Covid-19 gosoota dhiigaa adda addaa gidduutti garaagarummaa qaba; 'A' fi 'AB' akka malee dhukkuba kanaan miidhamanii turan. Argannoowwan kun kan duraa yoo ta'an, qorannoo dabalataa kan barbaadan yoo ta'u, odeeffannoon gosa dhiigaa kun, yeroo weerarri dhibee akkasii gara fuula duraatti mudatu deebii fayyaa hawaasaa qajeelchuu irraatti akka gargaaaru danda'u akeeka.

Hubannoo gadi fagaate uumuuf, mee deebiin addunyaa weerara COVID-19 irratti kenne haalaallu. Mee yaadi, qondaaltonni fayyaa talaallii dursaa kennuu yoo danda'an ykn ergaa fayyaa uummata balaadhaaf saaxilamaniif sirreessuu danda'anii hariiroo gosoota dhiigaafi vaayirasii gidduu jiru irratti ragaa cimaa qabaachuu danda'aniiru. Kunis sadarkaa addunyaatti karoora fayyaa keessatti gosa dhiigaa tilmaama keessa galchuun barbaachisaa ta'uu agarsiisa. Haala fayyaa addunyaa keessatti, walitti dhufeenyi dhiigaa damee sanyii bira darbee akka babal'atu himannaan ragaa muuxannoo qofaan kan deeggaramuu osoo hintaane, dhiibbaa gadi fagoo qaba.

Imaammata fayyaa hawaasaaf. Ilaalchi kun gochaalee fayyaa keenya irra deebi'uun akka yaadnu, dhiibbaa callisaa garuu humna guddaa qabu gosoota dhiiga keenyaa akka beeknu, akkasumas fayyaa addunyaa irratti mala hunda hammateefi bu'a qabeessa ta'e akka fudhannu nu dirqisiisa. Kun hiika wanta baayoloojii kanaa kan adda addummaa keenya keessatti nu tokkoomseefi dandeettii hindhumne kanaa hubachuuf waamicha haata'u.

BOQONNAA

12

Egeree Dhiigaa: Dhimma Sanyii Keenyaan Olitti

Yaadaa dogoggoraa kanaan dura qabdu dhiisuun jireenya walxaxaa gosootni dhiigaa abuuran mul'isu irratti xiyyeeffadhu. Kitaabni kun odeeffannoo walitti qabame qofa miti; Ilaalcha haaraa waa'ee dhala namaa irratti saaquuf furtuudha.

Saayinsii qajeelchaa bu'uuraalee ogummaa faayyaa akka nuti hubannu carraaquuf qophaa'e keessa seenna. Akka qorataa saayinsii fayyaa of kennee tokkotti, qorannoo bu'uuraafi maloota haaraa damee qorannoo gosa dhiigaa irratti egeree keenya ibsan of eegganoo guddaadhaan isiniif qindeesseen jira. Kun walitti makamuun jeneetiksii, antiroopooloojiifi immunooloojii walxaxaa ta'an, iccitii dhiibbaa akkamii gosti dhiigaa jireenya keenya irratti qabu hiikuufi kan yaadamedha.

Tarii shakkii qabaachuu ni malta. Garuu gosti dhiigaa baay'ee barbaachisaa kan ta'e maaliifi? Waan kun amaloota jaarraa hedduudhaaf namoota qoqqoodanii turan caalaa hiika guddaa qabaachuu kan danda'an akkamitti? Mee kana haalaallu: Dhiigni ujummoo dhiigaa keenya keessa yaa'u hundi seenaa keenya keessaa isa xinnoodha. Fuulota kana keessa yeroo deemtu shakkiin kee akka duumessa aduu ganamaa argeetti bada; Kunis baay'ina hambaa baayoloojii keenyaa dhaggeeffachuudhaan bakka bu'a.

Addunyaa gosti dhiigakee bu'aa fayyaa kee tilmaamu, deebii dhukkubaaf kennitu tilmaamufi wal'aansa kee akka kanaan duraatti, gonkumaa yaaddee hinbeekneetti mijeessuu danda'u yaadi. Kun fakkeessaa qofa miti. Kitaabni kun hubannoo gosootni dhiigaa jireenyakee keessatti akka gosaatti qofa osoo hintaane, wal'aansa akka dhuunfaatti itti fufiinsa qabuuf murteessaa ta'uu isaa akka hubattu si taasisa.

Karaa dheeraa deemnee dhufne kana keessatti, yaada akka yeroo kitaaba kana tokko jettee dubbisuu eegalte sanaa qabdaa? Muuxannoo jireenya jijjiiru qorannoo kanaan tuqame irraa kan ka'e ilaalchi ati sanyii, dhaalaafi fayyaa irratti qabdu jijjiirameeraa? Barbaachisummaan beekumsa kanaa fedhii beekumsaa hayyootaa qofa miti; Beekumsi kun haala nageenya waloo keenyaaf itti dhimma baanu irratti jijjiirama hundee kan labsudha.

Yeroo dhumaaf halluu garaagaraan suuraa became fuuldura dhaabbattee turte tokko yaadi. Fageenya irraa yoo ilaalle fakkii walitti dhiheenya qabuudha, garuu akkuma itti dhihaayaachaa deemtuun, tokkoon tokkoon halluu sanaa fooyaa'aa ifa ba'aa deema, tokkoon tokkoon isaanii qulqullina guutuuf murteessaadha. Gosoonni dhiigaa firii baayoloojii keenyaati. Gosoonni dhiigaa firii baayoloojii keenyaa yoo ta'u, of eeggannoodhaan yoo qoratan, akkaataa achii as dhufa dhala namaa mul'isa, kunis seenaa godaansa, jijjiirama tirannaafi lubbuun jiraachuu dhala namaa mul'isa

Seelii dhiiga diimaa keenyarra, antijiinoota asaasa ekeraa abbootii keenyaa, kan waggoota kumaatamaan dura du'an ta'uu akka danda'an yaaddannii beektuu? Moo hanqinni pirootiinii dandeettii dhukkuba ittisuu yeroo dheeraaf dad-habee laaffisuu danda'aa? Waa'ee A, B, AB ykn O qofa osoo hintaane, waan qubeewwan kun seenaa dhala namaa keessatti maal bakka bu'u jedhiitii yaadi?

Garuu mee koottaa of hindursinuu. Kitaabni kun bu'uuraalee saayinsii jeneetiksii gosa dhiigaa irraa kaasee hanga saayinsii naannoon keenya ibsa gosa dhiigaa irratti dhiibbaa uumuu akka danda'u agarsiisutti tartiibaan si geessuudha.

Haata'u malee, galaana odeeffannoo kana keessatti, waa'ee namoota dhuunfaa hindagannu. Beekumsa walootiin kan baay'ee miidhamu nama dhuunfaa mitii? Mee guyyaa qorannoon dhiigaa saffisaan waajjira doktoraatti godhamu wal'aansa qofa osoo hintaane, nyaata keessan, qorannoo fayyaa dhukkuboota tokko tokkoofi tooftaa fayyaa sammuu keessan illee qajeelchuu danda'u yaadi.

Tokkoon tokkoon boqonnaa kanaa keessatti-seenaa dhugaa qabsoofi injifannoo namootaan kan guutame yoo ta'u, dhiibbaa gadi fagoo qorannoon gosa dhiigaa fayyaa nama dhuunfaafi hojii ogummaa fayyaa addunyaa guutuu irratti qabu hubachuudhaan, namoota dhuunfaa beekumsa kanaan jireenyi isaanii jijjiirameefi ogeeyyii jireenya isaanii iccitii dhiigaa furuuf of kennaniin wal argita.

Akkasumas, namoota karaa haaraatiin ramaduun rakkoo naamusaafi dhiibbaan hawaasummaarratti fidu qoranna. Garuu hinsodaatinaa! Seenaan kun waa'ee qoqqoodinsa haaraa uumuu miti; Garaagarummaa gadi fagoo adda baasuufi garaagarummaa keenya kabajuudha malee.

Kanaaf yaa dubbistootako jaallatamoo, ergaa hamma kana naa waliin imaltanii as geessanii, ammas akka nabiraa gidduutti hinhafeneen isin gaafadha. Yaada Kanaan dura qabdan dhiiftanii, waan waa'ee dhiigaa beektan hunda gaaffii keessa galchuuf qophaa'aa. Jechoonni hundi, dhugaan hundi, mul'anni hundinuu hiika dhugaa, isa jireenya keenya keessa yaa'u hubachuuf tarkaanfii fudhatamudha.

Qorannoon gosoota dhiigaa daangaa keenya itti aanuudha. Waliin taanee iccitii keessa jiru saaxiluudhaan egeree walitti hidhamiinsi dhiigaa damee sanyiin wal qooduu bira darbinee, beekumsa garaagarummaa keenya isa irra keessan mul'atu dhiifnee, isa ijaan hinmul'anne, isa hunda keenya walitti hidhu akka ilaallu nu dandeessisa. Gara "Daangaa Itti Aanu: Qorannoo Gosa Dhiigaa" tti baga nagaan dhuftan!

Gosa Dhiigaa Wal'aansa Fayyaa Nama dhuunfaa Keessatti

Addunyaa daneessummaan itti guddatu kana keessatti, dhiigni callisee ujummoo keenya keessa yaa'u kun warraaqsa ogummaa fayyaa fiduuf humna qaba. Seenaan kun waan yeroo dheeraaf tuffatamee irra darbameedha. Garuu beekumsi gosa dhiigaa kunuunsa fayyaa nama dhuunfaa irratti dhiibbaan inni qabu gadi fagoodha. Furtuun fayyaa fooyya'aa, dhukkuba irraa ofkaluuf, yoo nu dhukkube ammoo qoricha argachuu danda'uu, gogaa keenya isa irra keessaan mul'atu keessaa osoo hintaane, gosa dhiiga keenyaa, isa ujummoo dhiigaa keenya keessa jiru keessa yoo ta'e hoo?

Qabxiin falmii keenyaa ifaadha. Wal'aansi yeroo baay'ee wanti nama tokkoof hojjetu, nama hundaaf akka hojjetutti tilmaama. Wantoonni kun garaagarummaa uumama baay-oloojii keenyaa, keessumaa gosa dhiiga keenyaa ilaalcha keessa hingalchu. Haata'u malee, isaan gosa dhiiga keenyaa tuffatanis, qorannoon fayyaa keenya irratti dhiibbaa guddaa akka qabu agarsiisaa jira.

Ilaalchi kun yoo itti fufe, dhiibbaa hamaa fiduu danda'a. Addunyaa itti qorichi namoota tokko tokkoof baay'ee bar-baachisoo ta'an, ammoo sababa gosa dhiiga isaaniitiif bu'aa hinbuufneef yaadi, ykn gosoota dhiigaa warra dhukkubaaf salphaatti saaxilaman garuu, sababaa mata jabina keen-yaaf, hamma yoonaa kan waa'een isaanii hinbaramne yaadi. Gatiin mata jabina keenyaa, lubbuu badaa jiru ykn qulqu-lina fayyaa dhala namaa badaa jiruun utuu madaalamee, hagam ta'a laata?

Kana yeroo jennu, abdii hinqabnu jechuu miti. Furmaanni isaas wiirtuu wal'aansa fayyaa nama dhuunfaa irratti hun-daa'e yoo ta'u, wal'aansaafi maloonni kunuunsa fayyaa, gosa dhiiga isaanii irratti hundaa'un ta'a. Malli kun yaada-rimee salphaa miti; Hojiirra oolmaan tooftaa kanaa, barnootaafi hubannoo laachuurraa eegala.

Hojiirra oolmaan kunuunsa fayyaa nama dhuunfaa gosa dhiigaa irratti hundaa'e kaartaa bal'aa, raabsa gosa dhiigaafi haalawwan fayyaa kanaan walqabatan irraa eegala. Ogeeyyiin fayyaa barbaachisummaa gosa dhiigaa wal'aansaa fayyaa keessatti akka iddoo ol aanaa itti kennaniif leenji'uu qabu. Kana malees, sagantaaleen fayyaa hawaasaa qorannoofi hubannoo gosa dhiigaa guddisuu keessatti, namoonni dhuunfaa gosa dhiigaa ofii isaaniifi dhiibbaa inni qabu akka hubatan gochuu qabu.

Tajaajilli fayyaa gosa dhiigaa irratti hundaa'e bu'a qabeessa ta'aa jira. Qorannoon akka agarsiisutti namoonni dhuunfaa gosa dhiigaa tokko tokko qaban dhukkuboota tokko tokkoof carraan saxilamummaa isaanii guddaa yoo ta'u, kaan ammoo eegumsa ykn dandamannaa uumamaan qabaachuu danda'u. Ittisa dhukkuboota kanaa, mala kunuunsa fayyaa dhuunfaa fayyadamuudhaan haalaan fooyya'uu danda'a.

Kitaabni kun beekumsa gosa dhiigaa wal'aansa nama dhuunfaa irratti hundaa'e cimsee kan leellisu ta'us, furmaata biroo qorachuunis barbaachisaadha. Namoonni tokko tokko murtii eegumsa fayyaa kennuudhaaf guutummaa jiinoomii ilaaluun barbaachisadha jedhanii falmu. Kaan immoo akkaataa jireenyaafi naannoof dursa kennuu akka qabnu yaada kennu. Isaan kun gosa dhiigaa qofa irratti kan xiyyeeffatan miti; warra qaawwa gama fayyaa jiru kabuun guutani malee.

Uumama walxaxaa gosoota dhiigaa keessa gadi fageenyaan yeroo seennu, xiqqoo dhaabannee haa xiinxallu. Gosti dhiiga keetii fayyaa amma qabdu irratti dhiibbaa akkamii geessisaa jira jettee yaaddee beektaa? Qorannoon dhiigaa salphaan egeree sirna fayyaa dhuunfaakeef qophaa'e mee ilaali.

Afaan gosoota dhiigaa salphaa ta'us ergaan isaa walxaxaadha. Kun afaan maqaa sanyii ykn ilaalcha sanyummaa irratti hin hirkannedha. Kanaa mannaa waa'ee antijiinootaafi gochawwan ibsa jeneetikii dubbata. Kun afaan erga hubatamee booda haala eegumsa fayyaa irra deebi'ee ibsuu danda'uudha.

Seenaan himamuu qabu baay'etu jira. Seenaan namoota dhuunfaa humna jijjiirama kunuunsa fayyaa gosa-dhiigaa-irratti hundaa'e ijaan argan baay'eetu jiru. Imalli isaanii beekumsa kana hojii yaalaa keenya keessatti ariitiin itti fayyadamuu akka qabnu agarsiisa.

Fuuldurri kunuunsa fayyaa weedduu yaadannoo adda addaa kan qabu yoo ta'u, tokkoon tokkoon isaanii kanneen biroo wajjin walsimsiisuun kan taphatamudha. Fuuldurri keenya yeroo walitti hidhamiinsi dhiigaa addunyaa sanyiin wal qoqqoode bira darbee itti babal'atudha. Yeroo kanatti gufuuwwan eegumsa fayyaa karaa irraa ni maqfamu; Kunis daandiin nageenyaa, tokkoon tokkoon nama dhuunfaa akka uumamu taasisa.

Kitaabni kun addunyaa mallattoolee callisaa dhiiga keenya keessa jiran weedduwwaan fayyaa keenyaa itti beeksisan tilmaamuuf imala argannoo irratti akka jalqabnuuf affeerraadha. Waamicha hojii, dandeettii nu keessa jiru hammachuufi, yeroo kunuunsi fayyaa dhuunfaa filannoo qofa osoo hintaane, dhugaa ta'e arginudha.

Dhiigaa Olitti: Barbaacha Furmaata Arjoomtoota Waliigalaa

Warraaqsi ujummoo dhiigaa keenyaa keessatti sagalee gadi qabatee jalqabe-kan aadaa ogummaa fayyaa haalaan jijjiireefi adeemsa dhiiga nama tokko irraa gara nama biraatti daddabarsu sana jijjiiree ture. Furmaanni arjoomtoota gosa dhiigaa hundaaf arjoomuu danda'anii addunyaa guutuu keessatti barbaaduun bara durii kaasee kan ture yoo ta'u, fuula kana keessatti seenaa isaa qofa dubbanna osoo hintaane, imala jijjiiramaa gara bara ammayyaatti taasise waliin ilaalla.

Dhangala'aan barbaachisaan, dhiigni, kan namoota hundaaf arjoomu bara durii kaasee dinqisiifamaafi saayinsiidhaan qoratamaa ture. Jaarraa 17ffaa, yeroo dhiiga arjoomuun jalqabame irraa kaasee hanga bara 1901 Karl Landsteiner gosoota dhiigaa bu'uuraa argateetti, walxaxiinsa dhiigaa hubachuuf karaan hundi injifannoofi balaa gurguddaadhaan kan guutame ture.

Landsteiner gosoota dhiigaa kana yeroo argatu, barri haaraan, arjoomaafi fudhataa kan walsimsiisu uumame. Dhiigni hundi tokko akka hintaane hubachuun qorannoo dabalataa akka godhamu taasiseera; Qorannoon kunis murteessituu Rh argachuudhaan dhiiga nama tokkorraa gara nama biraatti daddabarsuun daran nageenya akka qabaatu taasisera. Tokkoon tokkoon guddina beekumsaa wajjin abjuun gosa dhiigaa addunyaa guutuu keessatti, ogummaa fayyaa gosa dhiigaa walsimsiisuuf gargaaru, caalaatti ifa ta'e.

Haata'u malee, carraaqqiin barbaacha gosa dhiigaa kan idil-addunyaa ta'e tokko argachuuf godhame hinmilkoofne. Sababiin isaas aadaafi naannoo hunda keessatti akaakuun dhiigaa tokko miti. Kutaalee addunyaa murtaa'an keessatti gosootni dhigaa tokko tokko baay'inaan itti mul'atan keessatti, carraaqqiin furmaata nama hundaaf arjoomuu danda'uf godhamu adda adda. Fakkeenyaaf, Jaappaan keessatti bakka Gosti 'B' baay'inaan itti mul'atutti, dhiibbaan dhiheessii dhiigaafi gochaalee dhiiga nama tokkorraa gara nama tokkotti dabarsuu irratti qabu, kanneen biyyoota bantii dhihaa bakka Gosti 'O' baay'inaan itti mul'atuu wajjiin wal fakkaataa?

Hiikni furmaata ta'uu, dhiiga waliigalaa qorannoo bal'aa gosa dhiigaa wal hinsimne guutummaatti dhabamsiisuuf yaalu irratti hundaa'a. Saayintistoonni adeemsa inzaay-imii gosa dhiigaa hundaa gara gosa 'O- 'mitihee (arjoomaa waliigalaa) geeddaruu danda'u irratti yaalii gochaa jiru. Kalaqni kun barbaachisummaa dhiiga wal simsiisuu hambi-suu, wal'aansa hatattamaafi baqaqsanii yaaluu irratti aduu haaraa baasuu danda'a.

Haata'u malee, imalli kun qormaataafi falmii malee miti. Walxaxiinsi sirna ittisa qaamaa, antijiinoota dhiiga namaa jijjiiruu irratti balaa hineegamne fiduu danda'a. Kana malees, furmaatni arjoomaa maraa, kan gosa dhiigaa hundaaf kennuu danda'u, kun gatii madaalawaafi dhaqqabamaa ta'e irra ga'uuf yeroo qabsoofnu dhimmoonni naamusaa ni mul'atu. Namni hundi argachuu danda'aa moo namoota muraasa qofaatu argata?

Furmaatni dhiigaa, argoomaa maraa, ta'e kun qorannoon bu'uraa jalqabaasaa qorachuuf taasifamu mul'achuu waan jalqabuuf; Gaaffiiwwan kallattifi dhiibbaa qaban haa gaa-fannu: Waadaan kalqa haaraa kanaa raawwatamee nuf dhu-gooma moo gufuu isaan eeggatutti harka kennatu?

Oduun kun odeeffannoo kennuuf qofa osoo hintaane, nama hawwachuufis kan yaadamedha. Mee addunyaa ogeessi fayyaa gargaarsaa hatattamaa kennu tokko lubbuu namaa baraaruuf dhiiga dhukkubsataaf kennuuf yeroo yaalu, gosoota dhiigaa wal siman yaaduuf yeroosaa hinqisaasessine yaadi.

Mee yeroo dhiigni ujummoolee dhiigaa nama kamiyyuu keessa oliifi gadi yaa'u, yaaddoo walfudhachuufi walfudhachuu diduu hinqabne yaadi.

Guddinni damee kanarratti argamu yeroo hunda tilmaamamuu kan hindandeenye ta'us, namoota ogummaa fayyaa dhiiga nama tokkorraa gara nama tokko'tti daddabarsuu kana jijjiiruuf of kennanii carraaqaa jiran kan hinboqonne ta'u. Kun sagalee kalaqaa, saffisa qorannoofi safartuu abdiitiin mallatteeffameedha.

Bara haaraa, dhiigni eenyummaa keenya ibsu sun, furtuu hamma geenyu nuuf himuu danda'u bira ga'uuf qarqararra jirra. Furmaata arjoomaa maraa barbaaduun tattaaffii saayinsii qofa miti; Ragaa gaaffiin lubbuun dhala namaa dadhabbii tokko malee gara fuulduraatti dhiibudha.

Kitaabni kun galmee seenaa qofa miti; Seenaa itti fufiinsa qabu, kan waa'ee fedhiifi haala dhala namaa ta'eedha. Fuula tokkoon tokkoon isaanii yeroo galagalchinu, boqonnaan itti aanu saayinsiin dhiigaa maal akka mul'isu hawwiidhaan eegganna. Fayyinni addunyaa maraa hunda keenya keessatti argamuu akka danda'u nu yaadachiisa.

Dhiibbaa Hawaasaa: Hubannoo Gosa Dhiigaarratti

Bara hawaasummaan bifa aadaa, gosaafi eenyumman kumaatamaan lakkaa'amu walitti hidhame kana keessatti, hubannoo haaraa-kan halluu gogaa dhaqna keenyarraan mul'atuun ol kan ta'e, dhiiga, isa dhala namaa hundaa walitti hidhu ilaalla. Dhiigni, addunyaa hunda keessatti amala tokkoon kan beekamu, garuu gosa isaatiin garaagarummaa kan qabu, sarara qoqqoodinsa sanyii bira darbee tokkummaaf kan kaka'umsa qabu ta'ee mul'ata. Asirrattidha, dha'annaa onnee hawaasa keenyaa keessaa, hubannoon gosa dhiigaa, hawaasummaa keenyarra deebi'ee bocuu akka danda'u waliin qoranna.

Bara jalqabaa yeroo bu'uuraaleen baayoloojii nama gurraachaafi adiin barreeffamanitti haadeebinu. Yaada-rimeen gosoota dhiigaa akka yaadannoo miil-jalaa qofaatti kan dhiyaate yoo ta'u, fedhii saayinsii kan damee ogummaa fayyaa bira darbee dhiibbaa tokko illee akka hinqabneetti ilaalama ture. Saffisaan gara har'aatti immo yeroo ceenu. Qormaanni guddaan nu mudatu hanqina beekumsaa osoo hintaane, odeeffannoon kun walitti hidhamiinsa hawaasummaa eeguuf faayidaa qabaachuu isaati.

Eenyummaa baayoloojii keenyaa kana tuffachuutin dhiibbaan inni fidu baay'eedha. Carraan namoota dhuunfaa gidduutti hariiroo gadi fagoo uumu dhuma rogaa irratti argama. Wanti dhokotaa ta'ee, marsaa jibba sanyummaa, hawaasa keenyaaf mata dhukkubbii ta'e itti fufsiisa; Kunis walitti dhufeenya dhala namaa haguugee dhoksuun, walqoqqoodinsa irra keessaan mul'atu leellissa.

Waa'ee gosa dhiigaa hubachuun dandeettii rakkoo namoota biroo akka kan keetti ilaaluuf riqicha yoo ta'e hoo? Xiyyeeffannaan akkasii garaagarummaa sanyii irraa fagaatee, walitti dhufeenya baayoloojii waloo qabnu cimsuu danda'aa?

Furmaanni barnoota irraa eegala. Garaagarummaan dheerina keenyaa jiraatus dhiigni ujummoo dhiigaa keenya keessa yaa'u afaan addunyaa maraa akka dubbatu beekuun sirna barnootaa badhaadhaa qabaachuun maal akka fakkaatu yaadi. Karaa ija kanaan lubbuun namaa hundi qixa gatii akka qabuufi tokkoon tokkoon keenya kennaa dhiigaatiin jireenya kennuufi fudhachuuf dandeettii akka qabnu barsiisuu dandeenya.

Mul'ata kana hojiirra oolchuuf dameelee adda addaatiin qindoominaan hojjechuu gaafata. Sirnoonni barnootaa hubannoo gosa dhiigaa sirna barnootaa isaanii keessatti hammachuu qabu. Duulli miidiyaalee waa'ee hiika lubbuun jiraachuu karaa arjooma dhiigaa babal'isuu qabu. Bakkeewwan hojiitti barbaachisummaa gosoota dhiigaa hunda calaqqisiisuufi ergaa tokkummaa leellisuu danda'utu irra jiraata.

Ragaan bu'a qabeessummaa furmaata akkasii biyyoota akka Jaappaan, gosti dhiigaa amala nama dhuunfaa mul'isa jedhamee amanamu keessatti argamuu danda'a. Saayinsiin amantiiwwan kana duuba jiru falmisiisaa ta'us, dhiibbaan hawaasummaa inni geessisu ifaadha. Waltajjii mariifi walqunnamtii sarara sanyii qaxxaamuruun ni kenna.

Haata'u malee, filannoo furmaataa kana xiqqeessinee ilaaluu hinqabnu. Tokko tokko hojiiwwan ijaarsa hawaasaa kanneen amala baayoloojii caalaa fedhii ykn ilaalacha waloo irratti xiyyeeffatan leellisu. Kaan immoo leenjii barbaachisummaa adda addummaa aadaafi hammatamummaa cimsanii leellisu. Malli kun fudhatama kan qabaniifi faayidaa kan qaban ta'us, damee ilaalchaa, baay'ee moggaa ta'e keessatti socho'u. Hubannoon gosa dhiigaa gadi fageenyaan firii ijaan hinmul'anne gadi fageenyaan seenee dhala namaa walitti hidhu qo'ata.

Hundeen jireenyaa, dhiigni nu keessa yaa'u, gufuulee nu qoqqoodan maqsuuf furtuudha? Yeroo rakkootti gaaffiin

"Ati eenyu?" osoo hintaane "Maal gochuun qaba?" isa jedhu ta'uu qaba.

Akkuma qalamni barreeffama kanarratti gogu, dhugaan tokko yoo jiraate; Garaagarummaa keenyarra wal fakkeenya keenyatu caala. Dhahaannaan onnee namoota biliyoona sed-deetii keessatti, dhahannaa shubbisaa walootu dhaga'ama. Innis sagalee "lub, dub" jedhu dhageessisa. Kana jechuun onneen keenya Afaan tokko dubbata. Armaan olitti burjaajii qoqqoodinsa sanyii caalaa, dhiigni keenya akka barbaachisu yaadachiisa. Kunis bareedina garaagarummaa keenyaa gadi buusuuf osoo hintaane, hubannoo gadi fagoofi wal kabajuu akka gonfootti akka ka'annuuf nu afeera.

Imalli gara tokkummaatti taasifamu gufuu kan hinqabne osoo hintaane, karaan ifa beekumsaafi abdii caalaatti hunda hammateen ibsama. Kun hambaa nuti hordofnu haa ta'u-kan ijoolleen keenya halluu gogaa bira darbanii qabiyyee amalaafi walsimsiisaa dhiigaa ilaalan.

Jireenya dhala namaa waliin marii jajjabeessuun, fedhii beekuu qabaachuufi sadarkaa bu'uuraa jireenya dhala namaa waliin hariiroo bu'uuraa uumuu qabna. Seenaan gosoota dhiigaa seenaa antijiinootaafi dhiiga dabarsuu qofa miti; Seenaa walitti hidhame, seenaa imala waloo dhala namaa baroota keessa darbeedha.

Fuula barreeffama kanaa yeroo garagalchine jechi tokkoon tokkoon isaa egeree yaada-rimee sanyii osoo hintaane gosootni dhiigaa dammaqina hawaasummaa keenya kees-satti adda duree ta'an affeera. Yeroon kun kan danda'amu qofa osoo hintaane, jijjiirama hawaasaaf egeree barbaa-chisaa ta'uu isaati.

Sirna callisaa ujummoo dhiigaa keenya keessatti, warraaqsi mudatu, lafa ogummaa fayyaa jijjiiru qofaa osoo hintaane, guddina sochii hawaasaas ni mudata. Yeroon isaa yeroo namoonni callisaanii jiran akka dubbatan gochuufi niyyaadhaan dhaggeeffachuudha. Sababni isaas dhumarratti wanti nu tokkoomsu loogii nu qoqqoodu caalaa dubbiif namatti tola.

Addunyaa Dhiigaan Tokkoome: Mul'ata Egeree

Mee yoo feetan takka akkanatti yaadaa: addunyaa keenya waloo kana keessatti qoqqoodinsi gogaa keenya irratti hundaa'etti aduun itti dukkanaa'ee—addunyaa humni jireenyaa, dhiigni keenya, ujummoo dhiigaa keenya keessa lola'u tokkummaafi wal hubachuuf bu'uura ta'ee tajaajilu ilaali. Kun abjuu miti; egeree harka keenya keessa jirudha, fuula kitaaba kanaatiin imala jijjiiramaa gara damee sanaatti ni jalqabna.

Manneen barnootaa ijoolleen ABC itti baratan qofa osoo hintaane, gosa dhiigaa A, B, AB fi O's bakka hubannoon gosoota dhiigaa miira namummaa waloo itti guddisu hubachuun sammuu namaa bal'isudha. Mee hawaasa yeroo rakkootti iyyi hiriiraa isaa 'nuu' fi 'isaan' jedhu osoo hintaane, kan waamicha hojii jireenya mirkaneessuurratti xiyyeeffatu, kan daangaa sanyii ykn amantii hinbeekne yaadi. Kun abdii ija jabina "Addunyaa Dhiigaan Tokkoome, Mul'ata Egeree" jedhuuti. Jechi kun si ibsee, arkiteektii addunyaa haaraa kanaa akka taatu si kakaasa.

Qorataa ogummaa saayinsii fayyaa waanan ta'ef, dinqii baayoloojii namaa keessa lixeen; waan nama nu godhus, ergaa abdii namatti horus, qabadheen fuula keessan dura dhaabbadha. Malli ani ifa godhu yaadota dhokatoo osoo hintaane, tooftaalee qabatamaa, kanneen fiixee gosoota dhiigaa keenya adda addaa irraa tokkummaa baasuuf humna qabaniidha.

Dhiigni, jechuunis wanti yeroo baay'ee miidhaafi miidhaama qaamaa wajjin walqabatu, fakkeenya fayyinaafi walitti dhufeenyaa akkamitti ta'uu danda'a? Mee karaa saayinsiifi seenaa gaaffii kanaaf deebii kennuun isin barsiisa.

Seenaa walitti dhiheenya namoota ofittummaa malee arjooma dhiigaan lubbuun isaanii du'a baraaramte irraa kaasee hanga seeneffama hawaasa fedhiidhaan qabeenya lubbuu isaanii, dhiiga, kennu kanaan tokko ta'anitti, ragaan walitti hidhamiinsa keenyaa kan hin haalamnedha.

Haata'u malee, mul'anni akkasii shakkii hundee gadi fagoofi garaagarummaa sanyii hundee gadi fagoo qabu, kan yeroo dheeraaf hawaasa keenya dhiphise kana akkamitti mo'uu danda'a jettanii yaaddu ta'a. Yaaddoon keessan naaf gala, kun dhimma cimaadha. Ammoo yaada kana yaada qofaan osoo hintaane, ragaa dhiyeessun mormiikoo eegala.

Dhugaan jiru ifaadha. Gosti dhiiga keenyaa adda adda ta'us, barbaachisummaan dhiigaa hunda keenya tokkoomsa. Namni tokko yeroo dhiiga arjoomu lubbuu namoota baay'ee sanyii, eenyummaafi kutaan osoo adda hinbaasiin, nama hundaa baraaruuf arjooma. Kun dhugaa falmii hinqabne kan bu'uura sanyii dhala namaa isa waloo ta'eedha.

Addunyaa hubannoo gosa dhiigaa argachuun fedhii warra ogummaa fayyaa eeguuf qaban osoo hintaane, addunyaa beekumsa waliinii horate, kan tokkummaafi hubannoo rakkoo namoota biroo akka kan ofiitti guddisee ilaalu naa wajjiin xiinxalaa ilaalaa. kitaaba Kanaan, karaa ifa nama dhuunfaa qaburraa gara jijjiirama hawaasummaa fiduutti ni deemta.

Imalli kun akkaataa eenyummaa ofii keenyaafi kan namoota biroo itti hubannu irra deebiin akka yaadnu ni taasisa.

Fuula kana dubbisuuf kutannoon ati qabdu hubannoo mataa keetii qofa osoo hintaane, tarkaanfii gara dammaqiinsa walootti geessudha. Gatiin beekumsa kanaa gahumsa dhuunfatii ol ta'a. Jireenya namootaa jijjiiruuf, lubbuu namaa baraaruuf, fakkii tokkummaa haaraa addunyaan keenya, gargar caccabdee jirtu, akka malee ishee barbaachisu uumuuf humna qaba.

Gaafa "Gosti dhiiga kee maali?" jedhamtee gaafatamtu, al tokko tilmaamuuf yaali. Gaafas waa'ee dhiiga keenya walsimsiisuu qofa osoo hintaane, haalaan marii kakaasa-baayoloojii waliin qabnu argachuufi kabajuuf carraa ta'a. Kitaaba kana keessatti, mallattoolee halluu gogaa keenyaan yeroo dheeraaf nu qoqqoodan bira darbinee, nama ta'uun maal jechuu akka ta'e gadi fageenyaan waliin ilaalla.

Wiirtuuwwan arjooma dhiigaa yaadaman kun iddoowwan waldaa hawaasni adda addaa kaayyoo waloo qaban walitti dhufuu danda'an ta'a. Fakkiiwwan ifa ta'aniin gara wiirtuuwwan abdii dhala namaa baay'inaan itti baay'atu kanatti isin geejjibsiisa, gochi dhiiga arjoomuus ibsa tokkummaa humna guddaa qabu ta'a.

Fakkii kana yaadaan of keessaatti kaasuun ni danda'amaa? Addunyaa gosti dhiiga keetii baajii kabajaa, mallattoo dandeettii qoqqoodinsa sana qaxxaamuree jireenya nama biraa karaa gadi fagoo ta'een tuquukee agarsiisu. Fuula kana yeroo galagalchitu seenaafi saayinsiin jireenyakee haa dhuunfatu; Biyyi lafaa sanyiidhaan osoo hintaane dhiiga jireenya namaaf kennuun tokko ta'uu danda'a.

Kanaaf kallattiidhaan isin gaafadha, qaama mul'ata kanaa ta'uuf qophiidhaa? Dhugaa salphaa garuu gadi fagoo dhiigni keenya addunyaa sanyiitiin ala waan guddaa akka ta'e nutti himamu fudhachuuf? Halluu gogaa bira darbee arguufi afaan addunyaa guutuu qaama keenya keessatti dubbatamu adda baasuuf?

Xumura kitaaba kanaa irratti hubannoon gosa dhiigaa yaada dammaqaa qofa miti; Dandeettii madaa qoqqoodinsaa fayyisuuf leellisaa taata. Imalli kun kan argannoo, qormaataafi dhumarratti abdii ta'a. Tokkoon tokkoon boqonnaa kanaa, imala waliin deemnuu, kan bu'uura sanyii namaa caalaatti tokkoomsuu qabu ta'a.

Sirna callisaa ujummoo dhiigaa keenya keessatti, warraaqsi mudatu, lafa ogummaa fayyaa jijjiiru qofaa osoo hintaane, guddina sochii hawaasaas ni mudata. Yeroon isaa yeroo namoonni callisaanii jiran akka dubbatan gochuufi niyyaadhaan dhaggeeffachuudha. Sababni isaas dhumarratti wanti nu tokkoomsu loogii nu qoqqoodu caalaa dubbiif namatti tola.

BOQONNAA

13

Waa'ee Dhiigaa Ilaalachisee Walmarii Idila-Addunyaa

Mee addunyaa sararoonni dhala namaa gargar qoqqoodan dimismisaa'anii, dha'annaan onnee waloo dhala namaa waldhabdee garaagarummaa keenyaa caalaa sagalee tokkummaa guddaa dhageessisu yaadi. Kun abjuu hin dhugoomne miti; haqa ifa-galeessa harka keenya jirudha. Kitaabni "Iccitii Gosa Dhiigaa: Miira Sanymmaan Gamatti" jedhu kun barruu qofaa miti; waadaa suubii haaraati; bara tokkoon tokkoon cophni dhiigaa arjoomamu hundi, jirbii kittaa dhala namaa tokkummeessu ittiin hodhamuudha.

Akka ogeessa saayinsii fayyaatti, lubbuu tokko baraaruudhaaf, dhiiga arjoomuudhaan yeroo nama walitti fidu gadi fageenyaan ilaaleera. Boqonnaawwan kitaaba kanaatiin maloota ciccimoofi dubbisa hamilee namatti horaniin, warra hubannoon arjooma dhiigaa ariitiin akka dabaluuf jecha, barbaachisummaa isaa sirriitti mul'isanii addunyaaf ibsan akka ati taatu shakkii hinqabu.

Tarii dhiibbaa namni dhuunfaa tokko kaayyoo ol-aanaa kana keessatti qabu gaaffii keessa galchaa jirta ta'a ykn jijjiirama kitaabni dabalataa tokko mana kitaabaa bal'aa beekumsa namaa keessatti uumuu danda'u shakkaa jirta ta'a. Mee kottu shakkiiwwan kana dhiisi. Fuulonni kitaaba kanaa tokkoon tokkoon isaanii, murtoo nama tokkoo galaana namummaa keessa riphe tamsaasuu akka danda'uuf amantiin guddaa kan irratti gatamedha. Ani akka barreessaa qofatti utuu hinta'in, akka nama shaakalliin guyyaa guyyaa humna jireenyaa jijjiiruu danda'u qabaachuusaa ragaa ba'uutti-yeroo sagaleen namoota miliyoonaan lakkaa'amanii dhageessifamu, nama fuuldura dhaabatuudha.

Deemsa jijjiiramaa sana na waliin abjoodhu; ati dubbisaa al tokkicha dubbisee darbu qofa osoo hintaane, nama jabaa waraana guddicha addunyaa irratti kallattiidhaan hirmaatuudha. Bor yeroo hanqinni dhiigaa seenaa durii ta'ee himamu, namni dhuunfaa kamiyyuu, sanyii ykn amantii kamiyyuu osoo hinlaalin, dhiiga lubbuu isaaf barbaachisu argachuu danda'u sana yaadi. Kun galma "Iccitii Gosa Dhiigaa: Miira Sanyummaan Gamatti" jedhu ariifachiisuuf kaayyoo gooroo kaayyeffamedha. Kitaabni kun koompaasii kee yoo ta'u, mala wal-xaxaa kalaqa saayinsiifi miira namaa hubachuu keessa si galcha.

Egaa kitaaba kana dubbistee boqonnaa xumuraarra geessee jirta, beekumsa baay'ee argachuu qofa osoo hintaane, hidhannoo jijjiirama dhugaa fiduuf gargaaran akka si hidhachiise abdiin qaba. Guca kaayyoo kabajamaa kanaa baachuun, warri kaan akka si hordofaniif daandii ibsitaaf. Sun waadaa sochii kanatti makamuudhaan galtuudha. Jireenya, tokkummaafi hidhata dhiigaa hinmormamneef waadaa seenuudhas.

Kanaaf yaa michootako, jireenya nama birootiif dhamaatan, ergama murteessaa kana yeroo jalqabnu gara laafinaafi ija jabina akka hidhattaniifan isin affeera. Sababni isaas, namummaa jechuun kophummaa ofii jiraachuu osoo hintaane, hawaasi onneen isaa tokkummaan walii-galatti dhahaatu onnee nama dhuunfaa caalaa waan dhahaatuuf.

Amma, mee gara ijoo dhimmichaatti gadi haa seennu, bakka dhugaan quuqama waliin wal argu, shakkiin immoo ifa waliin wal qunnamutti keessa haaseennu.

Arjoomni dhiigaa maaliif akkas barbaachise jettanii yaaddu ta'a. Sekoondii lama lamatti namni addunyaa kanarra jiru dhiiga barbaada. Miidhaa ykn balaa tasaa tilmaama hinqabne irraa kaasee hanga namoota dhukkuboota yeroo dheeraa waliin wal'aansoo wal-qabaniitti, gaaffiin dhiigaan wal qabatee jiru kan boqonnaa namaaf hinkennineefi dhiifama hinqabneedha. Ta'us, sababa yaada dogoggoraafi sodaa sirrii hintaaneetiin marfameef dhiyeessiin dhiigaa nihir'ata. Carraaqqiin keenya bu'uuraa kanumatu jira-qaawwaa kana riqicha beekumsaatiin, sodaa hubannoodhaan bakka buusuufi shakkii gara hojiitti jijjiiruudha.

Haadhi mucaan ishee dhukkuba dhiigaa jeneetikii /talaaseemiyaa/ jedhamu kan yeroo hunda dhiiga kennuu barbaaduun qabame mee haalaallu. Ogeessa fayyaa kutaa baqaqsanii yaaluu yaaddoo keessa jiru, xiyyeeffannaan fuula isaa, lubbuu qarqara boolla irratti rarraafamee jiru baraaruuf, dhiiga O-mitihee barbaadee sardamaa, wotwaattuu tokko yaadi. Kun barreeffama seenessuu qofa miti; haqa yeroo hunda jireenya namoota dhuunfaa baay'ee keessatti mudatuudha. Wotwaannaan isaanii kun tarii nuuf watwaannaa akkasumaanii fakkaachuu mala; garuu watwaannaan isaanii kun waamicha duula rakkinicha irratti ka'uufi kan sarara jireenyaa dheeressuuti.

Yaa dubbistoota jaallatamoo, amma gaaffii tokko akka xiinxaltanin barbaada. Utuu toorri jireenyaa jennu cicciteefi hunkutaa'eewoo? Bu'aan isaa yaaduun kan namatti hintolle qofa osoo hinta'in—hubachuun iyyuu kan ulfaatudha. Dhiigni ga'aa ta'e hinjiru jechuun garaagarummaa jireenyaafi du'aa, abdiifi abdii kutannaa gidduu hinjiru jechuudha. Haata'u malee, furmaanni isaa baay'ee salphaadha; sichiitti waan milkeessuu dandeeyuudha. Sa'aatii tokko yeroo keessan keessaa arjoomuun, hanga lubbuu namoota sadii oolchuu danda'a. Waamichi tarkaanfii kana caalaa dirqisiisaa ta'e jiraachuu danda'u jiraaree?

Kutaalee itti aanan keessatti namoota dhiiga kennuu isaaniitiin jireenyi isaanii akka ajaa'ibaatti jijjiirame arguuf deemtu. Afaanuma isaaniitiin, jechi isaanii illee osoo hinjijjiiramin, kennaa gati-jabeessa kanaaf yeroo isaan galateeffatan dhageessa. Mo'icha saayinsiin arjooma dhiigaa yeroo kamiyyuu caalaa nagaafi bu'a qabeessa taasise hubannoo argatta. Akkasumas maloota aad-maleewwan rakkisoon itti dhabamsiifaman ilaalta.

Kanneen gaarummaafi bu'aa arjooma dhiigaa amanuu dhabuun, 'gumaachi isaanii akka galaana keessatti copha cophsuuti' jedhanii amananiif, galaanni mataan isaa'yyuu copha irraa madduu isaa yaadadhaa. Mata-dureen barruulee kanaa hundi isaa edaa'ama humna gochaawwan dhuunfaatiif waadaadha. Fakkiiwwan ifa ta'aniifi barruulee hamilee namatti horaniin fuula namoota gargaaruu dandeessuu argiteefi galata lubbuu baraaramanii miireffatta.

Fuulota kana keessaatti, jechoota ciccimoo saayinsii fayyaa, namaaf hubatamuu hindandeenye hinargattu. Kanaa mannaa, afaan salphaa kallattiin keessa namaatti dubbatu, hafuura namaa kakaasuufi tarkaanfii dirqisiisu argatta. Seenaa himame keessatti weedduufi yeedaloo argatta, gammachuu isa ragadda jireenyaa mataa isaa calaqqisiisu waliin fullaata.

Waamicha arjoomaatiif gurra haakenninu; harka keenya keessa dhiigni walitti nu hidhu, dhiigni madaa fayyisu, lubbuu baraaruufi daangaa sanyii hamaa ta'e darbuu danda'u waan dhangala'uuf, duubatti hinharkifannu. Humna tokkoon aadaa gara-laafummaa, ragaa namummaa waliin qabnuufi, addunyaa dhiigaan firoomuun sanyii-ol ta'e, namummaan maal jechuu akka ta'e barbaachisummaa isaa waliin haafudhannu.

Gara 'Dhiigaan firoomuun: Sanyiin-olitti' baga nagaan dhuftan. Baga gara imala umurii guutuutti dhuftan.

Mirga Dhiiga Argachuufi Seera Idila-Addunyaa

Addunyaa walqixxummaafi qaqqabamummaan utubaa hawaasaa ta'e keessatti, wal-caalmaan dhokataan kan itti fufu yoo ta'e, mirgi dhiiga argachuu, yeroo baay'ee wal-ga'ii idila addunyaa mirga namoomaa irratti taasifamuun kan bira darbamudha. Wiirtuu namummaa keenya waliin qooddannu keessatti, gaaffii siyaasaafi aadaa keenya caalaa, fedhiin bu'uuraa daanga-maleessi tokko jira. Innis, fedhii dhiiga ga'aafi qulqulluu ta'ee argachuu danda'uudha.

Haalli barbaachisummaa kanaa garmalee ibsamuu hindanda'u. Daqiiqaa daqiiqaatti, addunyaa kanarra iddoo hundatti, namni tokko, dubartii da'umsa irra jirtu haataatu, nama balaan miidhame ykn dhibamaa qama baqaqfatu haata'u, sababa hanqina dhiyeessii dhiigaatiin rakkina ulfaataatu isaan mudata. Dhugaan gaddisiisaan jiru, dhiigni dhaabbilee fayyaa keessaa dhibuun isaa dhimma naannoo muraasaa qofa miti; kasaaraa addunyaa ta'uusaatiin deebii hatattamaafi qindoomina qabu kan gaafatuudha.

Maarree bara ogummaan fayyaa fooyya'aafi quunnamtiin addunyaa guddate keessatti rakkinni kun akkamitti jiraachuu dande'eree? Deebiin isaas kiyyoo naamusaa, aadaafi rakkoo loojistikii kan hawaasa bal'aa addunyaa keenyaa hunda ta'uu isaati. Kiyyoo kana hiikuuf, dhugaa ciccimoon fuuldura dhaabbachuufi gaaffii kana caalaa cimaa ta'en gaaffii gaafachuu qabna.

Utuu akkas ta'ee jedhii yaadi mee, mucaa naannoo fagoo baadiyyaa jiraattu tokko, dhibee luukiimiyaatiin rakkachaa jirtu, carraan lubbuu ishee ooluu dhiigni, dhiigashee wajjin walsimu jiraachuufi dhibuu irratti kan murtaa'udha. Hospitaala magaalaa sochii guddaa qabu keessatti ogeessota fayyaa nyaara guuran, walaalammii naamusaa kan hanqina dhiyeessii dhiigaatiin yeroo wal'aansoo wal-qaban yaadi. taateewwan kun bal'inaan jiru; namoota baay'eedhaafis haqa guyyaa hundaati, haqa rakkisaa garaa namaa moogessuudha.

Ganda baadiyyaa fagoo sana keessa dhiigni yoo hinjiru tahe hoo? Hospitaala magaalaa sanaa keessatti eenyu dhiiga akka fudhatuufi eenyu akka hinfudhanne kan filatamu fedhiidhaan osoo hintaane, sadarkaa hawaasummaa, maallaqaan ykn hammeenyaa loogiitiin yoo tahe hoo? Baasiin jireenya dhala namaa keessatti waan madaalamuuf, dhugumatti qoodni isaa ol-aanaa ta'a.

Kitaabni kun rakkoo jiru calaqqisiisuu qofa osoo hintaane, daandii furmaataa ibsuu barbaada. Imaammata walxaxaa baankii dhiigaa irraa jalqabee hanga sochiiwwan bu'uuraa jijjiiramaaf hojjetaniitti, maloota roga hedduu qaban kanneen rakkoo kana galagalchuu danda'an waliin ilaalla. Falmii naamusaa arjooma dhiigaafi raabsuu irratti gaggeeffamu keessa seenna. Akkasumas mirgi dhiiga argachuu akka kabajamu gochuu keessatti gahee seera addunyaafi bulchiinsi addunyaa qabu ni qoranna.

Namoota dadhaboo, warra rakkoon bal'aafi ulfaataan akkasii isaan mudateef maaltu godhamuu danda'a—jedhanii gaafachuu danda'uuf, kitaabni kun sagalee guddaadhaan deebii kenna. Mata dureewwan itti aanan, kutannoo nama dhuunfaa irraa kaasee hanga sirreeffama sirnaafi, barnoota hawaasaa irraa kaasee hanga tumsa idil-addunyaatti gochaawwan barbaachisoon kan kaa'an ta'a.

Seenaawwan himuutiin ardiileefi aadaawwan hulluuquun gootota hinfaarfamin, kanneen jijjiirama fidaa jiran waliin wal-argina. Arjoomtota dhiiga ofii isaanii namoota hinbeekneef kennuudhaaf kutannoo guddaa qaban irraa jalqabee, hanga dammaqsitoota rakkoowwan akka, hawaasni jireenya gadi anoo qaban akka dhiiga waliif hinkennineef, rakkoo ta'an irratti duulaniitti, waa'een isaanii hamileefi dadammaqiinsaa kan uumuudha.

Barruuleewwan kun ilaalcha beektotaan wal-deggeruun, abuurraa saayinsawaa dhiiga kennuu irratti godhamuufi dhiiga ol-kaa'uu irratti warraaqsa fiduuf kutataniif guca ta'aniidha. gara fuul-duraatti dhiigni sinteetikiin hanqina dhiigaa hambisuu akka danda'uufi rakkinni gartuu dhiigaa akka hafu kaayyeffate ni qoranna.

Gaaffiiwwan ulfaatoo arguuf jirra. Mirga iccitii namoota dhiiga arjoomaniifi dhiigni qulqulluun hagam barbaachisaa akka ta'e akkamitti madaalla? Bakka tola-ooltotni dhiiga hanga barbaadamu hin arjoomne keessatti rakkoo jiru furuuf haaloota naamusaa akkamiitu jira? dhiiga argachuuf seeronni addunyaa barreeffama qofaan osoo hin taane, dhugaadhumatti kan hojii irra oolu ta'uu isaa akkamitti mirkaneessuu dandeenya?

Kitaabni kun imala naamusaa, seera dhiiga addunyaa guddachaa jirutti si geessa. Bakka kallattiin naamusaa, wal-qixxummaa bal'inaan jal'atee jiru furuuf sirreeffama gaafatu. Furmaatilee jedhaman irra caalaatti dubbii qofa miti; tooftaalee gara laafina, wal-qixxummaafi cimina saayinsii raawwatamuu dandaa'aniidha.

Kanaaf, furmaata fiduuf raafama tokko malee, ergaa kitaaba kanaa irratti bobba'uu qabna. ofitti gammaduu irraa gara gochaatti ce'uuf akka qalbii keenya sochoosuuf of-kennuutu nurra jiraata. Kitaaba kana keessa caasaa karoora isaa ittiin namni tokkollee dhangalaa'aa baay'ee barbaachisaa ta'e-dhiiga dhabuudhaan addunyaa kana irratti hinrakkanneef karoorfametu jira.

Fuula kitaaba kanaa yeroo galagalchinu, mul'ata inni dhiyeessutti haamaxxannu. Addunyaa firoomni dhiigaa sanyummaa ykn sabummaatti nu hin hiine, garuu addunyaa mara akka maatii tokkootti walitti nu hidhu. Beekumsa hidhannee, dhahannaa ujummoo dhiigaa keenya keessa darbuun tokko ta'uun qormaata sanatti haafiignu. Mirga dhiigaa mirkaneessuu kan dandeenyu fedhii waloo keenyaan qofa waan ta'eef akka mirga namoota muraasaatti utuu hinta'in, hundaaf dirqama naamusa addunyaa ta'ee beekamtii argachuu danda'uu qaba.

Baga gara boqonnaa itti aanutti naa waliin imaluuf dhuftan. Gara 'Mirga Dhiiga argachuufi Naamusa Addunyaa'tti baga nagaan dhuftan.

Imaammata Dhiigaa Idil-addunyaa: Madaallii Qo'annoo

Golee duuukkanaa'aa sirna eegumsa fayyaa addunyaa kanaa keessatti, bakka seerri hojii waliin wal argu, naannoo seerri dhiigaa idil-addunyaa rakkisaa itti ta'eefi yeroo baay'ee ifa hintaane. Biyyooti hundi toora daangaa aadaa, naamusaafi fedhii isaanii irratti hundaa'uun bu'uura isaa bocatan, imaammata walxaxaa kana hubachuun hojii yaalaa addunyaa hiikuu ta'a. Kutaan qorannoo keenyaa kun seerota dhiigaa idil-addunyaa keessa gadi fageenyaan kan seenu yoo ta'u, barumsa daandii gara sadarkaa walqixxummaafi naamusa waaltawaa waliigalaan dhiiga irratti qabnuutti nu geessuu danda'u wal bira qabuufi wal madaalsisuun argannuudha.

Qorannoon akkasii bu'aa barnootaa caalaa barbaachisummaan isaa bal'aadha. Dhiigni, kan lubbuu dheeressu, ujummoolee ilma namaa hundumaa keessa kan deemu yoo ta'u, Seeronni arjoomaa, kuusaafi raabsa isaa bulchan akkuma dha'annaa onnee murteessoodha. Asitti, sababa seerri biyyoota garaa garaa duuba isaa jiruufi hubannoo isaan mala waliinii bulchiinsa dhiigaa kan waan kamiyyuu caalaa jireenyaaf barbaachisaa ta'e irratti dhiyeessan hiikuuf dhamaana.

Seera bulchiinsa dhiigaa sadarkaa guutummaa addunyaatti maaliif madaalla? Deebiin isaas garagarummaa aadaafi siyaasaa gargar nu hiran bira darbuun aadaa tokkummaa bareedaa barbaaduu keessa jirra. Milkaa'inaafi kufaatii sirnoota adda addaa qorachuudhaan, hundee waan hojjetuufi hinhojjennee cuunfuudhaan, daandii boriirratti hanqina dhiigaa seenaa darbe gochuu dandeenya.

Ulaagaaleen madaallii keenyaa halluuwwan rogoota seeraatiin jiran haguuguuf yoo ta'u, arjooma ga'aafi tooftaalee qacarrii irraa kaasee hanga yaada naamusaa arjoomtootaa fooyyessuutti; tooftaalee qorannoo dhiigaa irraa kaasee, hanga loojistikii raabsaafi dhaqqabummaatti of-eeggannoodhaan kan filatamaniidha.

Yeroo imaammata wal-madaalchifnu, fakkeenyaaf kan Ameerikaafi kan Jaappaan yeroo wal bira qabnee ilaallu, wal-fakkeenya hawwataa ta'e arganna. Biyyoonni lamaanuu, akka dhagaa golee'tti fedhii isaaniitiin dhiiga arjoomu. Tolaooltummaatti baay'ee amanu. Ilaalchi isaan waliin qooddatan kun dhiiga kennuun ka'umsuma irraa, kan namoomaa ta'uu isaatiif beekamtii kennuu isaa hubachiisa.

Ta'us, sirriitti yoo ilaalle, raawwii irratti wal faallessi gud-daan akka jiru argisiisa. Ameerikaan sirna giddu-galeessa hintaane jalatti kan hojjettu yoo ta'u, dhaabbileen dhiiga walitti qabaniifi raabsanis kumaatamaan kan lakkaa'aman yoo ta'u, Jaappaan garuu mala giddu-galeessa hintaane kan fayyadamtu yoo ta'u, Waldaa Fannoo Diimaa Jaappaan (JRCS) tu gahee olaanaa qaba. Garaagarummaan caasaa kun gahumsaafi wal-qixxummaa dhiiga argachuu irratti dhiibbaa akkamii qaba? Deebiin isaa salphaa miti; seenaawwan namoota sirna nama dhufaa darbaniitiin tuqame keessa jira.

Xiinxalli keenya gara imaammata kanaa keessa lixee, duudhaafi ammayyummaa walitti hidhanii toora nageenya hawaasaa uumu. Biyyoota akka Biraazil keessatti duula qacarrii arjoomtoota dhiigaa kalaqa irratti hundaa'e humna miidiyaa hawaasaa fayyadamuun arjoomtoota ga'aa ta'e argachuuf geggeessu, keessumaa dargaggoota biratti. jalqabbiin akkasii guddaa ta'ee, teeknooloojiin qaawwa dhiyeessii dhiigaa keessatti mul'atu cufuu akka danda'u agarsiisa.

Garuu yeroo ammaa barbaachisummaan imaammata kanaa hoo? Qormaata addunyaa jeequmsa keessa jirtu, jechuunis addunyaa weerarri dhibeefi balaa uumamaa dandamachuun rakkisee sirna dhiyeessii dhiigaa qoru, akkamitti dura dhaabbatu? bakka tokko tokkotti, akkuma kirkira lafaa bara 2010 biyya Haiti itti uumameen as, gargaarsa idil-addunyaafi imaammata saffisaan madaqsuudhaan fedhiin dhiigaa akka tasaa dabaluun isaa gahee murteessaa akka qabu arganna.

Seenaan sun booda keessa gara sagalee gaddisiisaatti ce'e. Yeroo nuti imaammata dhiigaa roga dukkanaa'aa ta'e waliin wal qunnamnu, loogiin sanyii irratti hundaa'e, ykn sadarkaa hawaasa-dinagdee irratti hundaa'e, ulaagaa guutuutti seenee, fakkii ala ta'uu hafuura mirga dhiigaa kan walii-galaa kan faallessufi haguugu ta'a.

Ta'us, yeroo bari'uuf jedhu duukkanni ni hammaata. Seenaa gaabbii, namoota dhuunfaa imaammata yeroo tokko rakkina isaaniif gatii hinqabu jedhamanii itti himameen lubbuun isaanii baraarame irraa argina. Seenaawwan kun caalaatti kan dubbataman miti; ija namoota lubbuun baraaramaniitiin, hojjettoota hinnuffineefi warra imaammata baasan mataa isaaniitiin agarsiifamu.

Addunyaa wal-caalmaan guutamte keessatti, barumsi qorannoo madaallii kana irraa argamu waamicha hojii ifa ta'edha. Akkas jennee of gaafachuutu nurra jiraata: Imaammata dhiigaa kan mirga namoota dhuunfaa hundaa kabaju akkamitti uumuu dandeenya? Milkaa'inaafi kiyyoo sirnoota jiranii irraa maal barachuu dandeenya?

Deebii kana barbaaduuf kan kophaa imalamu miti. Waliin carraaquu, walii-galteefi tumsa qooda fudhattoota hundaa kan gaafatuudha-warra seera tuman, ogeeyyii eegumsa fayyaa, arjoomtotaafi fudhattoota. Yeroo gara fuulduraatti tarkaanfannu hubannoowwan kana fudhannee addunyaa mirgi dhiigaa akkuma mirga jireenyaa ofii isaatii kan hinmulqamne ta'e ijaaruuf, itti haafayyadamnu. Fuulonni itti aanan qorannoo kana galmeessuu qofa osoo hintaane, namummaa waliin qabnuuf akka ragaatti tajaajilu-namummaa lubbuu baraaruuf hindaangeffamnedha.

Dhiiga Akka Tokkumessaatti

Ana waliin qorannoo gadi fagoo gaggeessaa jirtu, kanaaf waliin taanee dhugaan hinhaalamne akka dhiigni faajjii guddaa namummaa isa waliin qabnu, hidhata hincabne kan danqaawwan sanyii bira taru ta'uu isaa niagarsiifna.

Kitaabni kun sammuufi miira namaa ibsuuf waadaa seena, walitti dhufeenya humna guddaa qabu isa hunda keenya walitti hidhu mul'isa.

Daandiiwwan magaalota gurguddoo irraa kaasee hanga daandii dhokataa gandoota baadiyyaa fagoo jiraniitti, badhaadhaa halluu dibaa warqee fakkaatu ujummoon dhiiga keenyaa keessa yaa'u tokko. Humni jireenyaa addunyaa maraa kun karaa nuti hubachuu jalqabneen nu tokkoomsuuf aangoo kan qabu yoo ta'u, karaalee rakisoo keessatti dhiigni keenya akka gufuutti osoo hintaane akka riqichaatti tajaajiluu danda'u mul'isuun ergama kooti.

Seenaawwan rakkisoo keessaa, hubannoo saayinsiifi marii yaada namaa kakaasuun iccitii baayoloojii waliin qabnu keessa isin qajeelcha. Ajaa'iba jeneetikii, dhoksaawwan gosoota dhiigaafi karaa dinqisiisaa dhiigni jireenya itti fufsiisuu qofa osoo hintaane, humna nu fayyisuufi nu tokkummeessuuf qabu qoranna.

Ta'us, addunyaa walqoqqoodiinsi sanyummaa waan hinmo'amne fakkaatu keessatti, himannaan akkasii akkamitti dhaabbachuu danda'a jettanii yaaddu ta'a? gara boodaatti ragaa tokkummaa'uu keenyaa dhiyeessuun, oduu yeroo dheeraaf garaagarummaa sooraa ture diiguudhaan shakkii kanaaf deebii nan kenna. Hidda dhiigaa waliin qabnu beekuun dhiibbaa guddaa akkamii akka qabu, akkamitti gara laafina akka guddisuufi akkamitti loogiin akka diigamu isinittan agarsiisa.

Addunyaa sararoonni adda nu baasan yaadi, bakka hundi keenya ilaalcha ifa ta'e waliin qabnu. Mul'anni kun jannata yaadaa isa fagoo jiru miti; dhugaa hidhata dhiigaa waliin qabnuuf beekamtiifi kabaja kennuudhaan galma ga'uu danda'uudha. Hidhata cimaa uumama keenya keessa jiru hubachuudhaan hawaasa gara laafessaafi hunda hammateef bu'uura kaa'uu dandeenya.

Imalli kun ilaalchakee bal'isuu qofa osoo hintaane, akkaataa ati ofiikeefi namoota biroo itti ilaaltu irra deebitee akka mil'attu si gaafata. Kun waamicha hojiiti; addunyaa isa sanyiin keenya eenyummaa keenya keessaa isa tokko qofaa ta'uusaa, akka deggeruun akka leellistun siif dhaama.

Fuulota kitaaba kanaa yommuu galagalchitu, namoota akka keetii wajjin walitti dhufeenyikee akka guddachaa deemutu sitti dhagaa'ama. Hubannoon kun ibsa qofaa miti, kan jijjiirama uumuudha. Karaa ittiin namootaa wajjin jiraannu jijjiiruuf aangoo kan qabuudha, Akkaataa itti walqunnamnu, akkaataa seera itti tumannuufi akkaataa gara fuula duraatti akka gosa tokkootti yaadnutti jijjiiruuf humna qaba.

Waadaan yaada kana qabachuun seentu olaanaadha. Kitaaba qofa dubbisaa jirta miti; warraaqsa gara tokkummaafi walhubannootti geessu irratti hirmaachaa jirta. Dandeettiin jireenya jijjiiru, hidhata dhiiga keenyaa kan nama dhuunfaa irraa fagoodha-adeemsa hawaasaafi dhumarratti, uumama dhala namaa jijjiiruuf humna qaba.

Amma, qorannoo kana keessa gadi fageenyaan haaseennu.

Aangoo dhiigni ujummoo dhiigaa keenya keessa yaa'u qabu akkamitti ilaalla? Sharafa walii-gala jireenya addunyaa maraati. Wanta bu'uuraa kan barbaachisummaan isaa yeroo baay'ee waca jireenya keenyaa guyyaa maraa keessatti bira darbama. Ta'us, sulula callisaa kana keessa, waa'ee eenyummaafi kan ofii ta'uu irratti amantii gadi fagoo qabnu mormuufi jijjiiruu kan danda'uudha.

Muuxannoo saayinsii fayyaa qabu waliin, raajii dhiiga namaa qorachuuf addumaan ramadameera. Barumsi koo Yunivarsiitii Edith Cown, kan Lixa Awustraaliyaatti argamu, keessatti argadhe beekumsa gama baayoloojii dhiigaatiin na hidhachiisuu qofa osoo hintaane, qabeenya gatii guddaa qabu kana akkamitti akkan ilaaluufi itti fayyadamu irratti dhiibbaa naamusaa gadi fagoo na hubachiiseera.

Karaa gololchituu saayinsiifi naamusaatiin seenaa dinqisiisaa arjooma dhiigaafi dhiiga namaaf dabarsuutiin, seenaa daanga-maleeyyiifi namoota wal hinbeekne gidduutti hidhata hindubbatamne uumuu danda'an qoranna. Hidhata ijaan hinmul'anne kan intala biyya Awustraliyaa jirtuufi gurbaa Afrikaa jiru karaa salphaa dhiigaa waliif dabarsuutiin wal qunnamsiisu yaaddee beektaa? Kitaabni kun walitti dhufeenya ajaa'ibsiisaa akkasii ifatti fida, ragaa namummaa hinhaalamne isa waliin qabnu agarsiisa.

Caalaatti, gocha dhiigaa qooddachuun olitti mallattoo dhokataa inni of-harkaa qabu ilaalla. Qaama ofii, nama biraaf kennuu jechuun akkamitti ilaalama? Gochi kun seeneffama qoqqoodiinsa sanyiifi gosummaa hawaasa keenya keessatti babal'ate akkamitti morma?

Afaan dhiigaa salphaadha, garuu baay'ee dubbata. Garaagarummaa hinhasaasu; waa'ee tokkummaa iyya malee. Halluu gogaatiin adda hinbaasu; kan wal simuufi daangaa sanyii kan hinqabne ta'uusaa kan beekudha. Kitaaba kana keessatti, dhugaawwan baayoloojii, seenaa miiraafi yaada falaasama waliigalatti dadaammaqiinsa haaraan wal ta'anin dhiheessa. Kaan dhiiga akka hidhata uumamaan qoqqoodinsa sanyii ijaarame kamiyyuu bira darbee nu hidhutti ilaalu.

Qorannoo keenya keessatti gootota seera rakkisaa baankii dhiigaafi hospitaalota keessatti dadhabbiin hojjetan, yeroo baay'ee bulchitoota jireenyaa kan hinfaarfamnes ni ilaalla. Rakkoo keessatti of kennuufi kalaqni isaanii garaagarummaa nutti dhaga'amu caalaa nageenya keenyaaf dursa yeroo kenninu maaltu galma gahuu akka danda'u ragaa ta'ee tajaajila.

Gaaffiiwwan hedduun ka'uu malu, yaada kanaan dura qabnu akka irra deebi'uun itti yaadnu nu taasisa. Yeroo nama biraa tokko arginu, keessi keenya akka miseensa sanyii biro ta'etti utuu hinta'in, akka obboleessa ykn obboleettii dhiiga keenya ta'uu danda'u jennee yoo yaadnhoo? Yeroo rakkinaatti hundi keenya dhiiga tokko akka dhiignu seera bu'uuraa osoo hojjenne addunyaan keenya akkamitti jijjiirama laata?

Jaallatamtoota kitaaba kana dubbisaa jirtanii, fuulawwan itti aanan keessatti, dhiiga waliin qooddannu irratti ilaacha isin qabdan haaguddisinu, ilaalcha addunyaa keessanii bal'isaa. Kun barruulee gargar nu dhiibu osoo hintaane; kabaja ayyaana walitti dhufeenyaati.

Kanaaf, mul'ata dhala namaa halluu gogaa keenyaan osoo hintaane, dhiiga jireenya nuuf kennuun tokko ta'e hammachuudhaaf qophii taanee imala kana onneefi sammuu banaadhaan haajalqabnu. Baga gara firooma dhiigaa sanyiirra darbee walitti nama hidhutti nagaan dhuftan, bakka wanti nu tokkoomsu waan nu qoodu caalaa humna guddaa akka qabu hubannu. Dhugumatti, dhiigni tokkummaa guddaa akka ta'e hubannoo gadi fagoo itti argattutti baga nagaan dhuftan.

Sochii Firooma Dhiigaa: Mul'ata Jijjiiramaa

Fuulota yeroo kana dura turan keessatti, Firooma namummaa hirmaannu keessa waliin deemaa turre, lageen jireenya kennan hunda keenya keessa yaa'an keessa waliin imalaa turre. Lageen jireenyaa diimaan, firummaa callisaa keessatti nu tokkoomsu, afaan waloo kan seeneffama hamaa qoqqoodinsa caalu dubbata. Amma yeroon isaa yeroo itti dhimma kana tarkaanfachiisuuti. Sochii seera bu'uuraa dhiigaan gamtoomuu irratti hundaa'e of keessaa qabuuf kallattii kaa'uudha. Kun mul'ata jijjiiramaati; ka'umsa sochii walitti hidhamtoota dhiigaati.

Galmi isaa shakkii kan hinqabneefi ifaadha. Hawaasa addunyaa kan walitti dhufeenya jabaa hidhata dhiigaafi qoqqoodinsa sanyiifi gosummaa mo'uufi kabaju horachuudha. Sochiin kun tokkummaa baayoloojii keenyaaf beekamtii gadi fagoofi bal'aa guddisuudhaan ilaalcha hawaasaa jijjiiruu barbaada.

Namni tokko imala jijjiiramaa kana osoo hinjalqabin haal-duree barbaachisoo ta'an qabaachuu qaba. Wantoota qabatamaatti mul'atan utuu hintaane, waantotini hinmul'annes murteessoo ta'anidha. Sammuu banaa, gara laafummaa, haasawa rakkisaa irratti hirmaachuuf fedhii qabaachuufi amantii hidda gadi fageeffate mormuuf ija jabaachuudha.

Tarkaanfiiwwan fudhannu ilaalchisee ibsa bal'aa akkan dhiyeessuuf naaf heyyamaa. Hubannoo uumuufi hubannoo guddisuudhaan jalqabna, achiis gara hawaasaafi gamtaa ijaaruutti ceena. Kana hordofuun sochii uumuu irratti hirmaachuufi abukaatummaa irratti ni bobbaana, dhumarratti ammoo gara haaromsa sirnaafi jijjiirama imaammataa irratti nihojjenna.

Mee amma marsaa hunda isaa keessa gadi fageenyaan haaseennu, tarkaanfiiwwan bal'aa gara bakka deemnutti nu qajeelchan haaqorannu:

Dammaqiinsaafi Hubannoo:

Jalqaba, tattaaffii barnootaa haqa saayinsii dhiiga namaafi addunyaa maraa ibsu irratti bobba'uu qabna. Mariiwwan keessummeessuu, qabiyyee toora interneetii uumuufi manneen barnootaafi hawaasa keessatti mariiwwan geggeessuu. Seenaa miira namaa kakaasu kan arjooma dhiigaafi dhiiga dabarsuu kan daangaa ce'u nuuf qooda, seenaawwan kun akka ujummoo humna gara laafummaatti haatajaajilan.

Hawaasafi wal-tumsa:

Itti aansuudhaan namoota dhuunfaa muuxannoofi jalqabbii waliin qooddatan wal qunnamsiisuu qabna. Sochii arjooma dhiigaa kan taateewwan ijaarsa hawaasaa dachaa lama ta'an qopheessina. Toora deeggarsa gargaarsa kennuu qofa osoo hintaane, beekamtii walitti dhufeenya waliinii keenyaa guddisna.

Dadammaqsuufi Abukaatummaa:

Akkuma hawaasni keenya guddachaa deemeen sagalee keenya warra sagalee hinqabneef liqeessuufi jijjiirama imaammataa gatii keenya calaqqisu leellisuu qabna. Dhaabbilee wal-qixxummaa sanyiifi wal-qixxummaa fayyaa irratti hojjetan waliin tumsina. Humna miidiyaa hawaasaa fayyadamnee ergaa keenya daddaarsuufi gochaatti jijjiirra.

Haaromsa Sirnaafi Imaammataa:

Dhumarratti jijjiirama sirnaa hojjechuu qabna. Qajeeltoowwan hidhata dhiigaa imaammataafi hojimaata keessatti akka calaqqisan seera tumtootafi dhaabbilee waliin hojjenna. Sirna barnootaa hubannoo baayoloojii waliin qabnu guddisan hojiirra oolchuuf tumsina.

Imala kana irratti gorsaafi akeekkachiisa kana isiniif dhiheessuun barbaada: Yeroo baay'ee jijjiiramni suuta dhufa waan ta'eef obsa qabaadhaa. Diddaa irratti dandamadhaa. Ciminni amantii keenyaa guddina jijjiiramaa barbaannu wajjin walsimuu akka qabu yaadadhaa.

Milkaa'ina sadarkaalee gocha keenyaa hubchuuf waantota madaalamuu dandaa'an ilaali. Dammaqiinsaafi hubannoon dabalaa jiruu? hirmaannaan hawaasaa dabalaa jiraa? Carraaqqiin abukaattummaa marii imaammataa mul'ataa jiraa?

Rakkoon simudachuu danda'u yoo simudate, tasumaa abdii hinkutatin. Tooftaalee kee irra deebitee ilaaluun, sirreeffama soquufi itti madaquudhaan rakkoo furi. Sochiin hundi mormiin akka isa mudatu yaadadhu, garuu dhuma irratti gara guddinaatti kan geessu ciminaafi madaquu miseensota isaati.

Hafuura yaada garaa-garaa kaasan keessa ta'uudhaan, kallattiin gaaffii haa kaasnu: Hundi keenya akka qaama maatii guddaa tokkootti, dhiiga ujummoo dhiigaa keenya keessa yaa'uun walitti hidhamnee osoo walargine addunyaan maal fakkaatti?

Utuu akkas ta'ee jedhii yaadi, fakkii daa'ima tokkoo harka gargaarsaa kan biraaf dhiyeessu, halluu gosa tokko waan qabaniif osoo hintaane, humna jireenyaa wal fakkaatu waan wal keessatti beekaniif. Mul'ata humna guddaa qabu kana dabarsuudhaaf gochaaleefi maqaawwan ciccimootti fayyadami. Sababiin isaas jijjiiramni baay'ee gadi fagoon kan dhalatu gocha salphaa akkasii keessatti waan ta'eef.

Darbee darbee, keeyyata hima tokkichaa keessa dhaabbannee haaxiinxallu: Tokkummaan mirga dhalootaan qabnudha, halluu dhiiga keenyaa isa hinhaqamneen kan barreeffame.

Dhimma Kana bakkaan ga'uuf yaadota barreessitootaatiin deggeruudha. Akkuma barreessituun walaloo guddittiin Maayaa Anjeloo yeroo tokko jette, "hiriyoota koo, garaa-garummaa keenyarra tokkummaa keeyatu caala" Dhugaan salphaan garuu gadi fagoon kun sochii sana keessatti haamul'atu.

Hoggayyuu agarsiisi, hindubbatin. Firoomi dhiigaa cimaa akka ta'e qofa hindubbatin; seenaa namoota lubbuun isaanii dhiiga namoota wal hinbeekneen baraaramee, hawaasa walitti dhufeenya waliinii kana kabajuuf walitti dhufan humna isaanii agarsiisi.

Walumaa-galatti, sochiin firooma dhiigaa duula yeroo muraasaaf godhamu miti. Tokkummaa keenyaaf kakuu jireenya guutuuti. Waamicha waan mul'atu caalaa waan hinmul'anne ilaaluuf godhamuudha. Sanyummaa caalaa waan baay'ee guddaa ta'een akka firoomnu hubachuudha-waan barbaachisaa jireenya nuuf kennu. Mul'ata jijjiirama kana keessatti nu waliin ta'aa, bakka firoomi dhiigaa beekamtii argachuu irra darbee, bu'uurumaan akka addunyaan caalaatti gamtoominaafi gara-laafinaan ijaarumu agarsiisaa!

Galatoomaa!

Galmee Jechootaa

- **Aaleelota:** Aaleelonni bifa filannoo ykn jijjiirama jiinii kiroomozoomii irratti bakka murtaa'e qabachuu danda'anidha. Jiiniin kutaalee DNA pirootiinota hojjechuuf qajeelfama kennan yoo ta'u, kunis dabaree isaatiin amala orgaanizimii tokkoo murteessa.
- **Agilutineeshinii:** Adeemsa paartiikiliin kan akka seelii ykn molakiyuulotaa walitti tuuta'u ykn walitti maxxanuudha. Mul'anni kun baayoloojiifi damee qorannoo fayyaa keessatti, keessumaa ammo damee immunooloojiifi maaykiroobaayoloojii keessatti yeroo baay'ee ni argama.
- **Amalgamashiin:** Amalgamashiin jechuun adeemsa qaamolee lamaafi isaa ol ta'an walitti makuun qama tokko gochuudha.
- **Amniwooseetesisii:** Amniocentesis adeemsa qormaataaf dahumsa dura kan saamuda dhangala'aa gadameessa dubartii ulfaa keessaa fuudhuun, odeeffannoo waa'ee fayyaa jeneetikiifi guddina daa'ima gadameessa keessa jiruu argachuuf kan ooludha.
- **Antaagoonstikis:** Farmaakooloojiifi fiiziyoloojii keessatti, antaagonistiin wanta gochaa biraa gidduu seenu ykn dhorkudha. Antaagonistoonni yeroo baayyee qoricha keessatti bu'aa niwurootiraansimitaroota adda ta'an, hormoonota ykn molakiyuulota biroo qaama keessatti uumaman ugguruuf fayyadamu.
- **Antibodyii:** Antibodyiin yeroo baay'ee kan immunoglobulins jedhamuun kan beekaman pirootiinota sirni

ittisa qaamaa wantoota alagaa antijeen jedhaman jiraachuu isaaniif deebii kennuudhaan oomishamuudha. Antibodyiin deebii ittisa qaamaa keessatti gahee murteessaa kan qabu yoo ta'u, antijeenoota adda ta'an kan akka baakteeriyaa, vaayirasii ykn paatojeenoota biroo adda baasuun qaama keessaa akka isaan dhabamsiisuuf gargaara.

- **Antikoagulanti:** Antikoagulanti jechuun wanta dhiigni akka hinititine dhorkudha. Antikoagulantiin dame fayyaa keessatti haalawwan ujummoo dhiigaa keessatti dhiiga itichanii miidhaa geessisuu danda'an wal'aanuuf ykn dhorkuuf yeroo baay'ee fayyadamu.

- **Antiroopooloojii:** Antiroopooloojiistoonni saayintistoota hawaasummaa dhala namaa, amala, aadaa, hawaasafi guddina baayoloojii qorataniidha. Antiroopooloojiin damee bal'aa dameewwan adda addaa kan hammate yoo ta'u, isaanis antiroopooloojii aadaa, antiroopooloojii baayoloojii, arkiyooloojiifi antiroopooloojii afaaniis ni dabalata.

- **Arjoomaa waliigalaa:** Nama gosa dhiigaa O- mitihee qabu, kan namoota gosa dhiigaa hundaaf dabarfamuu danda'u.

- **Bullaa'insa nyaataa:** Bullaa'insi nyaataa adeemsa qaamni nyaata gara molakiyuulota xixiqqoo xuuxamee anniisaa, guddinaafi suphaadhaaf itti fayyadamuu danda'utti caccabsudha. Sirni bullaa'insa nyaataa qaamolee akka afaanii, ujummoo nyaataa, garaachaa, garaacha xiqqaafi garaacha guddaa of keessatti hamate, adeemsa bullaa'insa nyaataa keessatti gahee olaanaa qaba.

- **Catheter (Kaateetarii):** Kaateetariin tuubii haphii ta'eefi dhangala'aa baasuuf, qoricha ittiin kennuuf ykn bishaan akka keessaan bahu gochuuf qaawwa qaamaa, ykn ujummoo qaamaa keessa galfamuudha. Kateetirri yeroo baay'ee adeemsa yaalaa keessatti kutaalee qaamaa adda addaa kan akka ujummoo fincaanii, ujummoo dhiigaa ykn ujummoo garaachaa dhaquuf kan itti fayyadamudha.

- **Coagulashinii:** Coagulation jechuun adeemsa dhiigni walitti itituun dhiiguu dhaabuudha. Yeroo ujummoon dhiigaa tokko muramu, walnyaatinsi walxaxaa walduraa duubaan uumamee dhiigni garmalee akka hindhangalaane dhorka.

- **Dichotomy:** Dickotomy jechuun wantoota faallaa ta'an ykn guutummaatti adda ta'an lama gidduutti qoqqoodinsi ykn wal-faallaan (dichotomy) jedhamee waamama. Yeroo baay'ee garaagarummaa yaada-rimee ykn yaada lama gidduu jiru cimsuuf itti fayyadama.

- **Epidemiological:** Epidemiological jechuun qorannoo raabsaamuufi haalawwanii dhukkuboota daddarboo fayyaa wajjin walqabatan ummata keessatti uumaman qorata. Epidemiologyiin damee fayyaa hawaasaa yoo ta'u, dhukkuboota ittisuufi to'achuuf jecha akkaataafi sababoota dhukkubootaa hubachuu irratti xiyyeeffata.

- **Fudhataa waliigalaa:** Nama gosa dhiigaa AB+ eyyentaa qabu, kan namoota gosa dhiigaa hunda irraa dhiiga fudhachuu danda'u.

- **Farra qaamaa:** Farra qaamaa jechuun sirni ittisa qaamaa pirootiinota farra qaamaa jedhaman dhiiga adii keessaatti uumuun wantoota alagaa balleessuuf itti gargaarama.

- **Feenootaayipii:** Feenootaayippiin amala qaamaa ykn baayookeemikaalaa orgaanizimii tokkoon kan ilaalamuu danda'u yoo ta'u, sababoota jeneetikiifi naannootiin murtaa'u. Amaloota akka halluu ijaa, dheerina, halluu rifeensaafi dhukkuboota tokko tokkoof saaxilamuu of keessatti qabata. Feenootaayippiin bu'aa wal-nyaatinsa jeneetikii orgaanizimii (jeenootayipii)'fi naannoo inni keessatti guddatu gidduu jiruuti.

- **Gastronomic:** Gastronomic jechuun waan akka nyaata bilcheessu, nyaata qopheessuufi aartii saayinsii nyaata gaarii qopheessuufi itti gammaduu wajjin walqabatu kamiyyuu jechuudha. Gastronomiin mata dureewwan bal'aa kan hammate yoo ta'u, kunis tooftaalee nyaata qopheessuu, wantoota itti qophaa'an, mi'aa, dhiheessi nyaataafi gama aadaafi hawaasummaa fayyadama nyaataa dabalata. Jechi gastronomic jedhu yeroo baay'ee muuxannoowwan, taateewwan ykn oomishaalee nyaataafi nyaataa wajjin walqabatan ibsuuf itti fayyadama.

- **Gosa:** Gosi garee hawaasaa ykn hawaasa namoota aadaa, afaanfi yeroo baay'ee hidda dhalootaa waloo qabanidha. Gosni akkaataa idileetti hawaasa gurguddoo wajjin walbira qabamee yoo ilaalamu baay'inaan xiqqaa kan ta'aniifi yeroo baay'ee naannoo firummaa ykn hariiroo maatii irratti kan gurmaa'anidha. Miseensonni gosa tokkoo yeroo baay'ee walitti dhiyeenyaan kan jiraatan si'a ta'u, fedhiiwwan bu'uuraa kan akka nyaataa, bakka jireenyaafi eegumsa isaanii guutuuf waliin hojjetu.

Gosoonni caasaa hawaasummaa, duudhaafi sirna bulchiinsa mataa isaanii kan akkaataa jireenya isaanii qajeelchu qabaachuu danda'u.

- **Haematology:** Haematologyiin, damee fayyaa dhukkuboota dhiigaafi tishuuwwan dhiigaan walqabatan kan qoratuufi yaaluudha. Ogeeyyiin dhiigaa ogeeyyii fayyaa haalawwan akka hir'ina dhiigaa, dhangala'uu dhiigaafi dhibee dhangala'uu dhiigaa irratti xiyyeeffataniidha. Haalota kana to'achuufi yaaluuf qorannoo dhiigaa, baayoopsii lafeefi dhiiga dabarsuu dabalatee qorannoowwan adda addaafi yaala adda addaa taasisu.
- **Haemolytikii:** Hemolytikii jechuun seelii dhiiga diimaa qaama keessa jiru balleessuu jechuudha. Hemolysis sababoota adda addaa kan akka infekshinii, dhukkuba sirna ittisa qaamaa, qoricha tokko tokkofi haala jeneetikii irraa kan maddu ta'uu danda'a. Seeliin dhiiga diimaan yommuu badu, himoogilobiinii kan gadi lakkisu yoo ta'u, kunis mallattoolee akka hir'ina dhiigaa, dhukkuba jaundice (gogaafi ija keelloo ta'uu)'fi dadhabbii namatti fiduu danda'a.
- **Himoofiiliiyaa:** Rakkoo jeneetikii dhiigni sirnaan dhangala'uu dadhabuu isaatiin kan beekamudha. Namoonni dhibee dhiigaa (hemophilia) qaban yeroo dheeraaf dhiiguu kan isaan mudatu yoo ta'u, miidhaan ykn baqaqsanii yaaluu irraa kan ka'e garmalee dhiiguu isaaniif carraan isaanii guddaadha.
- **Hemochromatosis:** Haala dhalootaan qaamni keenya ayirenii baay'ee nyaata irraa xuuxu. Sibiilli garmalee kun kalee, onneefi xannacha dabalatee qaamolee adda

addaa keessatti kuufamee waan jiruuf miidhaa qaamaa geessisuu danda'a.

- **Haaydiroopsi fetalis:** 'Hydrops fetalis,' hydrops jedhamuunis kan beekamu, haala hamaa dhangala'aan garmalee tishuu daa'ima guddachaa jiru keessatti kuufamuun dhiita'uu cimaa fidudha. Haalli kun sababoota bu'uuraa adda addaatiin kan dhufu yoo ta'u, kunis jeneetikii, infekshinii ykn mudaa onnee daa'ima gadameessa keessa jiru ta'uu danda'a. 'Hydrops fetalis' yeroo qorannoo altiraasaawundii dahumsa duraa adda baafamuu kan danda'u yoo ta'u, daa'ima gadameessa keessa jiruuf rakkoolee ciccimoo kanneen akka onnee dadhabuu, hafuura baafachuu dadhabuufi du'a illee fiduu danda'a. Filannoon wal'aansa haayidiroops fetaalis qoricha, dhiiga dabarsuu ta'uu danda'a.

- **Hir'ina dhiigaa sickle cell:** Rakkoo jeneetikii seelii dhiiga diimaa boca ji'aa qabuun kan beekamudha. Seelonni kun ujummoo dhiigaa keessatti qabamuudhaan dhangala'aan oksijiinii hir'isuun dhukkubbii, miidhaa qaamaafi rakkoolee biroo fiduu danda'u.

- **Immunolojikal:** Immunooloojiikal jechuun waan sirna ittisa qaamaa wajjin walqabatu kamiyyuu kan agarsiisu yoo ta'u, kunis mala ittisa qaamni paatojeenoota, wantoota alagaafi seelii hinbaramne irraa ittisudha. Immunooloojiin damee saayinsii baayoomeediikaalaa kan sirna ittisa qaamaa, caasaa, hojiifi jeequmsa isaa dabalatee qoratudha. Adeemsi ittisa qaamaa antijeenoota adda baasuu, farra qaamaa oomishuuf, seelonni ittisa qaamaa infekshiniifi dhukkuboota ofirraa ittisuuf hojiitti hiikuu of keessatti qabata. Deebii ittisa qaamaa hubachuun talaallii, wal'aansa dhukkuboota ofirraa ittisuufi yaala kaansarii qopheessuuf murteessaadha.

- **Inflameeshinii (Inflammation)**: Inflameeshinii jechuun deebii sirni ittisa qaamaa, yeroo qaama miidhameef deebii kennudha. Adeemsa baayoloojii walxaxaa ta'eefi seelonni ittisa qaamaa, ujummoolee dhiigaafi gidduu galeessa molakiyuulaa qaama eeguufi fayyina guddisuuf hojiitti galchuu kan of keessaa qabudha. Infeekshiniin kan beekamu diimachuu, dhiita'uu, ho'a, dhukkubbiifi yeroo tokko tokko naannoo dhibee kanaan qabame keessatti hojii dhabuudha. Infeekshiniin cimaan deebii yeroo gabaabaafi bakka tokkotti kan argamu yoo ta'u, inflammation yeroo dheeraaf kan turuufi dhukkuboota adda addaa kanneen akka arthritis, dhukkuba onneefi ujummoolee dhiigaafi kaansariif gumaachuu danda'a.

- **Jeneetiik driiftii:** Jeneetiik driiftiin jijjiirama tasaa baay'ina garaagarummaa jiinii uummata tokko keessatti mul'atudha. Innis kan uumamu sababa taateewwan akka balaa uumamaan uummata tokko keessatti yeroo raawwatudha. Jeneetiik driiftiin uummata tokko keessatti aaleelonni murtaa'an akka dhaabbatan taasisuu danda'a.

- **Jiinoomii:** Jiinoomiin tuuta guutuu meeshaa jeneetikii (DNA ykn RNA) orgaanizimii tokko keessatti argamudha. Jiiniiwwan pirootiinotaaf koodii kennan, akkasumas tartiiba koodii hinqabne kanneen ibsa jiiniifi elementoota jiinoomii biroo to'atan dabalatee odeeffannoo orgaanizimii sana ijaaruufi kunuunsuuf barbaachisu hunda of keessaa qaba. Jiinoomiin orgaanizimii tokkoo akkaataa adda addaatiin kiroomozoomota irraa kan ijaarame yoo ta'u, isaanis hidda dheeraa DNA kan ta'aniifi caasaa niwukilasii seelii keessatti gurmaa'aniidha.

- **Juwaandayis:** 'Jaundice' jechuun dhukkuba gogaan qama namaafi ija namaa keelloo gochuudhaan kan beekamudha. Innis dhiiga keessatti bilirubin garmalee baay'achuu isaatiin kan dhufu yoo ta'u, kunis halluu keelloo kan yeroo seelonni dhiiga diimaa caccaban uumamudha.
- **Keetojeenikii:** Nyaanni ketogenic nyaata cooma baay'ee qabuu ammo kaarboohayidireetii xiqqaa qabuu soorachuu yeroo ta'u kunis faayidaa fayyaa adda addaa akka qabutu dhagaa'ama. Galmi guddaan soorata keetoojeenikii fayyadamuun haala meetaaboliisimii keetoosii jedhamu qama keessatti kakaasuuf yoo ta'u, qaamni gilukoosii (kaarboohayidireetii irraa oomishame) dhiisee anniisaaf keetoonota (cooma irraa oomishaman) irratti hirkata. Qaamni kaarboohayidireetii baay'ee hir'isuufi cooma fudhachuu dabaluudhaan madda anniisaa isaa isa jalqabaa giluukoosii irraa gara coomaatti jijjiiruun keetoonii akka uumamu taasisa.
- **Kaarboon daayi'oksaayidii:** Kaarboon daayi'oksaayidiin (CO_2) gaasii halluufi foolii hinqabnee, kan atoomii kaarboonii tokko atoomota oksijiinii lamatti hidhame irraa ijaaramu yoo ta'u kan yeroo baay'ee hafuura ykn qilleensa faalamaa seelii keessaa karaa sonbaa bahudha. Gaasii uumamaan argamu yoo ta'u, marsaa kaarbooniifi adeemsa footosinteesii keessatti gahee murteessaa waan qabuuf, jireenya lafarra jiruuf barbaachisaadha. Kaarboon daayi'oksaayidiin adeemsa

uumamaa adda addaa kan akka hafuura baafannaa bineensotaa, manca'uu orgaanikii, dho'iinsa volkaanoofi ibidda bosonaatiin kan uumamudha.

- **Kaarboohayidireetii:** Kaarboohayidireetiin, saakaaraayidii jedhamuunis kan beekamu, kompaawundoota orgaanikii ta'anii akka madda anniisaa jalqabaatti nyaata keessatti tajaajilanidha. Kaarboohayidireetiin atoomota kaarboonii, haayidiroojiiniifi oksijiinii irraa kan ijaaraman yoo ta'u, gosoota gurguddoo sadiitti ramadamuu danda'u: sukkaara, istaarchiifi faayibara.

- **Lektiinsi:** Leektiiniin gosa pirootiinii kaarboohayidireetiitti maxxanuu danda'u yoo ta'u, nyaata adda addaa biqiltoota irratti hundaa'e keessatti argama. Uumamaan nyaata adda addaa keessatti argamu, kanneen akka loomii (baaqelaa, qamadii), midhaan, fuduraalee, kuduraaleefi sanyii dabalatee. Leektiinoonni mala ittisa biqiltootaa keessatti gahee kan qaban yoo ta'u, biqiltoota ilbiisotaafi paatojeenoota irraa eeguuf gargaaru.

- **Luukeemiyaa:** Dhibee gosa kaansarii dhiigaafi lafee miidhudha. Seelonni dhiiga adii hinbaramne akka uumaman kan taasisu yoo ta'u, kunis seelii dhiigaa fayyaa ta'e dhiphisuun dandeettii qaamni infekshinii ofirraa ittisuu ni miidha.

- **Melaanoosaayitii:** Melaanoosaayitoonni seelota addaa gogaa keessa jiran kanneen halluu gogaa, rifeensaafi ijaaf itti gaafatamummaa qabu uumuudha. Melanin balaa UV gogaarraa faccisuun miidhaa raadiyaashiniin altiraavaayoleetii (UV) irraa eeguuf gargaara, kanaanis balaa gubaa aduufi miidhaa gogaa hir'isa.

- **Moleekiyuulii:** Moleekiyuuliin garee atoomota keemikaalaan walitti hidhamaniidha. Atoomonni kun elementii tokko ta'uu danda'u, akkuma haala molakiyuulota diyaatoomaa kan akka oksijiinii (O_2) yookiin naayitiroojiinii (N_2), yookiin elementoota adda addaa ta'uu danda'u, akkuma haala bishaanii (H_2O) yookiin kaarboon daayi'oksaayidii (CO_2). Molekuloonni bifa adda addaatiin jiraachuu danda'u, kunis molakiyuulota salphaa atoomota muraasa qofa irraa ijaaraman, ykn molakiyuulota walxaxaa atoomota dhibbaan ykn kumaatamaan lakkaa'aman irraa ijaaraman ni dabalata.
- **Niyuutirentii:** Wantoota kunuunsaa, gudinaafi suphaa qaamaaf soorata barbaachisoo ta'an kennanidha. Isaanis qaamolee nyaataa qaamni sirnaan akka hojjetuufi fayyaa waliigalaa eeguuf barbaachisanidha. Sooranni hojii isaaniifi hamma qaamni barbaadu irratti hundaa'uun bakka hedduutti ramadamuu danda'u.
- **Oksijiinii:** Gaasii sirna hargansuufi oomisha anniisaa seelii keessatti barbaachisaa ta'edha.
- **Orgaanizimii:** Lubbu qabeeyyii kamiyyuu, kan akka namaa, bineeldotaa biqiltoota ykn maaykirooorgaanizimootadha.
- **Oduu durii:** Odeeffannoon oduu durii ragaa saayinsii irratti hirkatuu mannaa seenaa dhuunfaa ykn kalaqa akkasumas ilaalcha hawaasni tokko addunyaaf qabu haala naannoo irratti hundaa'uun himamudha.
- **Phlebotomy:** Adeemsa dhiiga ujummoo dhiigaa keessaa fuudhuun qorannoo addaaf ykn yaalaaf fayyadamuudha. Phlebotomy yeroo baay'ee ogeessota eegumsa

fayyaa kan akka narsoota ykn ogeeyyii phlebotomist-stiin raawwatama.

- **Phrenology:** Saayinsii sobaa amala sammuufi naamusaa boca mataa irraa adda baasa jedhu.

- **Pheromones:** Feeroomoonni wantoota keemikaalaa bineensonni, nama dabalatee, oomishaman yoo ta'u, walqunnamtiidhaafis ta'e miseensota gosa dhiigaa walfakkaataa keessatti fedhii kakaasuuf kan ooludha. Feeroomoonni ujummoolee dhiigaa addaa shishiifii kutaalee qaamaa adda addaa kan akka gogaa keessatti argamaniin kan baafaman yoo ta'u, miira urgaa'uu isaaniitiin namoonni foolii sanaan hawwatamuu danda'u. Feeroomoonni amala walhormaataafi hojiiwwan hawaasummaafi baayoloojii bal'aa keessatti gahee qabu. Nama keessatti, feeroomoonni hawwata, amala saalqunnamtiifi walqunnamtii hawaasummaa irratti dhiibbaa akka qaban kan amanamu yoo ta'u, bu'aan isaanii ammallee qorannoofi falmii itti fufee jirudha.

- **Paatojeenii:** Paatojeeniin maaykirooorgaanizimii kan akka vaayirasii, baakteeriyaa, fangasii ykn paraasitii lubbuu qabeeyyii irratti dhukkuba fiduu danda'uudha. Paatojeenoonni biqiltoota, bineensotaafi nama faaluu kan danda'an yoo ta'u, karaa adda addaa kan akka kallattiin wal qunnamuu, nyaata ykn bishaan faalame ykn qilleensaatiin babal'achuu danda'u.

- **Pilaatileetii:** Pilaatileetii, tiroomboosaayitii jedhamuunis kan beekamu, ciccitaa seelii xixiqqoo boca diskiin dhiiga keessa jiru kan adeemsa dhiiga itichuu keessatti hirmaatanidha. Isaanis dhuka lafee keessatti kan uumaman yoo ta'u, bakka miidhaan qaamarra gahetti dhiigni garmalee akka dhaabbatu gargaaru. Pilaateleetiinis keemikaalota ujummoo dhiigaa dhiphisuufi tishuuwwan miidhaman akka suphamaniif gargaaran iddo sanatti ergu.

- **Pilaasmaa:** Pilaasmaan qaama dhangala'aa dhiigaa yeroo ta'u, baay'ina dhiigaa waliigalaa keessaatti gara dhibbentaa 55 ta'a. Dhangala'aa leemmoo bifa warqee qabu yoo ta'u, adda durummaan bishaan irraa kan ijaarameefii, pirootiinii, elektiroolayitii, hormoonii, gaazotaafi balfa of keessaa qaba. Pilaasmaan soorata, hormoonota, farra qaamaafi wantoota barbaachisoo biroo guutummaa qaamaa keessatti geejjibsiisuu keessatti gahee murteessaa taphata. Akkasumas ho'a qaamaa to'achuufi madaallii pH sirrii ta'e eeguuf gargaara. Pilaasmaan qaamolee seelii dhiigaa (seelii dhiiga diimaa, seelii dhiiga adii, fi pilaateleetii) irraa laborratorii keessatti karaa seentiriifiigeeshinii jedhamu fayyadamuun kan adda bahu yoo ta'u, yeroo baay'ee wal'aansa fayyaa kan akka dhiigaa keessatti fayyadama.

- **Seelii dhiiga adii:** Seelonni dhiiga adii, liyuukoosaayitii jedhamuunis kan beekaman, gosa seelii dhiigaa yoo ta'u, qaama keenya infekshiniifi weerartoota alaa irraa ittisuudhaan sirna ittisa qaamaa keessatti gahee olaanaa taphata. Seelonni dhiiga adii gosa hedduu kan qaban yoo ta'u, isaanis niwutiroofiilota, limfoosaayitii, monoosaayitii, iyoosinoofiiliifi baasoofiilota dabalatee, tokkoon tokkoon isaanii deebii ittisa qaamaa keessatti hojii addaa taphatu.

- **Seelii:** Kutaa jireenyaa bu'uuraa, qaama keessaa hojiiwwan adda addaa raawwachuu kan danda'u.
- **Seera Uumamaa:** Ka'umsa ykn jalqaba waan tokkoo.
- **Sirna ittisa qaamaa:** Mala ittisa qaamni infekshiniifi dhukkuboota irraa of ittisuu.
- **Sirna marsaa dhiigaa:** Sirni marsaa dhiigaa adeemsa dhiigni guutummaa qaama keenyaa keessatti geejjibamee oksijiiniifi soorata gara seeliifi tishuutti geessuu, akkasumas balfafi kaarboon daayi'oksaayidii qama keessaa baasudha. Sirni marsaa dhiigaa onnee, ujummoo dhiigaa (arteries, veins, and capillaries)'fi dhiiga of keessaa qaba.
- **Seelii dhiiga diimaa:** Seelonni dhiiga diimaa, eritiroosaayitii jedhamuunis kan beekaman, gosa seelii dhiigaa qaama namaa keessatti baay'inaan mul'atudha. Isaanis oksijiinii somba irraa gara tishuuwwaniifi qaamolee hundaaf geessuu, akkasumas kaarboon daayi'oksaayidii gara sombaatti deebisuudhaan afuura baafamuuf itti gaafatamummaa qabu. Seelonni dhiiga diimaan dhuka lafee keessatti kan uumaman yoo ta'u, pirootiinii himoogilobiinii jedhamu kan oksijiinii of irratti baatu seelootaaf kenna.
- **Seerumi (serum):** Seerumni qaama dhangala'aa dhiigaa erga dhiigni dhangala'eefi seelonni dhiigaa baafamanii booddeetti hafudha. Dhangala'aa qulqulluufi keelloo fakkaatu yeroo ta'u, bishaan, elektiroolayitii, hormoonota, farra qaamaafi pirootiinota biroo of keessaa kan qabuudha.

- **Sodiyeem saayitreetii (Sodium Citrate):** Sodiyeem saayitreetiin soogidda soodiyemii asiidii sitraasii yoo ta'u, asiidii orgaanikii dadhabaa uumamaan firiiwwan fuduraalee sitraasii keessatti argamudha. Dhandhamni nyaataafi dhugaatii akka xiqoo haadhaa'u ykn asiidii ta'u gochuuf yeroo baay'ee nyaataatti dabaluun fayyadamu. Damee fayyaa keessattis soodiyeem saayitreet dhiigni akka walitti hinititineef qodaa dhiiga itti fuudhan keessatti akka farra dhiigaa walitti hinittichineetti (anticoagulant)tti dhimma ba'u. Dabalataan sodiyeem saayitreet indaastirii fayyaa keessattis akka 'buffering agent fi preservative' qoricha adda addaafi oomishaalee kunuunsa gogaa keessatti illee dhimma itti ba'u.

- **Taalaasimiya:** Garee rakkoolee dhiigaa dhalootaan dhufaniifi pirootiinii seelii dhiiga diimaa keessa jiru kan oksijiinii baatu kan oomisha hiemoglobin irratti dhiibbaa geessisanidha. Namoonni talaaseemiyaa qaban seelonni dhiiga diimaa fayyaa ta'an xiqqaa ta'uun isaanii hir'ina dhiigaafi mallattoolee biroof sababa ta'u.

- **Taksonomii:** Taksonomiin saayinsii orgaanizimoota amala waliiniifi hariiroo jijjiirama tirannaa isaanii irratti hundaa'uun ramaduudha. Innis walfakkeenyaafi garaagarummaa isaanii irratti hundaa'uun orgaanizimoota lubbu qabeeyyii garee sadarkaa sadarkaan jiran adda baasuu, moggaasuufi gurmeessuu of keessatti qabata. Taksonomiin sirna ramaddii seenaa jijjiirama tirannaafi hariiroo orgaanizimoota gidduu jiru calaqqisu uumuuf kan akeekedha. Sirni ramaddii sadarkaa sadarkaan gosoota akka mootummaa, gosa, gita, tartiiba, maatii, gosa of keessatti qabata.

- **Tishuu:** Baayoloojii keessatti tishuun garee seelii orgaanizimii tokko keessatti hojii addaa raawwachuuf waliin hojjetan agarsiisa. Tishuuwwan caasaa gurguddaa qaamolee jedhamanitti kan gurmaa'an yoo ta'u, isaanis dabaree isaaniitiin sirna qaamolee qaama keessatti hojiiwwan fiiziyoloojii adda addaa raawwatan uumu.

- **Transfusion:** Transfushin jechuun adeemsa dhiiga ykn oomisha dhiigaa nama dhuunfaa (arjooma) tokko irraa gara nama dhuunfaa (fudhataa) biraatti dabarsuudha. Dhiiga kennuunis hojii fayyaa keessatti dhiiga sababa baqaqsanii yaaluu, miidhaan qaamaa ykn haala fayyaa dhiiga dhabuu ykn lakkoofsi dhiigaa gadi bu'uu fidu bakka buusuuf itti fayyadamu. Dhiiga kennuunis fedhii addaa nama fudhatu irratti hundaa'uun dhiiga guutuu, seelii dhiiga diimaa, pilaateleetii ykn pilaasmaa kan dabalatu ta'uu danda'a. Qaxxaamurri gosa dhiigaa adda baasuun dura kan raawwatamu yoo ta'u, kunis nama arjoomuufi nama fudhatu gidduutti walsimsiisuun miidhaa akka hingeessisneefidha. Nageenyaafi bu'a qabeessummaa adeemsa kanaa mirkaneessuuf ogeessota eegumsa fayyaa leenji'aniin dhiiga dabarsuu ni raawwatama.

- **Ujummoo dhiigaa:** Ujummoon dhiigaa caasaa tuubboo ta'eefi guutummaa qaamaa keessatti toora uumuun dhiigaa oksijiiniin badhaadhe gara seelii qama keenyaatti ittin geejjibuufi dhiiga oxsijiinii irraa bilisa ta'e ykn faalame gara onneetti kan deebisudha.

- **Vaayirasii West Nile:** Vaayirasii karaa awwaannisaa daddarbuu; namaafi bineensotarratti dhukkuba fiduu danda'u agarsiisa. Innis adda durummaan karaa ciniinnaa awwaannisaa dhukkuba kanaan qabameen daddarba.

- **Weerara:** Dhukkubni tokko namoota baay'ee, ummata murtaa'e keessa jiran irratti saffisaan babal'achuu.

- **Walhin simne:** Yeroo namoonni dhiiga fudhatan, gosa dhiiga isaaniitu ilaalama. Yoo gosni dhiigaa isaaanii dhiiga biraa wajjiin kan wal hin fudhanne ta'e, wal hin simnee jenna (incompatable)

- **Yuujeniksii (Eugenics):** Yuujeniksiin dirree qorannoo wal-falmisiisaa ta'eefi qulqullina jeneetikii ummataa fooyyessuuf kan kaayyeffate yoo ta'u, karaa walhormaata maseensuu (sterilization)'fi tarkaanfiiwwan biroo amala barbaadamu guddisuu fi amala hin barbaadamne dhabamsiisuuf yaadameedha. Jechi "eugenics" jedhu dhuma jaarraa 19ffaa keessa namicha Francis Galton tiin kan qophaa'e yoo ta'u, jalqaba jaarraa 20ffaa keessa jaalala guddaa argateera. Warri Yuujenikii amalawwan tokko tokko kan akka guddina sammuu, dandeettii qaamaafi safuun, kan dhalootaan argamuufi dhaloota tokko irraa gara dhaloota biraatti daddarbudha jedhanii amanu turan. Imaammataafi gochaalee namoota dhuunfaa amala "barbaachisaa" qaban, akka isaanni walhoran jajjabeessuufi kanneen amala "hin barbaadamne" qaban akka wal-hin-horre kaayyeffate leellisu. Yujeniksiin seenaa dukkanaa'aa qaba, sababiin isaas duguuggaa sanyii mirkaneessuuf gochaa hamaa kanatti fayyadamaa turan. Gochi yuujeniksii bal'inaan maqaa balleessuun naamusa kan hin qabneefi loogii kan qabu jedhamee balaaleffatameera.

Ibsa Gabaajee

ABO	-	Gartuu Dhiigaa A, B, AB fi O
AIDS	-	Acquired Immuno Deficiency Syndrome
ARC	-	Australian Red Cross (Waldaa Fannoo Diimaa Awustraaliyaa)
COVID-19	-	Coronavirus Disease 2019
CRISPR-Cas9	-	Clustered Regularly Interspaced Short Palindromic Repeats
CO_2	-	Carbon dioxide
DNA	-	Deoxyribonucleic Acid
ECG	-	Electrocardiogram
GIT	-	Gastrointestinal Tract (Madaa'uu Marrumaanii)
HDN	-	Haemolytic Disease of the Newborn (dhukkuba heemoliitikii daa'ima reefuu dhalatuu)
HIV	-	Human Immunodeficiency Virus
H_2O	-	The chemical symbol of water
JRCS	-	Waldaa Fannoo Diimaa Jaappaan
KKF	-	Kanaafi Kankana Fakkaatan
NIV	-	The New International Version
N_2	-	Nitrogen (a colourles and odorless diatomic gas)
O_2	-	Oxygen molecule with 2 atoms.
RH	-	Rhesus Monkey (Gartuu dhiigaa maqaa jaldeessaa jalqabaan moggaafame)
RNA	-	Ribonucleic Acid
SDA	-	Seelii Dhiiga Adii
SDD	-	Seelii Dhiiga Diimaa
UV	-	Ultraviolet radiation

Wabii

Addi, G. J. (1959). Blood groups in Acute Rheumatism. Scottish Med. J. P 547.

Banks. (2020). Technical Manual (20th ed.). AABB

Brues, A. M. (1929). Tests of Blood Group Selection. Amer. J Forensic Medicine.

Cohn, C. S., Delaney, M., Johnson, S. T., Katz, L. M., & American Association of Blood.

Carey, N. (2020). Hacking The Code of Life: how gene editing will rewrite our futures. Icon Books Ltd.

Dissected Lives. (2020). Carolus Linnaeus: The Life and Works of the Father of Modern Taxonomy | Naming the World Grade 5 | Children's Biographies. Speedy Publishing LLC.

D'Adamo, P. J., & Whitney, C. (2000). Live Right 4 Your Type. Penguin.

D'Adamo, P. (1982). Blood types and diseases, a review. Clinical Rounds Presentation, Bastyr University.

D'adamo, P., & Whitney, C. (2016). Eat right 4 your type. Century.

D'Adamo, P. J. (1996). Eat Right for Your Type: The Individualized Diet Solution to Staying Healthy, Living Longer & Achieving Your Ideal Weight. Penguin Putnam.

Daniels, G. (2013). Human blood groups. John Wiley & Sons.

Fedhasaa, T. (2021) Bu'uraalee Ogbarruu Oromoo. Ful. 60

Felicia Drury Kliment. (2006). Eat right for your metabolism: how the right foods for your type can help you lose weight. McGraw-Hill.

Freed, S. (2013). Power in the Blood. Baker Books.

Giangrande, P. L. F. (2000). The history of blood transfusion. British Journal of Haematology, 110(4), 758–767. https://doi.org/10.1046/j.1365- 2141.2000.02139.x

Giessen, C. (2001). Diets and why most don't work: personalizing your diet to suit your blood type and your body needs. New Century Press.

Grave errors: Spooky cures and creepy medical missteps from the past. (n.d.). AAMC. Retrieved January 23, 2024, from https://www.aamc.org/news/grave-errors-. spooky-cures-and-creepy-medical-missteps-past

Ito M. (2002). The diagnosis from the pathological viewpoint of a blood disease. International journal of hematology, 76 Suppl 2, 2–5. https://doi.org/10.1007/BF03165076

Irus Braverman. (2018). Gene editing, law, and the environment: life beyond the human. Routledge, Taylor & Francis Group.

LaValle, J. B. (2013). Your Blood Never Lies: How to Read a Blood Test for a Longer, Healthier Life. In Google Books. Square One Publishers. https://books.google.com.au/books/about/Your_Blood_Never_Lies.

Latham, M. A. (2017). Sherlock Holmes - A Betrayal in Blood. Titan Books (US, CA).

Lee, T. F. (2013). The Human Genome Project. Springer.

Marcus, D.M. (1972). The ABO and Lewis Blood-Group System. New York: Bantam.

Mujahid, A., & Dickert, F. (2015). Blood Group Typing: From Classical Strategies to the Application of Synthetic Antibodies Generated by Molecular Imprinting. Sensors, 16(1), 51. https://doi.org/10.3390/s16010051

Nawata K. (2014). Shinrigaku kenkyu: The Japanese journal of psychology, 85(2), 148–156. https://doi.org/10.4992/jjpsy.85.13016.

O'Shea, T. (2009). The Sanctity of Human Blood.

Red Cross Australia. Blood saving lives. https://www.redcross.org.au/ sites/annual-reports/2014/year-in-review/blood-saving-lives. Date accessed, January 23, 2024.

Shadrack Mvunabandi. (2013). The Communicative Power of Blood Sacrifices.

Thomas, T. Gaillakd. (1878). Intra Venous Injection of Milk as A Substitute Foe the Transfusion of Blood. Illustrated By Seven Operations. National Institutes of Health. New York. may, 1878. Retrieved from: https://digirepo.nlm.nih.gov/ext/dw/101670861/PDF/101670861.pdf.

Toshitaka Nomi, & Besher, A. (1988). You are your blood type: the biochemical key to unlocking the secrets of your personality. Pocketbooks.

Toshitaka Nomi. (2017). You are Your Blood Type. Noura Books

The Nobel Prize. (n.d.). The Nobel Prize in Physiology or Medicine 1930. NobelPrize.org. https://www.nobelprize.org/prizes/

Vasey, C. (2015). The Spiritual Mysteries of Blood. Simon and Schuster.

Watson, W. (2011). Personality & Blood Type.

Winslow, R. M., Vandegriff, K. D., & Intaglietta, M. (2012). Blood Substitutes. Springer Science & Business Media.

Walker, K. (1958). The Story of Blood.

Wijangco, D. A. (2017). Sanctity of Blood.

Year in review - Australian Red Cross. (2013). Redcross.org.au. https://www.redcross.org.au/sites/annual-reports/2014/year-in-review/blood-saving-lives

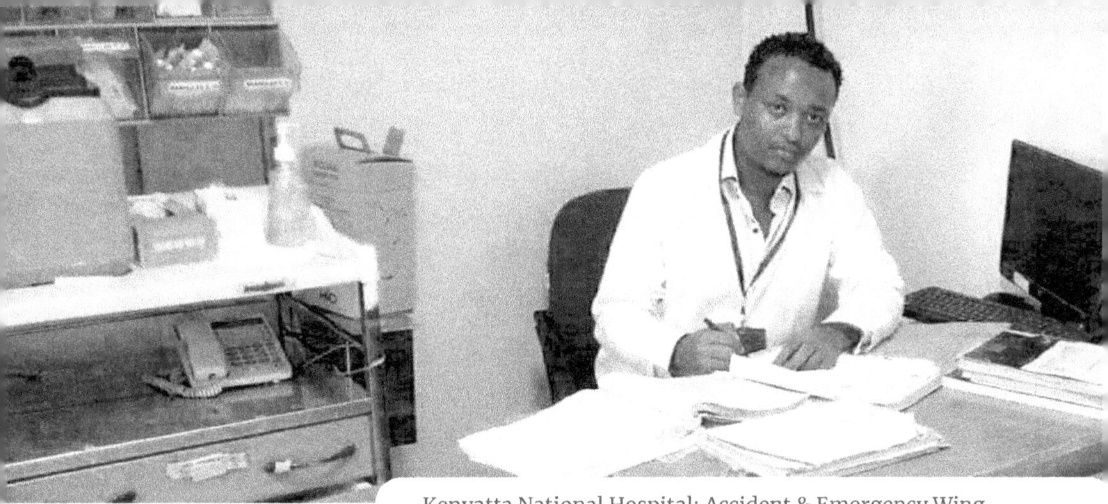

Kenyatta National Hospital: Accident & Emergency Wing

Seenaa Jireenyaa Barreessichaa

Imalli Abdiisaa kan eegale magaalaa xiqqoo Aanaa Bojji Dirmajii, magaalaa Biilaa jedhamtu-godina Wallaggaa lixaa, Oromiyaa, keessattidha. Hawaasa walitti ho'uufi waliif ho'uu cimaa qabu kana keessatti dhalatee guddachuun, og-barruun, ilaalcha addaa jireenyaaf qabu boceef.

Garuu hawwiin Abdiisaa damee og-barruu bira darbee babal'ate. Addunyaa kana keessatti fedhii jijjiirama fiduuf qabuun, Ogummaa fayyaa Finfinneetti baratee, qabxii olaanaa galmeessuun kan eebbifame yoo ta'u, fayyaa namootaa kunuunsuuf of kennuusaa agarsiiseera. Ta'us, Abdiisaan dheebuu beekumsaaf qabu kan hinquufamne waan ta'ef, adeemsa haaraa akka jalqabu isa taasise. Abdiisaan murtee ija jabinaan biyyasaa gad-dhiisee imala haaraa gara Keeniyaa Naayiroobiitti taasise.

Naayiroobii keessatti Abdiisaan Hospitaala Biyyooleessaa Keenyaattaatti tilmaamaan gara naannoo ji'a ja'aaf kan tajaajile yoo ta'u, kana birattis naannoo Eastleigh jedhamutti daldala xiqqoo irratti bobba'ee tureera. Muuxannoon garaagaraa kun indaastirii eegumsa fayyaa irratti hubannoo gadi fagoo waan keenneef yoo ta'u, fedhii jireenya namoota biroo irratti dhiibbaa gaarii uumuuf qabu daran jabeeffate.

Abdiisaan carraa haaraa argatee bara 2016 gara Awustiraaliyaa deemuuf viizaa ykn eyyama namoomaa argate. Imala barnootaa haaraas jalqabe. Beekumsaafi ogummaa damee fayyaa gadi fageeffachuuf, sagantaa Ogummaa Saayinsii Fayyaa, Universiitii Edith Cowan, Kan lixa Awustraliyaatti argamu keessatti qorachuu jalqabe. Murteen kun; Abdiisaan guddina dhuunfaafi damee ogummaa fayyaa irratti mallattoo waaraa kaa'ee darbuuf kutannoo inni qabu kan calaqqisiisu ture.

Imalli Abdiisaan magaalaa xiqqoo Oromiyaa irraa gara galma barnootaa Awustiraaliyaatti hordofuuf adeemsi inni godhe, kutannoofi quuqama hinraafmne barumsaaf qabuuf ragaadha.

www.ingramcontent.com/pod-product-compliance
Lightning Source LLC
LaVergne TN
LVHW052138041026
849558LV00042B/536
9781763510708